適用**2017/2015**

Visual Basic
2017 程式設計

關於本書

Visual Basic (VB) 是微軟公司針對視窗作業系統所推出的程式語言，源自 BASIC 語言，所以語法類似，簡單易學、用途廣泛。之後 Visual Basic 又進一步演進成為完整的物件導向程式語言 Visual Basic.NET，同時微軟公司亦針對最新版的 Visual Basic 2017 推出功能強大的整合開發環境 Visual Studio 2017，能夠快速建立 Windows Forms 應用程式、ASP.NET Web 應用程式、native Android App、native iOS App、Azure 雲端服務等。

在本書中，我們會先示範如何安裝 Visual Studio Community，帶領讀者在最短的時間之內寫出第一個 Visaul Basic 2017 程式，踏出成功的第一步，建立自信心；接著會以範例為導向，循序漸進地介紹基礎語法，包括型別、變數、常數、列舉、運算子、流程控制、陣列、集合、方法、屬性、例外處理、類別、物件、結構、隱含型別、匿名型別等；最後再針對下列主題做進一步的說明，讓讀者克服初學者的迷思，朝向專業的程式設計之路邁進。

❖ 使用 Visual Studio Community 開發 Windows Forms 與主控台應用程式

❖ Windows Forms 控制項

❖ GDI+ 繪圖與列印支援

❖ 檔案存取

❖ 建立 SQL Server 資料庫與 SQL 查詢

❖ ADO.NET 資料庫存取

❖ 物件導向程式設計 (繼承、介面、多型、委派、部分類別、泛型)

❖ 事件驅動與事件處理

此外，本書提供了豐富的範例，讓讀者透過動手撰寫程式的過程徹底學會 Visaul Basic 2017，同時也提供了隨堂練習與學習評量，讓用書教師檢測學生的學習效果，或做為課後作業之用 (備有教學投影片)。

排版慣例

本書在條列關鍵字、陳述式及方法的語法時，遵循了下列的排版慣例：

❖ 斜體字表示使用者自行鍵入的敘述、運算式或名稱，例如 Sub *name*⋯ End Sub 的 *name* 表示使用者自行鍵入的副程式名稱。

❖ 中括號表示可以省略不寫，例如 Sub *name*([*parameterlist*])⋯End Sub 的 [*parameterlist*] 表示副程式的參數串列可以有，也可以沒有。

❖ 大括號內的選項表示必須從中選擇一個，而且不可以省略不寫，例如 Option Explicit {On|Off} 表示一定要加上 On 或 Off 其中一個關鍵字，垂直線｜用來隔開替代選項，色字表示預設值。

❖ 中括號括住大括號內的選項表示必須從中選擇一個，若省略不寫，表示採取預設值，例如 [{ByVal|ByRef}] 表示一定要加上 ByVal 或 ByRef 其中一個關鍵字，若省略不寫，表示採取預設值 ByVal。

與我們聯繫

❖ 「碁峰資訊」網站：https://www.gotop.com.tw/

❖ 國內學校業務處電話

● 台北 (02)2788-2408

● 台中 (04)2452-7051

● 高雄 (07)384-7699

版權聲明

PART ❶ 語法篇

▌CHAPTER 01 開始撰寫 Visual Basic 2017 程式

▌CHAPTER 02 型別、變數、常數、列舉與運算子

CHAPTER 03 流程控制

CHAPTER **04** 陣列

CHAPTER **05** 副程式、函式與屬性

CHAPTER **06** 例外處理

PART ❷ 視窗應用篇

CHAPTER **07** Windows Forms 控制項（一）

CHAPTER **08** Windows Forms 控制項（二）

CHAPTER **09** 檔案存取

PART **3** 資料庫篇

CHAPTER **10** 建立資料庫與 SQL 查詢

CHAPTER **11** 資料庫存取

PART **4** 物件導向篇

CHAPTER **12** 類別、物件與結構

CHAPTER **13** 繼承、介面與多型

CHAPTER **14** 委派、事件與運算子重載

CHAPTER 15 部分類別與泛型

APPENDIX A 資料型別的成員 (PDF 電子書)

APPENDIX B Visual Basic 2017 實用函式 (PDF 電子書)

線上下載

本書範例程式請至 http://books.gotop.com.tw/download/AEL021200 下載，讀者可以運用本書範例程式開發自己的程式，但請勿販售或散布。

Part 1
語法篇

Chapter 1

開始撰寫
Visual Basic 2017 程式

▌**1-1 認識 Visual Basic 2017**

Visual Basic (VB) 是微軟公司針對視窗作業系統所推出的程式語言，"Visual" 一詞係指開發圖形使用者介面 (GUI) 的方式，透過 Visual Basic，使用者只要利用工具箱的控制項，就能設計輸入 / 輸出介面，無須撰寫大量程式碼來描述應用程式的介面與外觀配置，換句話說，Visual Basic 是一個「所視即所得」的程式開發工具，使用者可以在設計階段看到未來的執行結果；至於 "Basic" 一詞係指 BASIC 語言，Visual Basic 源自 BASIC 語言，所以語法類似，但是加入更多與 GUI 相關的陳述式。

雖然 Visual Basic 簡單易學、用途廣泛，但缺點也不少，例如缺乏管理多執行緒的能力、沒有物件導向、錯誤處理能力不佳、無法和 C++ 等其它程式語言整合、無法快速且有效率地開發 Web Services 與分散式應用程式等，於是 Visual Basic.NET 應運而生。

Visual Basic.NET 不僅是一個完整的物件導向程式語言，同時支援 .NET Framework 及其它 .NET 相容語言。之後 Visual Basic.NET 改版成為 Visual Basic 2005/2008/2010/2012/2013/2015 和最新的 Visual Basic 2017，同時微軟公司亦推出一個功能強大的整合開發環境 Visual Studio 2017，包括互動式開發環境、視覺化設計工具、程式碼編輯器、編譯器、專案範本、偵錯工具等，能夠快速建立 Windows Forms 應用程式、ASP.NET Web 應用程式、native Android App、native iOS App、Azure 雲端服務等。

註 [1]：.NET Framework 是針對 Windows、Windows 市集、Windows Phone、Windows Server 和 Microsoft Azure 建立應用程式的開發平台，包括 Visual Basic、C#、C++ 等程式語言、CLR (Common Language Runtime)，以及廣泛的類別庫。

註 [2]：CLR (Common Language Runtime，共通語言執行環境) 除了負責執行程式，還要提供記憶體管理、執行緒管理、安全管理、版本管理、例外處理、共通型別系統 (CTS，Common Type System) 與生命週期監督等核心服務。

■ 1-2 安裝 Visual Studio Community

Visual Studio 2017 有 Enterprise (企 業 版)、Professional (專 業 版) 和 Community (社群版) 等版本,其中社群版因為具有下列特色,所以本書範例程式是使用社群版所撰寫:

❖ 功能完整的整合開發環境 (IDE,Integrated Development Environment), 可以建立適用於 Windows、Android、iOS 的應用程式和雲端服務。

❖ 具有可以從 Visual Studio 組件庫中選擇數千項擴充功能的生態系統。

❖ 開放原始碼專案、學術研究、培訓、教育和小型專業團隊均可免費使用。

❖ 支援 Visual Basic、C#、F#、C++、JavaScript、Python、R 等語言。

您可以連線到 https://www.visualstudio.com/zh-hant/,然後依照如下步驟下載並安裝 Visual Studio Community 2017;若要進一步瞭解 Visual Studio 2017 的版本比較,可以連線到 https://www.visualstudio.com/zh-hant/vs/compare/。

❶ 從 [Windows 下載] 中點選 [Community 2017]

 執行下載回來的檔案　　 按 [是]　　 按 [繼續]

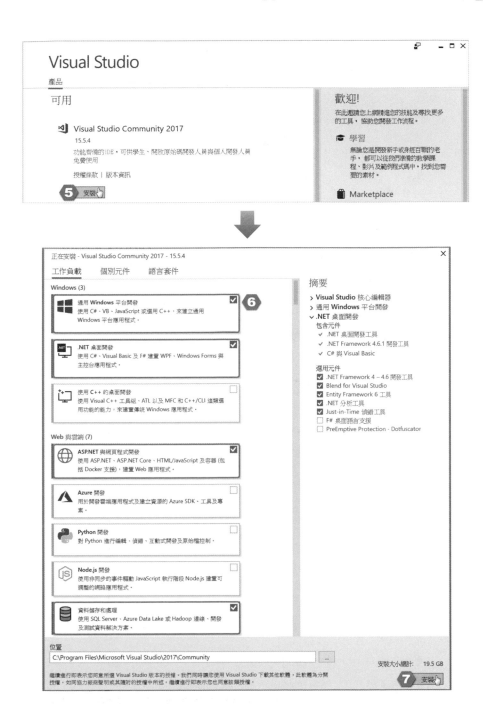

⑤ 按 [安裝]　　　⑥ 核取畫面上勾選的四個項目　　　⑦ 按 [安裝]

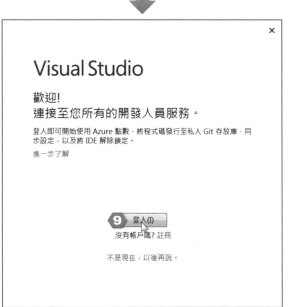

⑧ 安裝成功！按 [啟動]

⑨ 按 [登入]，然後依照提示輸入您的 Microsoft 帳戶進行登入，若
沒有帳戶，可以按 [註冊]，然後依照提示註冊一個帳戶，完成
登入後即可啟動 Visual Studio Community 2017

1-3 建立 Windows Forms 應用程式

Visual Basic 2017 是一個視覺化的程式開發工具，其設計流程與傳統的程式語言並不完全相同，但可以簡單歸納成下列幾個步驟：

1. 建立專案：在 Visual Studio 選取 [檔案] \ [新增] \ [專案]，以建立專案，任何 Visual Basic 2017 程式都必須放在專案內。

2. 建立使用者介面：從 [工具箱] 選擇控制項加入表單，以建立使用者介面。舉例來說，假設使用者介面有一個按鈕，那麼可以在表單上放置一個 Button 控制項。

3. 自訂外觀：透過 [屬性視窗] 設定表單與控制項的外觀，例如表單的大小、標題列的文字、按鈕的大小、文字、字型等屬性。

4. 加入 Visual Basic 程式碼：針對可能產生事件的控制項撰寫處理程序。

5. 建置與執行程式：按 [F5] 鍵進行建置與執行。

為了讓您瞭解 Visual Basic 2017 程式的設計流程，我們先做個簡單的例子，之後再講解 Visual Basic 2017 的語法。在這個例子中，程式一開始會顯示如左下圖的視窗，使用者只要點取 [確定] 按鈕，就會出現另一個對話方塊，上面顯示著 "Hello World!"。若要結束程式，關閉這兩個視窗即可。

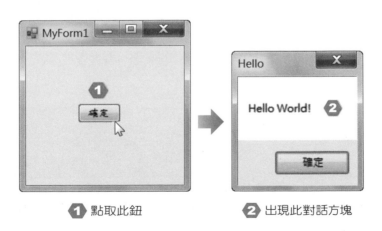

① 點取此鈕　　　② 出現此對話方塊

⬛ 1-3-1 新增專案

1.　按 [開始] \ [Visual Studio 2017]，啟動 Visual Studio，然後在起始頁點取 [建立新專案] 或選取 [檔案] \ [新增] \ [專案]。

2.　依照下圖操作，新增一個名稱為 Hello 的專案。

① 選擇 [Visual Basic]　　　　　③ 輸入專案名稱 Hello

② 選擇 [Windows Forms App]　　④ 按 [確定]

3. Visual Studio 會根據步驟 2. 輸入的專案名稱 Hello，建立副檔名為 .vbproj 的專案檔及副檔名為 .sln 的方案檔，而且預設的存檔路徑為 C:\Users\ 使用者名稱 \source\repos\Hello。您可以將專案 (project) 視為編譯後的一個可執行單位，而大型應用程式往往是由多個可執行單位所組成，因此，Visual Studio 是以一個方案 (solution) 管理一個或多個專案。

在新增專案後，Visual Studio 的畫面中間有一個名稱為 Form1 的表單，這就是 Windows Forms 設計工具，用來設計應用程式的介面。若沒看到該表單，可以在 [方案總管] 內找到 Form1.vb，然後按兩下。

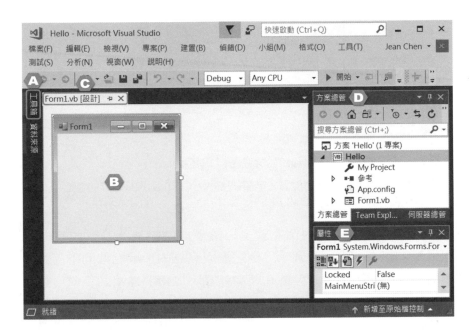

Ⓐ 點取此標籤可以顯示工具箱

Ⓑ Windows Forms 設計工具 (若要調整表單的大小，可以拖曳表單四周的空心小方塊)

Ⓒ 此處的標籤用來切換表單或關閉表單

Ⓓ 方案總管用來管理方案內的專案或檔案 (若沒有看到方案總管，可以選取 [檢視] \ [方案總管])

Ⓔ 屬性視窗用來設定表單或按鈕、圖片、標籤等控制項的屬性 (若沒有看到屬性視窗，可以選取 [檢視] \ [屬性視窗])

1-3-2 建立使用者介面（在表單上放置控制項）

在這個例子中，我們將利用工具箱的 Button 控制項在表單上放置按鈕，請依照下圖操作。

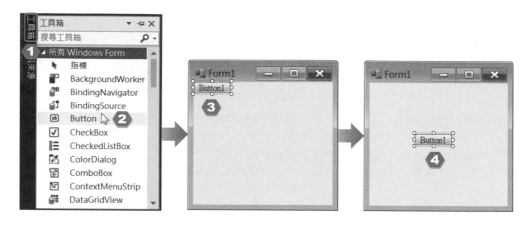

1 點取 [工具箱] 標籤

2 找到 Button 控制項並按兩下

3 出現一個按鈕，上面預設的文字是按鈕名稱

4 將按鈕拖曳至適當的位置，若要調整大小，可以拖曳四周的空心小方塊，若要刪除，可以按 [Del] 鍵

工具箱預設會自動隱藏到視窗左緣，只留下一個標籤，若要固定顯示工具箱，可以點取橫向的大頭針圖示，令它變成直立的，或點取向下箭頭，然後選擇讓視窗浮動在視窗內、停駐在視窗外緣、以索引標籤顯示或自動隱藏。

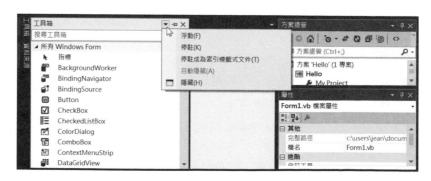

🔲 1-3-3 自訂外觀（設定表單與控制項的屬性）

接下來，我們要根據下表設定表單與按鈕的屬性。

物件	屬性	值	說明
表單	Text	MyForm1	表單的標題列文字
按鈕	Text	確定	按鈕的文字
	Font	標楷體、9 點、標準	按鈕的文字字型

設定表單的屬性

1. 選取表單，然後移動屬性視窗的捲軸，找到 [Text] 屬性，在 [Text] 屬性的名稱按兩下，此時，[Text] 屬性的值會呈現藍色反白。

2. 輸入新值 "MyForm1"，表單的標題列文字會由原來的 "Form1" 變成 "MyForm1"。若輸入至一半想取消，可以按 [Esc] 鍵。

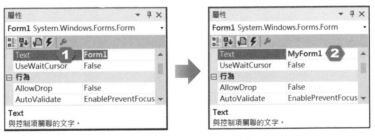

❶ 在 Text 屬性按兩下　　　　　　❷ 輸入新的屬性值

設定按鈕的屬性

1. 選取按鈕，然後在屬性視窗內將 [Text] 屬性的值設定為 " 確定 "，按鈕上的文字會由原來的 "Button1" 變成 " 確定 "。

2. 選取按鈕，然後移動屬性視窗的捲軸，找到 [Font] 屬性，在 [Font] 屬性的名稱按一下，再點取 [⋯] 按鈕，螢幕上會出現 [字型] 對話方塊，請從中選擇字型為 [標楷體]、字型樣式為 [標準]、大小為 [9]，最後按 [確定]，按鈕上的文字會由原來的新細明體變成 9 點大小、標準樣式的標楷體。

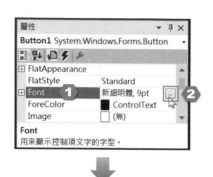

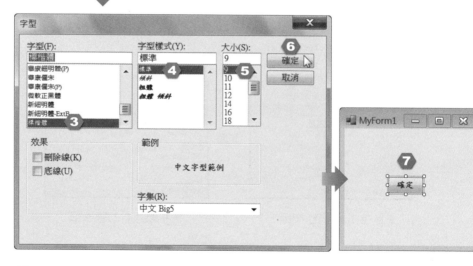

① 在 Font 屬性按一下　　⑤ 選取 [9]

② 點取此鈕　　　　　　　⑥ 按 [確定]

③ 選取 [標楷體]　　　　⑦ 設定結果

④ 選取 [標準]

🔘 1-3-4 加入 Visual Basic 程式碼

現在，我們要針對這個例子的「確定」按鈕撰寫事件程序，讓使用者一點取「確定」按鈕，就出現另一個對話方塊，上面顯示著 "Hello World!"。

1. 選取要撰寫事件程序的物件，此例為 [Button1]，接著在屬性視窗點取點取 [事件] 按鈕，然後在 [Click] 事件按兩下。

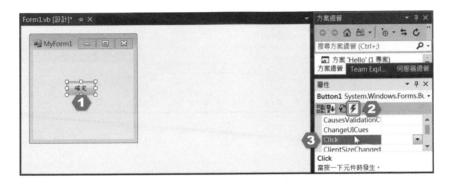

① 選取物件　② 點取 [事件] 按鈕　③ 在 [Click] 事件按兩下

2. Visual Studio 會自動產生如下圈起來的程式碼，而且插入點會縮排 4 個字元。這是名稱為 "Button1_Click" 的副程式，當使用者點取 Button1 按鈕 (即「確定」按鈕) 時，系統會產生一個 Click 事件，進而呼叫該副程式去做處理。

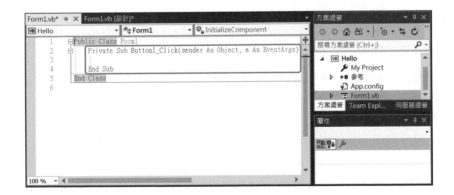

3. 將插入點移到 "Button1_Click" 副程式裡面，然後開始輸入程式碼，在輸入到 MsgBox() 時，螢幕上會自動出現 MsgBox() 函式的語法，此為 IntelliSense 功能，請繼續將 MsgBox("Hello World!") 輸入完畢。

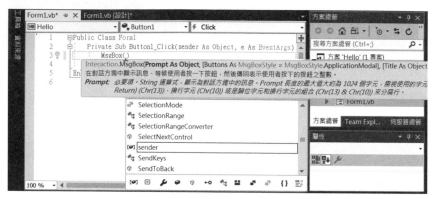

Public Class Form1

    Private Sub Button1_Click(sender As Object, e As EventArgs) Handles Button1.Click

        MsgBox("Hello World!")

    End Sub   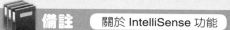 這個函式會將參數指定的字串顯示在對話方塊中

End Class

備註　關於 IntelliSense 功能

➤ **Visual Studio** 的程式碼視窗支援 IntelliSense 功能，它會根據您所輸入的類別名稱或方法名稱顯示可用的成員清單或參數清單，只要從清單中找到欲使用的成員或參數，然後按兩下，就能插入程式碼。

➤ 當您輸入方法名稱時，螢幕上會自動出現其語法，而當您輸入的語法錯誤時，會出現波浪狀底線，只要將指標移到底線，就會自動出現說明。若要進一步查看類別或方法的詳細說明，可以將指標移到類別名稱或方法名稱，然後按 [F1] 鍵，就會開啟相關的說明文件。

➤ 程式碼視窗提供「展開 / 折疊」功能，也就是點取加號會展開類別或方法的程式碼，而點取減號會折疊類別或方法的程式碼。

1-3-5 建置與執行程式

我們的第一個 Visual Basic 2017 程式寫好了，趕快來執行看看吧！請按 [F5] 鍵或點取標準工具列的 ▶ [開始] 按鈕，Visual Studio 會先進行建置，確定沒有錯誤後，就會出現如下的執行結果，而建置完畢的可執行檔是放在該專案資料夾內的 bin 子資料夾。若要結束程式，關閉這兩個視窗即可。

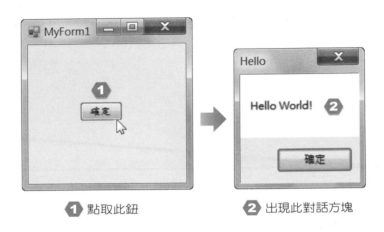

❶ 點取此鈕　　　❷ 出現此對話方塊

請注意，應用程式在執行之前都必須先經過建置，您可以按 [F5] 鍵或點取標準工具列的 ▶ [開始] 按鈕進行建置與執行。若只要進行建置，可以選取 [建置] \ [建置方案]，一旦建置的過程產生錯誤，就會顯示在錯誤清單，而不會出現執行結果。

在錯誤按兩下會跳到　　　若沒看到此視窗，可以選取
產生錯誤的程式碼　　　　[檢視] \ [錯誤清單]

1-3-6 儲存檔案、專案與方案

❖ 若要儲存目前正在編輯的檔案,可以點取標準工具列的 🖫 [儲存] 按鈕;若要儲存檔案、專案與方案,可以點取標準工具列的 🖫 [全部儲存] 按鈕。Visual Studio 會在程式碼兩側標示黃線或綠線,黃線表示該行敘述尚未儲存,而綠線表示該行敘述已經儲存。

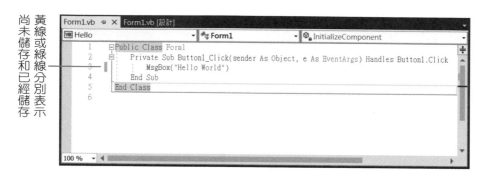

黃線或綠線分別表示尚未儲存和已經儲存

❖ 若要將正在編輯的檔案以其它名稱儲存,可以選取 [檔案] \ [另存 XXX 為],XXX 為檔案名稱,然後在 [另存新檔] 對話方塊中進行儲存。

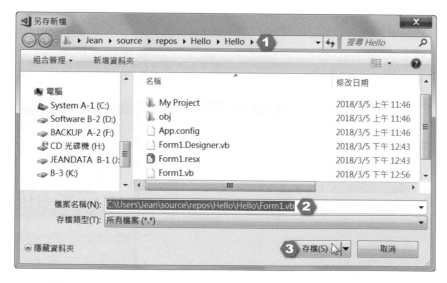

❶ 選擇儲存路徑　　❷ 輸入檔名　　❸ 按 [存檔]

1-3-7 關閉檔案、專案與方案

❖ 若只要關閉 Windows Forms 設計工具或目前正在編輯的檔案，可以點取 Windows Forms 設計工具或程式碼視窗右上角的 ✕ [關閉] 按鈕。

❖ 若要關閉專案與方案，可以選取 [檔案] \ [關閉方案]，此時如未存檔，螢幕上會出現對話方塊詢問是否儲存變更，按 [是] 表示存檔再關閉，按 [否] 表示不存檔就關閉，按 [取消] 表示取消關閉的動作。

1-3-8 開啟檔案、專案與方案

❖ 若要開啟專案或方案，可以選取 [檔案] \ [開啟] \ [專案 / 方案]，然後在 [開啟專案] 對話方塊中選擇所要開啟的專案或方案。

① 選擇儲存路徑　　② 選擇專案或方案　　③ 按 [開啟舊檔]

❖ 若要開啟的檔案屬於目前開啟的方案，可以在方案總管內找到這個檔案，然後按兩下；若要開啟的檔案不屬於目前開啟的方案，或目前並沒有開啟任何方案，可以選取 [檔案] \ [開啟] \ [檔案]，然後在 [開啟檔案] 對話方塊中選擇所要開啟的檔案。

1-3-9 使用線上說明

當您在 Visual Studio 開發 Visual Basic 程式時,若對 Visaul Basic 的語法或控制項有任何疑問,可以選取程式碼或控制項,然後按 [F1] 鍵,就會連線到 MSDN 文件庫,讓您查詢相關的線上說明。

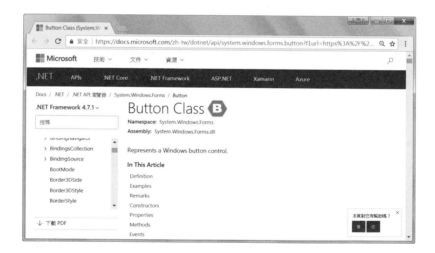

Ⓐ 選取表單後按 [F1] 鍵會出現此線上說明
Ⓑ 選取按鈕控制項後按 [F1] 鍵會出現此線上說明

1-4 Visual Basic 2017 程式碼撰寫慣例

Visual Studio 是以一個方案 (solution) 管理一個或多個專案 (project)，一個專案又可以包含一個或多個組件 (assembly)，而組件是由一個或多個原始檔 (source file) 編譯而成的 .exe 或 .dll 檔。

至於原始檔是由類別 (class)、結構 (structure)、模組 (module) 或介面 (interface) 所組成，而類別、結構、模組或介面是由一行行的敘述 (statement，又稱為陳述式) 所組成，敘述則是由關鍵字 (keyword)、特殊字元 (special character) 或識別字 (identifier) 所組成。

❖ 關鍵字：這是 Visual Basic 2017 預先定義的保留字 (reserved word)，包含特殊的意義與用途，程式設計人員必須依照 Visual Basic 2017 的規定來使用關鍵字，否則會產生錯誤，例如 Class 是用來宣告類別的關鍵字，不能用來宣告變數或做其它用途。

❖ 特殊字元：Visual Basic 2017 常用的特殊字元不少，例如小括號用來宣告或呼叫函式、冒號用來將多個敘述合併成一行、底線用來將一個敘述分行、& 符號用來連接字串、小數點用來存取類別的成員、# 符號用來表示日期時間、單引號用來標示註解。

❖ 識別字：程式設計人員可以自行定義新字做為變數、常數、函式或類別的名稱，例如 MyClass、UserName、MouseEventHandler，這些新字就是屬於識別字。識別字不一定要合乎英文文法，但要合乎 Visual Basic 2017 的命名規則，我們會在第 1-4-2 節介紹 Visual Basic 2017 的命名規則。

原則上，敘述是程式內最小的可執行單元，而多個敘述可以組成副程式、函式、迴圈、流程控制等較大的可執行單元。

Visual Basic 2017 程式碼撰寫慣例涵蓋了程式結構、命名規則、註解、縮排等，雖然不是硬性規定，但遵循這些慣例可以提高可讀性，讓程式更容易偵錯與維護。

1-4-1 Visual Basic 2017 程式結構

Visual Basic 2017 程式通常會依照如下的順序：

1. Option 陳述式：Option 陳述式必須放在程式的最前面，用來建立程式
    的基本規則，協助避免語法錯誤或邏輯錯誤。Visual Basic 2017 支援的
    Option 陳述式如下：

```
Option Explicit {On|Off}
Option Strict {On|Off}
Option Compare {Binary|Text}
```

-   預設為 Option Explicit On，也就是所有變數在使用之前都必須先宣
    告，否則會產生建置錯誤。

-   預設為 Option Strict Off，也就是允許程式自動產生廣義與窄義的型
    別轉換。舉例來說，假設變數 X 的型別為 Integer（整數），在 Option
    Strict Off 的情況下，X = 123.45 敘述是合法的，但在 Option Strict On
    的情況下，X = 123.45 敘述則是不合法的，會產生建置錯誤。

-   預設為 Option Compare Binary，也就是在做字串比較時必須根據字串
    的二進位值，英文字母有大小寫之分，若要設定為沒有大小寫之分，
    必須在程式的最前面加上 Option Compare Text。

2. Imports 陳述式：這個陳述式必須放在 Option 陳述式的後面，其它程式
    碼的前面，用來匯入命名空間或設定命名空間的別名，例如下面的敘述
    是用來匯入 System 命名空間：

```
Imports System
```

而下面的敘述是將 System.Windows.Forms.ListBox 命名空間的別名設定
為 LBControl：

```
Imports LBControl = System.Windows.Forms.ListBox
```

3. Namespace 陳述式：任何 .NET 應用程式的程式碼均包含在命名空間內，若程式設計人員沒有在應用程式中明確指定命名空間，那麼預設的命名空間就是專案名稱。若要自訂命名空間，可以使用 Namespace 陳述式。至於命名空間內則可以包含 Class、Structure、Module、Interface 等陳述式 (類別、結構、模組、介面)，而模組內可以包含 Sub、Function、Event、Property、Operator、Declare 等陳述式。

4. 條件編譯陳述式：Visual Basic 2017 允許使用者在原始檔的任意地方放置條件編譯陳述式，它們可以根據指定條件在編譯時期納入或排除部分程式碼，而且只有在偵錯模式下才會被執行，因此，您可以使用它們為應用程式進行偵錯。

5. Main() 程序：這是應用程式的進入點，在應用程式一被執行的當下，就會執行 Main() 程序。應用程式不一定要宣告這個程序，不過，我們可以使用這個程序在應用程式一被執行的當下進行初始化的動作，例如建立變數、建立表單、開啟資料庫連接、判斷哪個表單先載入等。Main() 程序有下列幾種形式，其中以 Sub Main() 最常見，有興趣的讀者可以自行查看線上說明。

- Sub Main()
- Sub Main(ByVal cmdArgs() As String)
- Function Main() As Integer
- Function Main(ByVal cmdArgs() As String) As Integer

備註

命名空間 (namespace) 是一種命名方式，用來組織各個列舉、結構、類別、委派、介面、子命名空間等，它和這些元素的關係就像檔案系統中資料夾與檔案的關係一樣，例如 Object 類別隸屬於 System 命名空間，所以能夠表示成 System.Object，其中小數點用來連接命名空間內所包含的列舉、結構、類別、委派、介面、子命名空間等。

1-4-2 Visual Basic 2017 命名規則

❖ Visual Basic 2017 的識別字是由一個或多個字元所組成,第一個字元可以是英文字母 (不區分大小寫)、底線 (_) 或中文,其它字元可以是英文字母、底線 (_)、數字或中文,長度不得超過 1023 個字元。若第一個字元是底線 (_),那麼必須至少包含一個英文字母、數字或中文。

❖ 由於標準類別庫或第三方類別庫幾乎都是以英文來命名,考慮到與國際接軌及社群習慣,建議不要以中文來命名。

❖ 建議使用有意義的英文單字和字首大寫來命名,例如 UserName,避免以單一字元命名,因為可讀性較差。對於經常使用的名稱,可以使用合理的簡寫,例如以 XML 代替 eXtensible Markup Language。

❖ 不能中斷或使用 Visual Basic 2017 的陳述式 (例如 Option、Imports、Dim、Sub)、內建的物件 / 程序 / 列舉 / 結構 / 類別 / 事件名稱、型別字元 (例如 %、#、!)、特殊字元 (例如括號、冒號、小數點) 或空白,同時建議不要使用 Visual Basic 2017 的關鍵字,以免造成混淆。

❖ 程序的名稱建議以動詞開頭,例如 InitializeComponent、CloseDialog。

❖ 類別、結構、模組或屬性的名稱建議以名詞開頭,例如 UserData。

❖ 介面的名稱建議以大寫字母 I 開頭,例如 IComponent。

❖ 事件程序的名稱建議以 EventHandler 結尾,例如 MouseEventHandler。

 備註

Visual Basic 2017 內建許多關鍵字,例如 ByRef、ByVal、Case、Default、DirectCast、Each、Else、ElseIf、End、Error、Explicit、False、For、Friend、Handles、If、In、Is、Lib、Loop、Me、Module、MyBase、MyClass、New、Next、Nothing、NotInheritable、Off、On、Option、Optional、Overloads、Overridable、Overrides、ParamArray、Preserve、Private、Protected、Public、ReadOnly、Shadows、Shared、Static、Then、To、True、typeof、Unicode、Until、When、While 等。

1-4-3 Visual Basic 2017 程式碼註解

Visual Basic 2017 是以單引號 (') 或 REM 關鍵字來標示註解，例如：

```
'MsgBox() 函式用來顯示對話方塊
```

1-4-4 Visual Basic 2017 程式碼縮排

在撰寫程式時，適當的縮排可以彰顯程式的邏輯與架構，提高可讀性，例如：

```
Module Module11
    Sub Main()
        MsgBox("Hello World!")        ——— 以空白鍵或 [Tab] 鍵進行縮排
    End Sub
End Module
```

1-4-5 Visual Basic 2017 程式碼合併與分行

若要將多個敘述合併成一行，可以使用冒號 (:) 連接，例如：

```
TextBox1.Text = "Hello" : TextBox1.BackColor = Color.Red
```

相反的，若要將一個敘述分行，可以在分行之前加上空白字元和底線 (_)，如下，要注意的是不能從名稱、關鍵字、字串或數值的一半開始分行，而且底線後面也不能有任何敘述：

```
Private Sub Button1_Click(ByVal sender As System.Object, _
    ByVal e As System.EventArgs) Handles Button1.Click
```

由於 Visual Basic 2017 支援隱含行接續 (Implicit Line Continuation) 功能，因此，上面敘述中的底線 (_) 也可以省略不寫。

1-5 使用 MsgBox() 函式

MsgBox() 函式的用途是顯示一個對話方塊，裡面除了顯示指定的訊息之外，還有 [確定]、[取消]、[是]、[忽略]、[中止] 等按鈕，待使用者點取按鈕結束對話方塊後，就傳回代表該按鈕的數值，其語法如下：

MsgBox(*Prompt*[, *Buttons*[, *Title*]])

❖ 第 1 個參數 *Prompt* 為對話方塊所要顯示的訊息，最大長度約 1024 個字元，換行字元為 Chr(13)、Chr(10) 或兩者的組合 Chr(13) & Chr(10)。

❖ 第 2 個參數 *Buttons* 為選擇性參數，用來指定對話方塊的樣式，若省略不寫，表示為預設值 MsgBoxStyle.OKOnly (0)，也就是只顯示 [確定] 按鈕，其它值則如下所示。

❖ 第 3 個參數 *Title* 亦為選擇性參數，用來指定對話方塊的標題列文字。若省略不寫，標題列會顯示應用程式的名稱。請注意，若省略第 2 個參數，卻要指定第 3 個參數，那麼第 2 個參數的位置必須保留逗號。

第二個參數的值	數值	說明
MsgBoxStyle.OKOnly	0	顯示 [確定] 按鈕 (預設值)
MsgBoxStyle.OKCancel	1	顯示 [確定]、[取消] 按鈕
MsgBoxStyle.AbortRetryIgnore	2	顯示 [中止]、[重試]、[忽略] 按鈕
MsgBoxStyle.YesNoCancel	3	顯示 [是]、[否]、[取消] 按鈕
MsgBoxStyle.YesNo	4	顯示 [是]、[否] 按鈕
MsgBoxStyle.RetryCancel	5	顯示 [重試]、[取消] 按鈕
MsgBoxStyle.Critical	16	顯示錯誤圖示 ❌
MsgBoxStyle.Question	32	顯示問題圖示 ❓
MsgBoxStyle.Exclamation	48	顯示警告圖示 ⚠
MsgBoxStyle.Information	64	顯示訊息圖示 ℹ

第二個參數的值	數值	說明
MsgBoxStyle.DefaultButton1	0	第 1 個按鈕是預設的按鈕
MsgBoxStyle.DefaultButton2	256	第 2 個按鈕是預設的按鈕
MsgBoxStyle.DefaultButton3	512	第 3 個按鈕是預設的按鈕
MsgBoxStyle.ApplicationModal	0	須在對話方塊中作答，程式才能繼續
MsgBoxStyle.SystemModal	4096	須在對話方塊中作答，系統才能繼續
MsgBoxStyle.MsgBoxSetForeground	65536	將對話方塊設定為前景視窗
MsgBoxStyle.MsgBoxRight	524288	對話方塊中的文字向右對齊
MsgBoxStyle.MsgBoxRtlReading	1048576	在希伯來系統中，文字由右向左閱讀

MsgBox() 函式的傳回值代表使用者點取哪個按鈕，如下。

傳回值	數值	被點取的按鈕	傳回值	數值	被點取的按鈕
OK	1	[確定] 按鈕	Cancel	2	[取消] 按鈕
Abort	3	[中止] 按鈕	Retry	4	[重試] 按鈕
Ignore	5	[忽略] 按鈕	Yes	6	[是] 按鈕
No	7	[否] 按鈕			

提醒您，第 2 個參數的值可以合併使用，以下面的敘述為例，第 1 個參數是加入 Chr(10) 字元做換行，其中 & 是字串連接運算子，用來連接兩個字串；第 2 個參數則合併使用兩個值，中間以加號 + 連接，表示要顯示訊息圖示 ⓘ 和 [確定]、[取消] 兩個按鈕；第 3 個參數則是標題列文字。

```
MsgBox(" 大家好 " & Chr(10) & " 請多多指教 ", _
    MsgBoxStyle.Information + MsgBoxStyle.OKCancel, " 示範 ")
```

1-6 使用 InputBox() 函式

InputBox() 函式的用途是顯示一個對話方塊,等待使用者輸入資料或點取按鈕,其語法如下:

InputBox(*Prompt*[, *Title*[, *DefaultResponse*[, *XPos*[, *YPos*]]]])

❖ 第 1 個參數 *Prompt* 為對話方塊所要顯示的訊息,最大長度約 1024 個字元,換行字元為 Chr(13)、Chr(10) 或兩者的組合 Chr(13) & Chr(10)。

❖ 第 2 個參數 *Title* 為選擇性參數,用來指定對話方塊的標題列文字,若省略不寫,標題列會顯示應用程式的名稱。

❖ 第 3 個參數 *DefaultResponse* 亦為選擇性參數,用來指定預設的輸入資料,若省略不寫,表示為空字串 ("")。

❖ 第 4、5 個參數 *XPos*、*YPos* 亦為選擇性參數,分別用來指定對話方塊從 X、Y 方向的哪個位置開始顯示。若省略第 4 個參數,對話方塊將從水平方向 1/2 的位置開始顯示;若省略第 5 個參數,對話方塊將從垂直方向 1/3 的位置開始顯示。

❖ 第 2、3、4、5 個參數均為選擇性參數,可以省略不寫,要注意的是若中間省略某個參數,卻又要指定其它參數,那麼被省略之參數的位置必須保留逗號。

下面是一個例子,在使用者輸入數字並點取 [確定] 按鈕後,InputBox() 函式將傳回字串 "100":

InputBox(" 請輸入第一個數字 ", " 輸入數字 1")

依照如下指示完成這個隨堂練習：

1. 關閉目前開啟的方案，然後新增一個名稱為 MyProj1-1 的方案。

2. 撰寫 MyProj1-1 專案的 Form1.vb，令其執行結果如下，這個程式會先出現一個表單，當使用者點取 [開始計算總和] 按鈕時，便依序顯示三個對話方塊要求使用者輸入數字，最後一個數字輸入完畢後，就將總和顯示在另一個對話方塊。

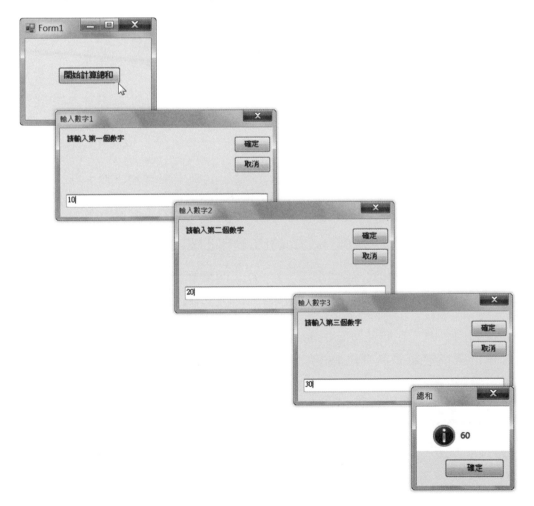

解答

標準答案公佈於此，下面的行號是為了幫助解說才加上去的，真正的程式碼裡面是沒有的：

```
01:Public Class Form1
02:   Private Sub Button1_Click(sender As Object, e As EventArgs) Handles Button1.Click
03:       Dim X, Y, Z As Integer
04:       X = InputBox(" 請輸入第一個數字 ", " 輸入數字 1")
05:       Y = InputBox(" 請輸入第二個數字 ", " 輸入數字 2")
06:       Z = InputBox(" 請輸入第三個數字 ", " 輸入數字 3")
07:       MsgBox(X + Y + Z, MsgBoxStyle.Information, " 總和 ")
08:   End Sub
09:End Class
```

❖ 03：宣告三個型別為 Integer（整數）的變數 X、Y、Z，有關型別及如何宣告變數，我們會在第 2 章做說明。

❖ 04：將使用者在第一個對話方塊內所輸入的數字指派給變數 X。

❖ 05：將使用者在第二個對話方塊內所輸入的數字指派給變數 Y。

❖ 06：將使用者在第三個對話方塊內所輸入的數字指派給變數 Z。

❖ 07：呼叫 MsgBox() 函式將 X、Y、Z 三個變數相加的總和顯示在另一個對話方塊。

在這個例子中，我們並沒有指定輸入對話方塊的預設值及顯示位置，若要將顯示位置指定為水平方向 150、垂直方向 100，可以寫成如下，記得省略不寫之參數的位置必須保留逗號：

```
X = InputBox(" 請輸入第一個數字 ", " 輸入數字 1", , 150, 100)
```

■ 1-7　建立主控台應用程式

您會不會覺得前面的隨堂練習在一開始執行時所顯示的表單有點累贅？有沒有辦法令程式在一開始執行時就不要載入表單，而是直接出現對話方塊要求使用者輸入數字呢？答案是有的，您可以建立主控台應用程式，步驟如下：

1. 關閉目前開啟的方案，然後選取 [檔案] \ [新增] \ [專案]，再依照下圖操作，新增一個名稱為 MyProj1-2 的主控台應用程式。

1 選擇 [Visual Basic]　　　　　　　3 輸入專案名稱
2 選擇 [主控台應用程式 (.NET Framework)]　　4 按 [確定]

2. 方案總管內出現新增的模組檔案 Module1.vb，而且程式碼視窗內亦自動出現如下圈起來的程式碼。

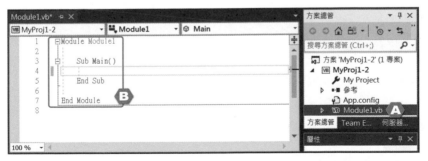

Ⓐ 新增一個模組檔案　　　　　Ⓑ 自動出現這些程式碼

我們來解釋一下程式碼視窗內自動出現的程式碼，Module…End Module 是宣告一個名稱為 Module1 的模組，而 Sub Main()…End Sub 是宣告一個名稱為 Main() 的程序，這是應用程式的進入點。至於為何要宣告模組呢？因為在 Visual Basic 2017 中，敘述區塊並不能當作獨立的程式單元，必須放在類別或模組內，其中類別在物件導向上扮演著重要的角色，而模組則僅具有將敘述區塊放在一起的功能。

```
Module Module1
    Sub Main()
    End Sub
End Module
```

3. 輸入下列程式碼，之後就可以進行儲存、建置與執行。

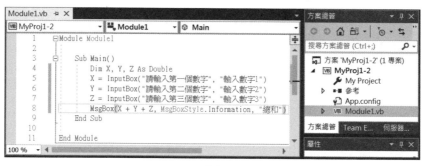

```
Module Module1
    Sub Main()
        Dim X, Y, Z As Double
        X = InputBox(" 請輸入第一個數字 ", " 輸入數字 1")
        Y = InputBox(" 請輸入第二個數字 ", " 輸入數字 2")
        Z = InputBox(" 請輸入第三個數字 ", " 輸入數字 3")
        MsgBox(X + Y + Z, MsgBoxStyle.Information, " 總和 ")
    End Sub
End Module
```

一、選擇題

(　　) 1. 下列何者是由一個或多個原始檔編譯而成的 .exe 檔或 .dll 檔？

　　　A. 組件　　　　　B. 命名空間　　　C. 方案　　　　　D. 專案

(　　) 2. 若要在表單上插入按鈕，可以使用工具箱的哪個控制項？

　　　A. TextBox　　　B. Button　　　　C. Picture　　　　D. CheckBox

(　　) 3. 若要變更表單的標題，可以設定表單的哪個屬性？

　　　A. Title　　　　B. Text　　　　　C. Tag　　　　　D. Location

(　　) 4. 若要變更按鈕的文字字型，可以設定按鈕的哪個屬性？

　　　A. Color　　　　B. Text　　　　　C. Font　　　　　D. Cursor

(　　) 5. 下列哪個陳述式可以用來宣告模組？

　　　A. Interface　　B. Structure　　　C. Class　　　　D. Module

(　　) 6. 程式是由一行行的何者所組成？

　　　A. 關鍵字　　　B. 敘述　　　　　C. 變數　　　　　D. 特殊字元

(　　) 7. 下列哪個特殊字元可以將多個敘述合併成一行？

　　　A. :　　　　　　B. &　　　　　　C. _　　　　　　D. #

(　　) 8. 下列哪個特殊字元可以將一個敘述分行？

　　　A. :　　　　　　B. &　　　　　　C. _　　　　　　D. #

(　　) 9. 下列哪個特殊字元可以用來表示註解？

　　　A. !　　　　　　B. +　　　　　　C. "　　　　　　D. '

(　　)10. Visual Basic 2017 不支援下列哪個 Option 陳述式？

　　　A. Explicit　　　B. Base　　　　　C. Strict　　　　D. Compare

(　　)11. 下列哪個關鍵字可以用來匯入命名空間或設定命名空間的別名？

　　　A. Exports　　　B. Option　　　　C. Namespace　　D. Imports

（　　）12.下列何者是應用程式的進入點？

     A. Start()　　　　　B. Load()　　　　　C. Main()　　　　　D. Form()

（　　）13.Visual Basic 2017 的變數名稱不能包含下列何者？

     A. @　　　　　　　B. _　　　　　　　C. 英文字母　　　D. 數字

（　　）14.若要顯示輸出對話方塊，可以呼叫下列哪個函式？

     A. MsgBox()　　　B. InputBox()　　　C. WriteLine()　　D. Print()

（　　）15.MsgBox() 函式的哪個傳回值代表使用者點取 [忽略] 按鈕？

     A. Retry　　　　　B. Ignore　　　　　C. Cancel　　　　　D. Abort

二、練習題

1.　撰寫一個 Visual Basic 2017 程式，令其執行結果如下。

2.　試問，下面的 Visual Basic 2017 程式碼有沒有錯誤？若有的話，那是什麼錯誤？又該如何更正呢？

```
Public Class Form1
    Private Sub Button1_Click(sender As Object, e As EventArgs) Handles Button1.Click
        MsgBox("Hello World!", " 這是標題列文字 ")
    End Sub
End Class
```

Chapter 2

型別、變數、常數、列舉與運算子

2-1 型別

VB 2017 將資料分成數種型別 (type)，這些型別決定了資料將佔用的記憶體空間、能夠表示的範圍及程式處理資料的方式，但和諸如 PHP、JavaScript 等弱型別 (weakly typed) 程式語言不同，VB 2017 和 C、C++、C#、Java 一樣屬於強型別 (strongly typed) 程式語言，只要沒有在程式碼的最前面加上 Option Explicit Off 陳述式，資料在使用之前都必須先宣告型別，而且不可以在執行期間動態轉換型別。

VB 2017 提供的型別可以根據它所儲存的是資料本身還是指向資料的指標，分成下列兩種：

❖ 實值型別 (value type)：包括所有數值型別 (Byte、Short、Integer、Long、SByte、UShort、UInteger、ULong、Single、Double、Decimal)、Boolean、Char、Date、列舉 (enumeration) 及結構 (structure)。

❖ 參考型別 (reference type)：包括 String、陣列 (array)、元組 (tuple)、類別 (class) 及委派 (delegate)。

至於 Object 型別就比較特殊了，所有型別為 Object 的變數都是指向資料的指標，而且資料可以是實值型別或參考型別。

2-1-1 整數型別

VB 2017 提供了如下的整數型別，其中 SByte、Short、Integer、Long 屬於有號整數型別 (signed)，Byte、UShort、UInteger、ULong 屬於無號整數型別 (unsigned)。在這些整數型別中，以 Integer 型別的效能最佳。

程式設計人員可以視整數的範圍決定所要宣告的型別，若沒有指定，範圍在 -2147483648 ~ 2147483647 的整數預設為 Integer 型別，超過這個範圍的整數預設為 Long 型別，例如整數 5 預設為 Integer 型別，若要強制指定為 Long 型別，可以在它的後面加上型別字元 L 或 &，即 5L 或 5&。

整數型別	空間	型別字元	範圍
SByte (有號位元組)	1Byte	無	$-2^7 \sim 2^7 - 1$ (-128 ~ 127)
Short (有號短整數)	2Bytes	S	$-2^{15} \sim 2^{15} - 1$ (-32768 ~ 32767)
Integer (有號整數)	4Bytes	I 或 %	$-2^{31} \sim 2^{31} - 1$ (-2147483648 ~ 2147483647)
Long (有號長整數)	8Bytes	L 或 &	$-2^{63} \sim 2^{63} - 1$ (-9223372036854775808 ~ 9223372036854775807)
Byte (無號位元組)	1Byte	無	$0 \sim 2^8 - 1$ (0 ~ 255)
UShort (無號短整數)	2Bytes	US	$0 \sim 2^{16} - 1$ (0 ~ 65535)
UInteger (無號整數)	4Bytes	UI	$0 \sim 2^{32} - 1$ (0 ~ 4294967295)
ULong (無號長整數)	8Bytes	UL	$0 \sim 2^{64} - 1$

注意

➤ VB 2017 接受十、八、十六、二進位整數，諸如 12、-456、1000000 均屬於十進位整數，中間不能加上逗號，但可以加上千位分隔符號 _，例如 1000000 亦可寫成 1_000_000。

至於八、十六、二進位整數的前面是分別加上 &O、&H、&B 做為區分，例如 &O10 表示八進位整數 10_8 (即 8_{10})，&H10 表示十六進位整數 10_{16} (即 16_{10})，&B10 表示二進位整數 10_2 (即 2_{10})。

➤ 您只能在符合範圍的整數後面加上型別字元，若超過範圍，就會產生溢位 (overflow)，例如 32768S、1.5I 會產生編譯錯誤。

2-1-2 浮點數型別

浮點數 (floating point) 指的是實數，VB 2017 提供了如下的兩種浮點數型別，其中以 Double 型別的效能最佳，建議您盡量使用 Double 型別表示浮點數。

浮點數型別	空間	型別字元	範圍
Single （單倍精確） （有效位數 7 位）	4Bytes	F 或 !	負數：-3.4028235E+38 ~ -1.401298E-45 正數：1.401298E-45 ~ 3.4028235E+38
Double （雙倍精確） （有效位數 15 位）	8Bytes	R 或 #	負數：-1.79769313486231570E+308 ~ 　　　 -4.94065645841246544E-324 正數：4.94065645841246544E-324 ~ 　　　 1.79769313486231570E+308

VB 2017 的浮點數表示方式和我們平常使用的一樣，諸如 -1.5、0.875、+58.2…都是正確的浮點數，要注意的是切勿加上逗號，而且浮點數預設為 Double 型別，例如浮點數 1.5 預設為 Double 型別，若要強制指定為 Single 型別，可以在它的後面加上型別字元 F 或 !，即 1.5F 或 1.5!。

此外，VB 2017 並沒有提供諸如 $\frac{1}{5}$、$\frac{2}{3}$ 等分數表示方式，但您可以試著使用除號 (/) 來代替，例如，$\frac{1}{5}$ 可以寫成 1/5，$\frac{2}{3}$ 可以寫成 2/3，不過，對於無法整除的分數，例如 $\frac{2}{3}$，電腦所計算出來的值 2/3 ≒ 0.666666666666667 (有效位數為 15 位，預設為 Double 型別)，只能算是近似值，會有一點誤差。

在數學上，當我們要表示諸如 35000000、0.0000061 等位數很多的數字時，可以使用科學符號記法，而在 VB 2017 中，我們可以使用算術符號記法或浮點數記法，如下，其中 * 是乘法運算子，^ 是指數運算子：

數學記法	VB 2017 算術符號記法	VB 2017 浮點數記法
$35000000 = 3.5 \times 10^7$	3.5 * 10 ^ 7	3.5E7、3.5E+7
$0.0000061 = 6.1 \times 10^{-6}$	6.1 * 10 ^ -6	6.1E-6

2-1-3 Decimal 型別

Decimal 型別佔用 12Bytes，有效位數 28 位，表示範圍如下，型別字元為 D 或 @，我們習慣將整數型別、浮點數型別和 Decimal 型別統稱為數值 (numeric) 型別：

❖ 整數：+/-79228162514264337593543950335 間的整數

❖ 浮點數：+/-7.9228162514264337593543950335 間的浮點數

❖ 最小的非零值：+/-0.0000000000000000000000000001 (+/-1E-28)

2-1-4 布林型別（Boolean）

Boolean 型別只能表示 True（真、非零）或 False（偽、零）兩種值，佔用 2Bytes。當資料只有 True/False、On/Off、Yes/No 等兩種選擇時，就可以使用這種型別，它通常用來表示運算式成立與否或某個情況滿足與否。

當您將數值資料轉換成 Boolean 型別時，只有 0 會被轉換成 False，其它數值資料均會被轉換成 True；相反的，當您將 Boolean 資料轉換成數值型別時，True 會被轉換成 -1，False 會被轉換成 0。

2-1-5 字元型別（Char）

Char 型別佔用 2Bytes，範圍為 0 ~ 65535 的無號整數，型別字元為 C。由於每個無號整數代表的都是一個 Unicode 字元，因此，我們不能直接將數值指派給型別為 Char 的變數，但可以將字串指派給型別為 Char 的變數，例如：

```
Dim chrVar As Char      '宣告一個型別為 Char、名稱為 chrVar 的變數
chrVar = "XYZ"          '此敘述合法，變數 chrVar 的值為字元 X
chrVar = "X"            '此敘述合法，變數 chrVar 的值為字元 X
chrVar = 65             '此敘述不合法，不能直接將數值指派給型別為 Char 的變數
```

Char 型別不能直接與數值型別互相轉換，必須透過下列函式。

函式	說明
Asc(c)	傳回字元或字串參數 c 第一個字元的字碼指標或字元碼。
AscW(c)	傳回字元或字串參數 c 第一個字元的 Unicode 字碼指標。
Chr(i)	將整數參數 i 視為 SBCS 或 DBCS 字碼指標，然後傳回對應的字元。
ChrW(i)	將整數參數 i 視為 Unicode 字碼指標，然後傳回對應的字元。

Unicode 的前 128 個字碼指標 (0 ~ 127) 和 ASCII 所定義的字碼指標相同，如下，其中 0 ~ 31 是非列印字元碼，例如 65 是字元 A，那麼 Asc("A") 的傳回值為整數 65，而 Chr(65) 的傳回值為字元 A。

ASCII 碼	字元	ASCII 碼	字元	ASCII 碼	字元	ASCII 碼	字元	ASCII 碼	字元	ASCII 碼	字元	ASCII 碼	字元	ASCII 碼	字元
0		16		32		48	0	64	@	80	P	96	`	112	p
1		17		33	!	49	1	65	A	81	Q	97	a	113	q
2		18		34	"	50	2	66	B	82	R	98	b	114	r
3		19		35	#	51	3	67	C	83	S	99	c	115	s
4		20		36	$	52	4	68	D	84	T	100	d	116	t
5		21		37	%	53	5	69	E	85	U	101	e	117	u
6		22		38	&	54	6	70	F	86	V	102	f	118	v
7		23		39	'	55	7	71	G	87	W	103	g	119	w
8		24		40	(	56	8	72	H	88	X	104	h	120	x
9	··	25		41	)	57	9	73	I	89	Y	105	i	121	y
10	··	26	··	42	*	58	:	74	J	90	Z	106	j	122	z
11		27		43	+	59	;	75	K	91	[	107	k	123	{
12		28		44	,	60	<	76	L	92	\	108	l	124	|
13	··	29		45	-	61	=	77	M	93	]	109	m	125	}
14		30		46	.	62	>	78	N	94	^	110	n	126	~
15		31		47	/	63	?	79	O	95	_	111	o	127	

2-1-6 字串型別（String）

任何由字母、數字、文字、符號所組成的單字、片語或句子都叫做字串，在 VB 2017 中，字串的前後必須加上雙引號，例如：

```
"VB 2017 程式設計一級棒 "
"1 + 1 = 2"
```

VB 2017 是使用 String 型別來表示字串，型別字元為 $。原則上，字串的每個字元佔用 1Byte，每個中文字佔用 2Bytes，字串的長度視其值而定，最大長度約二十億個 (2^{31}) Unicode 字元。

在過去，Visual Basic 6.0 允許使用者在宣告字串變數的同時指定字串變數的長度，但 VB 2017 則不允許，若要在 VB 2017 宣告一個字串變數 strVar，必須寫成如下敘述，字串變數的長度取決於字串變數的值，而不是在宣告時加以指定：

```
Dim strVar As String
```

注意

➤ 由於 VB 2017 中的雙引號是用來標示字串前後的符號，因此，若字串包含雙引號，就必須使用兩個雙引號做區分，例如下面的敘述會顯示「"VB2017" 程式設計」字串：

```
MsgBox("""VB2017"" 程式設計 ")
```

➤ VB 2017 內建許多字串運算函式，包括字串操作、搜尋、比較、篩選、取代等，附錄 B 有完整的介紹。

2-1-7 日期時間型別（Date）

VB 2017 是使用 Date 型別表示日期時間，每個型別為 Date 的變數佔用 8Bytes。合法的日期表示方式為 #m/d/yyyy# (# 月 / 日 / 西元年份 #)，範圍從西元 1/1/0001 ~ 12/31/9999，例如：

#5/6/1900#	' 西元 1900 年 5 月 6 日

合法的時間表示方式為 # 時 : 分 : 秒 AM# 或 # 時 : 分 : 秒 PM#，範圍從 0:00:00 ~ 23:59:59 PM，例如：

#02:15:48 AM#	' 上午 02:15:48
#11:59:59 PM 12/31/9999#	'Date 型別所能表示的最大值
#12:00:00 AM 1/1/0001#	'Date 型別所能表示的最小值

2-1-8 Object 型別

在 Visual Basic 6.0 中，不定型別為 Variant，用來存放任何型別的資料，而在 VB 2017 中，不定型別則改為 Object，不再提供 Variant。

所有型別為 Object 的變數都是指向物件的 4Bytes 位址指標，該物件可以是任意型別，換句話說，您可以將任意型別的變數、運算式或常數指派給型別為 Object 的變數，例如下面第 2 行敘述是將開啟的資料庫連接指派給型別為 Object 的變數：

```
Dim objVar As Object                     ' 宣告一個型別為 Object 的變數
objVar = OpenDatabase("D:\MyData.mdb")   ' 將開啟的資料庫連接指派給此變數
```

請注意，若只要存放數值、布林、字元、字串或日期時間等確定型別的資料，那麼最好就是將變數宣告為這些型別，而不要宣告為 Object 型別，畢竟透過 4Bytes 位址指標去存取資料是比較慢的。

隨堂練習

寫出下列各個敘述的執行結果,其中 TypeName() 是一個函式,傳回值為參數的型別,您也可以試著撰寫程式碼來顯示執行結果。

(1) MsgBox(1 / 3)

(2) MsgBox(1 / 3!)

(3) MsgBox(3.14 * 10 ^ -7)

(4) MsgBox(TypeName(2147483648))

(5) MsgBox(TypeName(0.05))

(6) MsgBox(10000000000000000000)

(7) MsgBox(&O22)

(8) MsgBox(&HA5)

解答

(1) 0.333333333333333 (預設為 Double 型別,四捨五入至有效位數 15 位)

(2) 0.3333333 (強制指定為 Single 型別,四捨五入至有效位數 7 位)

(3) 3.14E-07 (0.000000314)

(4) Long

(5) Double

(6) 溢位 (overflow)

(7) 18

(8) 165

2-2 型別的結構

VB 2017 的型別都是由 .NET Framework 的 System 命名空間內的某個結構 (structure) 或某個類別 (class) 所支援,例如 Boolean 型別是由 System 命名空間內的 Boolean 結構所支援,換句話說,Boolean 可以視為 System.Boolean 的別名 (alias),因此,下面兩個敘述的意義是相同的:

```
Dim boolVar As Boolean
Dim boolVar As System.Boolean
```

在 .NET Framework 中,結構屬於實值型別,類別屬於參考型別,諸如 Byte、Short、Integer、Long、SByte、UShort、UInteger、ULong、Single、Double、Decimal、Boolean、Char、Date 等實值型別是由 Byte、Int16、Int32、Int64、SByte、UInt16、UInt32、UInt64、Single、Double、Decimal、Boolean、Char、DateTime 等結構所支援,而諸如 String、Object 等參考型別則是由 String、Object 等類別所支援。

既然 VB 2017 的型別是由結構或類別所支援,所以它們就會擁有建構函式 (constructor)、方法 (method)、欄位 (field)、屬性 (property) 等成員。比方說,VB 2017 的 Date 型別是由 System.DateTime 結構所支援,而這個結構有一個名稱為 Year 的屬性可以用來取得年份。

以下面的敘述為例,第 1 個敘述是宣告一個型別為 Date 的變數,第 2 個敘述是將變數的值設定為系統目前的日期時間,第 3 個敘述是使用 System.DateTime 結構的 Year 屬性取得變數的年份,然後顯示出來 (註:附錄 A 有各個型別的成員列表,您可以快速瀏覽一下,無須熟背)。

```
Dim dtVar As Date
dtVar = Now
MsgBox(dtVar.Year)
```

2-3 型別轉換

VB 2017 的型別轉換 (type conversion) 分成廣義 (widening) 與狹義 (narrowing) 兩種，前者不會造成溢位、資料遺失或資料不合法，而後者則可能會造成溢位、資料遺失或資料不合法。

廣義的型別轉換如下，無論 Option Strict 設定為 On 或 Off，這些轉換都會自動產生並成功。

原始型別	欲轉換成的型別
SByte	SByte、Short、Integer、Long、Single、Double、Decimal
Short	Short、Integer、Long、Single、Double、Decimal
Integer	Integer、Long、Single、Double、Decimal
Long	Long、Single、Double、Decimal
Byte	Byte、Short、Integer、Long、UShort、UInteger、ULong、Single、Double、Decimal
UShort	Integer、Long、UShort、UInteger、ULong、Single、Double、Decimal
UInteger	Long、UInteger、ULong、Single、Double、Decimal
ULong	ULong、Single、Double、Decimal
Single	Single、Double
Double	Double
Decimal	Decimal、Single、Double
Char	Char、String
Char 陣列	Char 陣列、String
列舉型別	預設的 Integer 型別或其它更廣義的型別
任何型別	Object、其所實作的任何介面
任何衍生型別	其所繼承自的基底型別
Nothing	任何型別 (Nothing 是關鍵字，表示沒有指向任何物件)

狹義的型別轉換如下，這些轉換不一定都會成功，可能會在執行階段失敗，而且 Option Strict 必須設定為 Off，才能進行狹義的型別轉換：

❖ 包括廣義的型別轉換中所有反方向的型別轉換。

❖ Boolean 型別與數值型別間的互相轉換。

❖ 數值型別轉換成列舉型別。

❖ String 型別與數值型別、Boolean 型別或 Date 型別間的互相轉換。

❖ 基底型別轉換成其衍生型別。

2-3-1 檢查型別函式

VB 2017 提供了如下的檢查型別函式，這些函式的傳回值為 Boolean 型別，也就是 True 或 False，例如 IsDate(#1/1/2020#) 的傳回值為 True，而 IsNumeric ("XYZ") 的傳回值為 False。

函式	說明
IsNothing(*obj*)	檢查參數 *obj* 是否已經初始化 (有指向任何物件)，是就傳回 True，否則傳回 False。
IsDbNull(*obj*)	檢查參數 *obj* 是否包含有效資料，是就傳回 True，否則傳回 False。
IsError(*obj*)	檢查參數 *obj* 是否為錯誤代碼，是就傳回 True，否則傳回 False。
IsDate(*obj*)	檢查參數 *obj* 是否為 Date 型別或可以轉換成為 Date 型別的字串，是就傳回 True，否則傳回 False。
IsNumeric(*obj*)	檢查參數 *obj* 是否為數值型別 (整數、浮點數)，是就傳回 True，否則傳回 False。
IsReference(*obj*)	檢查參數 *obj* 是否為 Object 型別，是就傳回 True，否則傳回 False。
IsArray(*obj*)	檢查參數 *obj* 是否為陣列，是就傳回 True，否則傳回 False。

🌐 2-3-2 取得型別函式

我們可以使用 TypeName() 函式取得參數的型別，傳回值為字串，例如 TypeName(1.5)、TypeName("Happy") 的傳回值分別為 "Double"、"String"。

TypeName() 函式的參數	傳回值
2Bytes 的 True 或 False	"Boolean"
1Byte 的 Byte 資料	"Byte"
2Bytes 的 Char 資料	"Char"
8Bytes 的 Date 資料	"Date"
指向不存在之資料的參考型別	"DBNull"
12Bytes 的 Decimal 資料	"Decimal"
8Bytes 的 Double 資料	"Double"
4Bytes 的 Integer 資料	"Integer"
指向物件的參考型別	"Object"
8Bytes 的 Long 資料	"Long"
沒有指向任何物件的物件變數	"Nothing"
1Byte 的 SByte 資料	"SByte"
2Bytes 的 Short 資料	"Short"
4Bytes 的 Single 資料	"Single"
指向 String 型別的參考型別	"String"
2Bytes 的 UShort 資料	"UShort"
4Bytes 的 UInteger 資料	"UInteger"
8Bytes 的 ULong 資料	"ULong"
指向從 *objectclass* 類別建立之物件的參考型別	*"objectclass"*
陣列資料，例如字元陣列資料會傳回 "Char()"	*"arraytype()"*

2-3-3 轉換型別函式

雖然在宣告變數的型別後，就不能當作其它型別使用，或再宣告為其它型別，但卻可以使用如下的轉換型別函式轉換成其它型別，例如 CStr(#1/1/2020#) 會將參數轉換成 String 型別並傳回字串 "2020/1/1"。

函式	傳回值型別	說明
CBool(*exp*)	Boolean	將參數 *exp* 轉換成 Boolean 型別，然後傳回來。
CByte(*exp*)	Byte	將參數 *exp* 轉換成 Byte 型別，然後傳回來，參數 *exp* 須為 0 ~ 255，小數部分會被四捨五入。
CChar(*exp*)	Char	將參數 *exp* 轉換成 Char 型別，然後傳回來，參數 *exp* 須為 0 ~ 65535。
CDate(*exp*)	Date	將參數 *exp* 轉換成 Date 型別，然後傳回來，參數 *exp* 須為 Date 型別的合法範圍。
CDbl(*exp*)	Double	將參數 *exp* 轉換成 Double 型別，然後傳回來，參數 *exp* 須為 Double 型別的合法範圍。
CDec(*exp*)	Decimal	將參數 *exp* 轉換成 Decimal 型別，然後傳回來，參數 *exp* 須為 Decimal 型別的合法範圍。
CInt(*exp*)	Integer	將參數 *exp* 數轉換成 Integer 型別，然後傳回來，參數 *exp* 須為 Integer 型別的合法範圍，小數部分會被四捨五入。
CLng(*exp*)	Long	將參數 *exp* 轉換成 Long 型別，然後傳回來，參數 *exp* 須為 Long 型別的合法範圍，小數部分會被四捨五入。
CObj(*exp*)	Object	將參數 *exp* 轉換成 Object 型別，然後傳回來，參數 *exp* 須為有效的運算式。
CSByte(*exp*)	SByte	將參數 *exp* 轉換成 SByte 型別，然後傳回來，參數 *exp* 須為 -128 ~ 127，小數部分會被四捨五入。
CShort(*exp*)	Short	將參數 *exp* 轉換成 Short 型別，然後傳回來，參數 *exp* 須為 -32768 ~ 32767，小數部分會被四捨五入。
CSng(*exp*)	Single	將參數 *exp* 轉換成 Single 型別，然後傳回來，參數 *exp* 須為 Single 型別的合法範圍。
CStr(*exp*)	String	將參數 *exp* 轉換成 String 型別，然後傳回來。

函式	傳回值型別	說明
CUInt(exp)	UInteger	將參數 exp 轉換成 UInteger 型別，然後傳回來，參數 exp 須為 0 ~ 4294967295，小數部分會被四捨五入。
CULng(exp)	ULong	將參數 exp 轉換成 ULong 型別，然後傳回來，參數 exp 須為 0 ~ 18446744073709551615，小數部分會被四捨五入。
CUShort(exp)	UShort	將參數 exp 轉換成 UShort 型別，然後傳回來，參數 exp 須為 0 ~ 65535，小數部分會被四捨五入。
CType(exp, type)		將參數 exp 轉換成參數 type 所指定的型別，然後傳回來。
Asc(var) AscW(var)	Integer	傳回參數 var 的字碼指標，例如 Asc("1") 和 Asc("123") 均會傳回 "1" 的字碼指標 49。
Str(num)	String	將數值參數 num 轉換成字串，然後傳回來，例如 Str(-1234.567) 會傳回字串 "-1234.567"。
Chr(int) ChrW(int)	Char	傳回參數 int 代表的字元，例如 Chr(65) 會傳回字元 A。
Hex(num)	String	將數值參數 num 轉換成十六進位，然後傳回來，若參數 num 為 Empty，就傳回 "0"，例如 Hex(128) 會傳回字串 "80"。
Oct(num)	String	將數值參數 num 轉換成八進位，然後傳回來，若參數 num 為 Empty，就傳回 "0"，例如 Oct(128) 會傳回字串 "200"。
Val(str)	Integer Double	將字串參數 str 內的數字轉換成 Integer 或 Double 型別，例如 Val("12 dot34 5") 會傳回 12。
Fix(num)	整數	傳回參數 num 的整數部分，若參數 num 小於 0，就傳回大於等於參數 num 的第一個負整數，例如 Fix(10.8)、Fix(-10.8) 會傳回 10、-10。
Int(num)	整數	傳回參數 num 的整數部分，若參數 num 小於 0，就傳回小於等於參數 num 的第一個負整數，例如 Int(10.8)、Int(-10.8) 會傳回 10、-11。

2-4 變數

變數 (variable) 是我們在程式中所使用的一個名稱 (name)，電腦會根據它的型別配置記憶體空間給它，然後我們可以使用它來存放數值、布林、字元、字串、日期時間、物件等資料，稱為變數的值 (value)。每個變數只能有一個值，但這個值可以重新設定或經由運算更改。

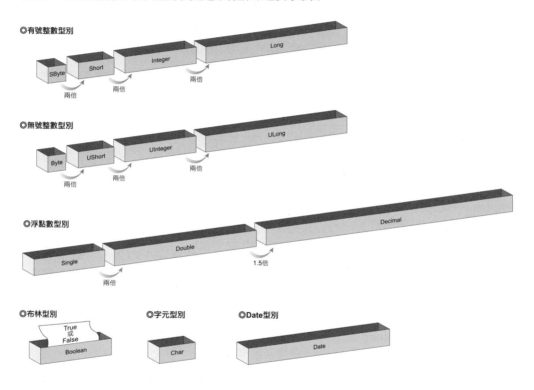

基本上，VB 2017 的變數可以分為下列兩種：

❖ 區域變數 (local variable)：在程序內宣告的變數，只有該程序內的敘述能夠存取這個變數。

❖ 成員變數 (member variable)：在模組、結構或類別內 (任何程序外) 宣告的變數，又分為案例變數 (instance variable) 和共用變數 (shared variable) 兩種，我們會在第 12 章說明其中的差別。

2-4-1 變數的命名規則

以生活中的例子來做比喻，變數就像手機通訊錄的聯絡人，假設裡面存放著小明的電話號碼為 0936123456，表示該聯絡人的名稱與值為「小明」和「0936123456」，只要透過「小明」這個名稱，就能存取「0936123456」這個值，若小明換了電話號碼，值也可以跟著重新設定。

當您為變數命名時，請遵守第 1-4-2 節所介紹的 VB 2017 命名規則，其中比較重要的是第一個字元可以是英文字母、底線 (_) 或中文，其它字元可以是英文字母、底線 (_)、數字或中文。若第一個字元是底線 (_)，那麼必須至少包含一個英文字母、數字或中文。不過，由於標準類別庫或第三方類別庫幾乎都是以英文來命名，建議不要以中文來命名。

此外，變數名稱的開頭建議以型別簡寫表示，例如：

型別	例子	預設值	型別	例子	預設值
Boolean	boolVar	False (0)	String	strName	"" (空字串)
Short	shtVar	0	Integer	intVar	0
Long	lngVar	0	Single	sngVar	0
Double	dblVar	0	Object	objVar	Nothing
Date	dtVar	01/01/0001 12:00:00 AM			

下面是幾個例子：

MyVariable1
My_Variable2　　合法的變數名稱
_MyVariable3

4My@Variable
My Variable!　　非法的變數名稱，不能以數字開頭或包含 @、
Class　　　　　空白等特殊字元，也不能使用 VB 2017 關鍵字。

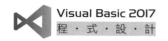
2-4-2 變數的宣告方式

在過去，VB 6.0 並沒有規定程式設計人員在使用變數之前必須先宣告，但 VB 2017 則要求程式設計人員必須這麼做，除非在程式碼的最前面加上 Option Explicit Off 陳述式，或在編譯時於命令列加上 /optionexplict- 選項。事先宣告變數不僅能夠減少程式產生錯誤的機率，而且能夠明確知道變數的相關資訊，包括變數的名稱、型別、初始值、生命週期、有效範圍、存取層級等。

我們可以使用 Dim 陳述式宣告變數，其語法如下：

> [*modifier*] Dim *name* [As [New] *type*] [= *value*]

❖ [*modifier*]：在宣告變數時可以加上 Public、Private、Protected、Friend、Protected Friend 等存取修飾字 (access modifier)，指定變數的存取層級，或加上 Static、Shared、Shadows、ReadOnly 等修飾字，我們會在相關章節中做介紹。

❖ *name*：變數的名稱，必須是符合 VB 2017 命名規則的識別字。

❖ [As *type*]：變數的型別，若省略不寫，表示為 Object 型別。

❖ [New]：若要在宣告變數的同時建立物件，可以加上關鍵字 New。

❖ [= *value*]：使用 = 符號指派變數的初始值，沒有的話可以省略。

下面是幾個例子：

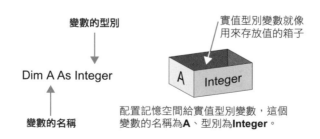

變數的型別

Dim A As Integer

變數的名稱

實值型別變數就像用來存放值的箱子

A　Integer

配置記憶空間給實值型別變數，這個變數的名稱為**A**、型別為**Integer**。

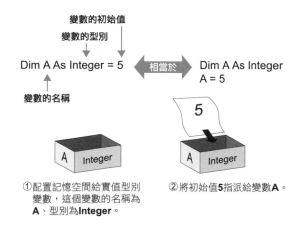

變數的初始值
變數的型別

Dim A As Integer = 5 ←相當於→ Dim A As Integer
A = 5

變數的名稱

① 配置記憶空間給實值型別
　變數，這個變數的名稱為
　A、型別為**Integer**。

② 將初始值**5**指派給變數**A**。

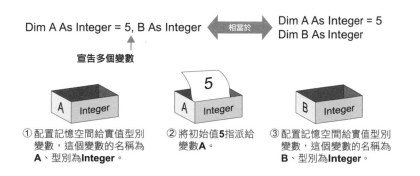

Dim A As Integer = 5, B As Integer ←相當於→ Dim A As Integer = 5
Dim B As Integer

宣告多個變數

① 配置記憶空間給實值型別
　變數，這個變數的名稱為
　A、型別為**Integer**。

② 將初始值**5**指派給
　變數**A**。

③ 配置記憶空間給實值型別
　變數，這個變數的名稱為
　B、型別為**Integer**。

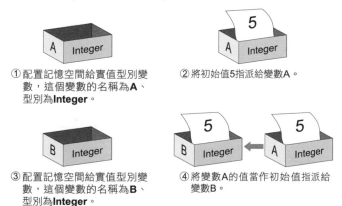

Dim A As Integer = 5, B As Integer = A

① 配置記憶空間給實值型別變
　數，這個變數的名稱為**A**、
　型別為**Integer**。

② 將初始值5指派給變數A。

③ 配置記憶空間給實值型別變
　數，這個變數的名稱為**B**、
　型別為**Integer**。

④ 將變數A的值當作初始值指派給
　變數B。

若要在宣告變數的同時建立物件，可以使用關鍵字 New，成功建立物件後，就可以使用小數點 (.) 存取物件的成員，例如：

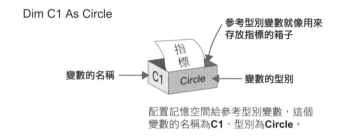

```
Dim C1 As Circle          '宣告型別為 Circle 類別、名稱為 C1 的變數但不建立物件
Dim C2 As New Circle()    '宣告型別為 Circle 類別、名稱為 C2 的變數並建立物件
C1 = C2                   '將變數 C1 指向變數 C2 所指向的物件
C1 = Nothing              '將變數 C1 不指向任何物件
C2.CalArea()              '呼叫變數 C2 所指向之物件的 CalArea() 函式
```

Dim C1 As Circle

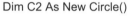

參考型別變數就像用來
存放指標的箱子

變數的名稱 ← C1 Circle → 變數的型別

配置記憶空間給參考型別變數，這個
變數的名稱為 **C1**、型別為 **Circle**。

Dim C2 As New Circle()

① 配置記憶空間給參考型別
變數，這個變數的名稱為
C2、型別為 **Circle**。

② 建立一個Circle
物件。

③ 將變數C2指向剛才建
立的Circle物件。

C1 = C2

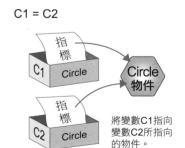

將變數C1指向
變數C2所指向
的物件。

C1 = Nothing

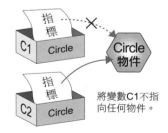

將變數C1不指
向任何物件。

2-4-3 變數的生命週期

生命週期 (lifetime) 指的是變數能夠存在於記憶體多久，其類型如下。

類型	說明
在模組內宣告的變數 (成員變數)	這種變數的生命週期與應用程式相同，換句話說，只要應用程式仍在執行，變數就一直存在於記憶體。
在結構或類別內宣告的變數 (成員變數)	若在結構或類別內宣告變數時沒有加上 Shared 關鍵字，如下所示，表示為「案例變數」(instance variable)，生命週期與結構或類別的案例相同，只要結構或類別的案例沒有被釋放，變數就一直存在於記憶體。 Dim objVar As Object
	若在結構或類別內宣告變數時有加上 Shared 關鍵字，如下所示，表示為「共用變數」(shared variable，被數個案例共用)，生命週期與應用程式相同，不會隨著案例被釋放而從記憶體移除。 Shared objVar As Object 'Dim 可以省略不寫
在程序內宣告的變數 (區域變數)	若在程序內宣告變數時沒有加上 Static 關鍵字，生命週期與程序相同，只要程序仍在執行，變數就一直存在於記憶體。若程序又呼叫其它程序，那麼只要被呼叫的程序仍在執行，變數就不會從記憶體移除。
	若在程序內宣告變數時有加上 Static 關鍵字，如下所示，表示為「靜態變數」(static variable)，生命週期與應用程式相同。 Static objVar As Object 'Dim 可以省略不寫
	舉例來說，假設我們在程序內宣告了靜態變數 A 和普通變數 B，在程序第一次執行完畢時，A、B 的值均為 1；接著又再度進入程序進行第二次執行，此時，B 的值被回歸為預設值 (0)，但 A 的值則仍保留著 1，其中的差別就在於 A 是靜態變數，而且在程序結束執行後，普通變數 B 會從記憶體移除，但靜態變數 A 則會一直存在到應用程式結束執行。

2-4-4 變數的有效範圍

有效範圍 (scope) 指的是哪些程式碼區塊無須指明完整的命名空間就能存取變數，其類型如下：

❖ 區塊有效範圍 (block scope)：當我們在 Do…Loop、For…Next、For Each…Next、If…End If、Select…End Select、SyncLock…End SyncLock、Try…End Try、While…End While、With…End With 等區塊內使用 Dim 陳述式宣告變數時，只有該區塊內的敘述能夠存取這個變數。以下面的程式碼為例，我們在 If…End If 區塊內宣告了變數 C，那麼只有該區塊內的敘述能夠存取變數 C，不過，雖然變數 C 的有效範圍僅限於該區塊，但生命週期卻與所在的程序相同：

```
If A > B Then
    Dim C As Integer
    C = A - B
End If
```

❖ 程序有效範圍 (procedure scope)：當我們在程序內使用 Dim 陳述式或 Static 關鍵字宣告變數時，只有該程序內的敘述能夠存取這個變數，它其實就是區域變數 (local variable)。即便我們在多個程序內宣告了同名的區域變數，VB 2017 一樣可以正確存取。對於暫存計算來說，區域變數是最適合的選擇。

區域變數的有效範圍僅限於所在的程序，生命週期則視宣告時有無加上 Static 關鍵字而定，若沒有的話，那麼生命週期與所在的程序相同，若有的話，那麼生命週期與應用程式相同。

❖ 模組有效範圍 (module scope)：當我們在模組、結構或類別內 (任何程序外) 使用 Dim 陳述式或 Private 存取修飾字宣告變數時，只有該模組內的敘述能夠存取這個變數，而且生命週期與應用程式相同。

❖ 命名空間有效範圍 (namespace scope)：當我們在模組、結構或類別內 (任何程序外) 使用 Public 或 Friend 存取修飾字宣告變數時，相同命名空間內所有模組的敘述均能存取這個變數，而且生命週期與應用程式相同。若專案內沒有包含 Namespace 敘述，那麼該專案內的敘述均隸屬於相同命名空間。

2-4-5 變數的存取層級

存取層級 (access level) 指的是哪些程式碼區塊擁有存取變數的權限，基本上，變數的存取權限不僅視其宣告方式而定，也取決於程式設計人員在何處宣告該變數，可以使用的存取修飾字如下。

存取修飾字	說明
Public	以 Public 宣告的變數能夠被整個專案或參考該專案的專案所存取，我們可以在命名空間、檔案、介面、模組、結構或類別內宣告 Public 變數，例如 Public X As Integer，但不可以在程序內宣告 Public 變數。
Private	以 Private 宣告的變數只能被包含其宣告的模組、結構或類別內的敘述所存取，我們可以在模組、結構或類別內宣告 Private 變數，例如 Private X As Integer，但不可以在命名空間、檔案、介面或程序內宣告 Private 變數。
Protected	以 Protected 宣告的變數只能被包含其宣告的類別或其子類別所存取，而且我們僅可以在類別內宣告 Protected 成員，例如 Protected X As Integer。
Friend	以 Friend 宣告的變數能夠被包含其宣告的程式或相同組件所存取，我們可以在命名空間、檔案、介面、模組、結構或類別內宣告 Friend 變數，例如 Friend X As Integer，但不可以在程序內宣告 Friend 變數。
Protected Friend	以 Protected Friend 宣告的變數能夠被相同組件、包含其宣告的類別或其子類別所存取，而且我們僅可以在類別內宣告 Protected Friend 成員，例如 Protected Firend X As Integer。

🎱 2-4-6 隱含型別

隱含型別 (implicit typing) 功能指的是編譯器可以根據區域變數的初始值，推斷區域變數的型別，故又稱為區域型別推斷 (local type inference)。

舉例來說，在 VB 2008 以前的版本中，當我們要宣告一個型別為 Integer、名稱為 A、初始值為 5 的區域變數時，必須寫成如下，其中 As Integer 不能省略，當編譯選項 Option Strict 為 Off 時，省略 As Integer 會將變數 A 宣告為 Object 型別，而不是 Integer 型別；相反的，當編譯選項 Option Strict 為 On 時，省略 As Integer 會導致編譯錯誤：

```
Dim A As Integer = 5
```

然隱含型別功能卻支援類似如下敘述，編譯器可以根據區域變數 A 的初始值 5，推斷區域變數 A 的型別為 Integer：

```
Dim A = 5
```

除了第 2-1 節所介紹的 Byte、Short、Integer、Long、SByte、UShort、UInteger、ULong、Single、Double、Decimal、Boolean、Char、Date 等實值型別支援隱含型別功能，其它諸如 String、陣列、類別等參考型別亦支援隱含型別功能。

舉例來說，VB 2017 允許我們撰寫如下敘述，宣告一個型別為 Integer、名稱為 A、初始值為 {10, 20, 30} 的陣列 (第 4 章會進一步介紹陣列)：

```
Dim A() = {10, 20, 30}              '過去的寫法為 Dim A() As Integer = {10, 20, 30}
```

請注意，隱含型別只能用來推斷區域變數的型別，無法用來推斷類別欄位、屬性或函式的型別，同時隱含型別所推斷的型別為強型別 (strongly typed)，也就是區域變數的型別一旦被推斷出來，就不能在執行期間動態轉換型別，舉例來說，在我們透過 Dim A = 5 敘述將區域變數 A 的型別推斷為 Integer 後，就不能再指派其它型別的值 (例如 0.3) 給區域變數 A。

2-5 常數

常數 (constant) 是一個有意義的名稱，它的值不會隨著程式的執行而改變，同時程式設計人員亦無法變更常數的值，VB 2017 的常數有「使用者自訂常數」和「系統定義常數」兩種。

2-5-1 使用者自訂常數

我們可以使用 Const 陳述式宣告常數，其語法如下：

[*accessmodifier*] [Shadows] Const *name* [As *type*] = *value*

❖ [*accessmodifier*] [Shadows]：和宣告變數一樣，我們也可以加上 Public、Private、Protected、Friend、Protected Friend 等存取修飾字宣告常數的存取層級 (預設為 Private)，或加上 Shadows 關鍵字遮蔽基底類別內的同名元件。

❖ *name*：常數的名稱，必須是符合 VB 2017 命名規則的識別字。

❖ [As *type*]：常數的型別，若省略不寫，表示為 Object 型別。請注意，若程式的最前面有 Option Strict On 陳述式，那麼型別就不能省略。

❖ [= *value*]：使用 = 符號指派常數的值，*value* 可以由數值、布林、字元、字串、日期時間、已經宣告的常數、列舉的成員、算術運算子、邏輯運算子所組成，但不可以包括函式呼叫與變數。

下面是幾個例子，其中第四行是在一行敘述裡面宣告三個常數：

```
Const Pi As Double = 3.14159          '宣告一個值為 3.14159 的 Double 常數
Const MyName As String = "Jean"       '宣告一個值為 "Jean" 的 String 常數
Const MyAge% = 28                     '使用型別字元宣告一個值為 28 的 Integer 常數
Const Pi As Double = 3.14159, MyName As String = "Jean", MyAge% = 28
```

您也可以在常數宣告裡使用算術運算子、邏輯運算子、之前已經宣告過的常數或列舉的成員,例如:

```
Const CircleArea As Double = Pi * 10 ^ 2
```

雖然我們可以根據其它常數宣告新的常數,但請小心不要產生循環參考,例如下面宣告的兩個常數就是循環參考,這將會導致編譯錯誤:

```
Const X As Double = Y * 10
Const Y As Double = X / 10
```

2-5-2 系統定義常數

VB 2017 內建許多系統定義常數,常見的如下。

常數	說明
vbCrLf	等於 Chr(13) + Chr(10),即換行字元 (carriage return/linefeed)。
vbCr	等於 Chr(13),即換行字元 (carriage return)。
vbLf	等於 Chr(10),即換行字元 (linefeed)。
vbNewLine	等於 Chr(13) + Chr(10),即換行字元 (carriage return/linefeed)。
vbNullChar	等於 Chr(0),即空字元。
vbNullString	長度為 0 的字串,即空字串。
vbObjectError	等於 -2147221504,這是錯誤代碼,使用者自訂的錯誤代碼必須大於這個值。
vbTab	等於 Chr(9),即 [Tab] 字元。
vbBack	等於 Chr(8),即 [BackSpace] 字元。
vbFormFeed	等於 Chr(12),這個常數對 Microsoft Windows 沒有用處。
vbVerticalTab	等於 Chr(11),這個常數對 Microsoft Windows 沒有用處。

隨堂練習

(1) 撰寫一行敘述宣告一個名稱為 X、值為 5 的常數。

(2) 承上題，撰寫一行敘述宣告一個名稱為 Y、值為常數 X 加上 2 的常數 (加法運算子為 +)。

(3) 假設有一行敘述 Dim A% = 100, B% = 10, C% = 0 : A = B : B = C，那麼變數 A、B、C 的值分別為何 ?

(4) 撰寫如下程式，然後看看其執行結果為何 (^ 為指數運算子)。

\MyProj2-1\Module1.vb

```
Module Module1
    Sub Main()
        Const Pi As Double = 3.14159        ' 圓周率 π 的值 (3.14159) 宣告為常數
        Dim Radius, CircleArea As Double
        Radius = InputBox(" 請輸入圓的半徑 ")
        CircleArea = Pi * Radius ^ 2
        MsgBox(" 圓的面積為 " & CircleArea)
    End Sub
End Module
```

 解答

(4)

① 輸入圓的半徑 ② 按 [確定] ③ 出現對話方塊顯示圓的面積

▌2-6 列舉型別

列舉型別 (enumeration type) 可以將數個整數常數放在一起成為一個型別，VB 2017 內建許多列舉型別，例如 FirstDayOfWeek 列舉型別用來表示一週的第一天、FirstWeekOfYear 列舉型別用來表示一年的第一週。

我們可以在模組或類別內 (任何程序外) 使用 Enum 陳述式宣告列舉型別，其語法如下：

```
[accessmodifier] [Shadows] Enum name [As type]
    membername1 [= value1]
    membername2 [= value2]
    ...
    membernameN [= valueN]
End Enum
```

❖ [accessmodifier] [Shadows]：和宣告變數一樣，我們也可以加上 Public、Private、Protected、Friend、Protected Friend 等修飾存取字宣告列舉型別的存取層級 (命名空間層級的列舉預設為 Friend，模組層級的列舉預設為 Public)，或加上 Shadows 關鍵字遮蔽基底類別內的同名元件。

❖ Enum、End Enum：分別標示列舉型別的開頭與結尾，中間的敘述用來宣告列舉型別的成員。

❖ name：列舉型別的名稱，必須是符合 VB 2017 命名規則的識別字。

❖ [As type]：列舉型別預設為 Integer 型別，若要指定為其它整數型別，就必須加上這個敘述。

❖ membername1 [= value1]：membername1 為列舉型別的成員名稱，value1 為成員的值，若沒有指定成員的值，那麼第一個成員的值為 0，而其它成員的值則是前一個成員的值加 1。

舉例來說，假設要建立一個名稱為 MyWeekDays 的列舉型別，用來存放星期日、一～六的常數，而且這些常數的型別為 Integer，那麼可以宣告如下：

```
Enum MyWeekDays As Integer
    Sunday                          '這個成員的值為 0
    Monday                          '這個成員的值為 1
    Tuesday                         '這個成員的值為 2
    Wednesday                       '這個成員的值為 3
    Thursday                        '這個成員的值為 4
    Friday                          '這個成員的值為 5
    Saturday                        '這個成員的值為 6
End Enum
```

當沒有指定成員的值時，第一個成員的值為 0，第二個成員的值為第一個成員的值加 1，…，依此類推。若要指定成員的值，可以仿照如下形式：

```
Enum MyWeekDays As Integer
    Sunday = 10
    Monday = 11
    Tuesday = 12
    Wednesday = 13
    Thursday = 14
    Friday = 15
    Saturday = 16
End Enum
```

若指定的值為浮點數，將會自動轉換為列舉型別所要的整數數值，但是請注意，若程式的最前面有加上 Option Strict On 陳述式，那麼就不會自動轉換，而是會產生編譯錯誤。

在建立列舉型別後，我們可以透過 *name.membername* 的形式存取成員，例如：

```
Dim day = MyWeekDays.Saturday
```

2-7 運算子

運算子 (operator) 是一種用來進行運算的符號,而運算元 (operand) 是運算子進行運算的對象,我們將運算子與運算元所組成的敘述稱為運算式 (expression)。運算式其實就是會產生值的敘述,例如 5 + 10 是運算式,它所產生的值為 15,其中 + 為加法運算子,而 5 和 10 為運算元。

我們可以依照功能將 VB 2017 的運算子分為下列幾種類型:

❖ 算術運算子:+、-、*、/、\、Mod、^

❖ 字串運算子:+、&

❖ 比較運算子:=、<>、<、>、<=、>=、Is、IsNot、Like

❖ 邏輯 / 位元運算子:Not、And、Or、Xor、AndAlso、OrElse

❖ 位元平移運算子:<<、>>

❖ 指派運算子:=、+=、-=、*=、/=、\=、^=、&=、<<=、>>=

❖ 其它運算子:TypeOf⋯Is、GetType

運算子又可以分成下列兩種類型:

❖ 單元運算子 (unary operator):這種運算子只有一個運算元 (operand),採取前置記法 (prefix notation,例如 -X)。

❖ 二元運算子 (binary operator):這種運算子有兩個運算元,採取中置記法 (infix notation,例如 X + Y)。

此外,VB 2017 支援運算子重載 (operator overloading),程式設計人員可以針對自訂的類別或結構重新宣告 +、-、*、/、&、Not 等標準運算子的動作,第 14 章有進一步的說明。

2-7-1 算術運算子

運算子	語法	說明	例子	值
+	運算元 1 + 運算元 2	運算元 1 加上運算元 2	5 + 2	7
-	運算元 1 - 運算元 2	運算元 1 減去運算元 2	5 - 2	3
*	運算元 1 * 運算元 2	運算元 1 乘以運算元 2	5 * 2	10
/	運算元 1 / 運算元 2	運算元 1 除以運算元 2	5 / 2	2.5
\	運算元 1 \ 運算元 2	運算元 1 除以運算元 2 的商數	5 \ 2	2
Mod	運算元 1 Mod 運算元 2	運算元 1 除以運算元 2 的餘數	5 Mod 2	1
^	運算元 1 ^ 運算元 2	運算元 1 的運算元 2 次方	5 ^ 2	25

❖ 加法運算子也可以用來表示正值,例如 +5 表示正整數 5;減法運算子
也可以用來表示負值,例如 -5 表示負整數 5。

❖ 若有運算元為 Nothing,就會被當作 0 來進行算術運算。

2-7-2 字串運算子

字串運算子有 & 和 + 兩個,其語法如下,作用是將兩個運算元進行字串連
接,舉例來說,假設 Str1 = "VB",Str2 = " 程式設計 ",Str3 = Str1 & Str2
或 Str3 = Str1 + Str2,那麼 Str3 為 "VB 程式設計 "。

運算元 1 & 運算元 2 　　運算元 1 + 運算元 2

建議您使用 & 運算子來進行字串連接,以免產生數字相加的錯誤結果,舉
例來說,假設 X = 2,Y = 6,X + Y 會得到整數 8,而 X & Y 會得到字串
"68 "。此外,若有運算元為 Nothing,就會被當作空字串 "" 來進行字串連
接;若有運算元不是 String 型別,就會被轉換成 String 型別來進行字串連接。

2-7-3 比較運算子

比較運算子可以用來比較兩個運算式的大小或相等與否，若結果為真，就傳回 True，否則傳回 False，例如 3 < 10 會傳回 True。程式設計人員可以根據比較運算子的傳回值做不同的處理，VB 2017 提供的比較運算子如下。

運算子	說明	例子	傳回值
=	等於	21 + 5 = 18 + 8	True
<>	不等於	21 + 5 <> 18 + 8	False
<	小於	18 + 3 < 18	False
>	大於	18 + 3 > 18	True
<=	小於等於	18 + 3 <= 21	True
>=	大於等於	18 + 3 >= 21	True
Is	物件比較	*Obj1* Is *Obj2*	若 *Obj1* 和 *Obj2* 指向相同的物件，就傳回 True，否則傳回 False。
IsNot	物件比較	*Obj1* IsNot *Obj2*	若 *Obj1* 和 *Obj2* 指向不同的物件，就傳回 True，否則傳回 False。
Like	字串比較	"Good" Like "G*d"	若字串 "Good" 的形式為 G 開頭，d 結尾，中間為任意字元，就傳回 True，否則傳回 False。
		"Good" Like "G?d"	若字串 "Good" 的形式為 G 開頭，d 結尾，中間為單一字元，就傳回 True，否則傳回 False。
		"Good" Like "G#d"	若字串 "Good" 的形式為 G 開頭，d 結尾，中間為一個 0 ~ 9 的數字，就傳回 True，否則傳回 False。
		"F" Like "[A-M]"	若 "F" 為 A ~ M 的大寫英文字母，就傳回 True，否則傳回 False。
		"F" Like "![A-M]"	若 "F" 不為 A ~ M 的大寫英文字母，就傳回 True，否則傳回 False。

❖ 若比較運算子左右兩邊的運算元皆為 Date 型別,則愈晚的日期時間愈大,例如 #1/1/2020# 大於 #1/1/2015#;若一個 Date 型別的運算元有日期,而另一個 Date 型別的運算元無日期,則預設的日期為 #1/1/0001#;若一個 Date 型別的運算元有時間,而另一個 Date 型別的運算元無時間,則預設的時間為 #0:00:00# (即 12:00:00 AM)。

❖ VB 2017 預設的字串比較順序是根據字元內部的二進位表示方式,即 Option Compare Binary,故 "1" < "2" < … < "9" < "A" < "B" < "C" < … < "Z" < "a" < "b" < "c" … < "z",中文字的比較順序大於英文字母與數字。若要改為不區分英文字母大小寫,可以在程式碼的最前面加上 Option Compare Text,如此一來,"A" = "a"、"B" = "b"、…、"Z" = "z "。

❖ 在做數值比較時,若有運算元為 Nothing,就會被當作 0 來比較;在做字串比較時,若有運算元為 Nothing,就會被當作空字串 "" 來運算。

❖ 在使用 LIKE 運算子做字串比較時,* 號表示任意零個以上的字元,? 表示任一字元,# 表示任一數字 (0 ~ 9),[] 表示在字元範圍中的任一字元,[!] 表示不在字元範圍中的任一字元。

❖ 在使用 LIKE 運算子做字串比較時,若使用 [] 指定字元範圍,則範圍的上限與下限之間須有連字號 (-) 並依照遞增順序,例如 [A-M] 不能寫成 [M-A],同時可以指定多個字元範圍,例如 "[A-D][a-f]" 表示第一個字元為 A ~ D 的大寫英文字母,第二個字元為 a ~ f 的小寫英文字母。

❖ 在使用 LIKE 運算子做字串比較時,若要表示 * ? # [等特殊字元,必須在其前後加上 [],例如 "*[#]*" 表示任何包含 # 字元的字串。

❖ 您可以綜合使用前述的各種表示方式,例如 "5[A-C]*[a-z]" 表示第一個字元為 5,第二個字元為 A、B 或 C,接著為零個以上的任意字元,最後以 a ~ z 的小寫英文字母結尾,"5B12p" 和 "5Cmn99z" 均是符合條件的字串。

🎯 2-7-4 邏輯 / 位元運算子

運算子	語法	說明
Not	Not 運算元	當運算元為 Boolean 型別時，將運算元進行邏輯否定，若運算元的值為 True，就傳回 False，否則傳回 True，例如 Not (5 > 4) 會傳回 False，Not (5 < 4) 會傳回 True。
		當運算元為數值型別時，將運算元進行位元否定，若位元為 1，位元否定就是 0，否則是 1，例如 Not 10 會得到 -11，因為 10 的二進位值是 1010，Not 10 的二進位值是 0101，而 0101 在 2's 補數表示法中就是 -11。
And	運算元 1 And 運算元 2	當運算元為 Boolean 型別時，將運算元 1 和運算元 2 進行邏輯交集，若兩者的值均為 True，就傳回 True，否則傳回 False，例如 (5 > 4) And (3 > 2) 會傳回 True，(5 > 4) And (3 < 2) 會傳回 False。
		當運算元為數值型別時，將運算元 1 和運算元 2 進行位元結合，若兩者對應的位元均為 1，位元結合就是 1，否則是 0，例如 10 And 6 會得到 2，因為 10 的二進位值是 1010，6 的二進位值是 0110，而 1010 And 0110 會得到 0010，即 2。
Or	運算元 1 Or 運算元 2	當運算元為 Boolean 型別時，將運算元 1 和運算元 2 進行邏輯聯集，若兩者的值均為 False，就傳回 False，否則傳回 True，例如 (5 > 4) Or (3 < 2) 會傳回 True，(5 < 4) Or (3 < 2) 會傳回 False。
		當運算元為數值型別時，將運算元 1 和運算元 2 進行位元分離，若兩者對應的位元均為 0，位元分離就是 0，否則是 1，例如 10 Or 6 會得到 14，因為 1010 Or 0110 會得到 1110，即 14。

運算子	語法	說明
Xor	運算元 1 Xor 運算元 2	當運算元為 Boolean 型別時，將運算元 1 和運算元 2 進行邏輯互斥，若運算元 1 和運算元 2 的值均為 False 或均為 True，就傳回 False，否則傳回 True，例如 (5 > 4) Xor (3 > 2) 會傳回 False，(5 > 4) Xor (3 < 2) 會傳回 True。
		當運算元為數值型別時，將運算元 1 和運算元 2 進行位元互斥，若兩者對應的位元均為 1 或均為 0，位元互斥就是 0，否則是 1，例如 10 Xor 6 會得到 12，因為 1010 Xor 0110 會得到 1100，即 12。
AndAlso	運算元 1 AndAlso 運算元 2	將運算元 1 和運算元 2 進行最短路徑 (short circuit) 邏輯交集運算，若運算元 1 為 True，就計算運算元 2，否則不計算運算元 2 直接傳回 False，若運算元 2 亦為 True，就傳回 True，否則傳回 False。
OrElse	運算元 1 OrElse 運算元 2	將運算元 1 和運算元 2 進行最短路徑邏輯聯集運算，若運算元 1 為 True，就傳回 True，不必計算運算元 2，否則計算運算元 2，若運算元 2 為 True，就傳回 True，否則傳回 False。

2-7-5 位元移位運算子

運算子	語法	說明
<<	運算元 1 << 運算元 2 (向左移位)	將運算元 1 向左移動運算元 2 所指定的位元數，例如 1 << 2 表示向左移位 2 個位元，會得到 4；-1 << 2 表示向左移位 2 個位元，會得到 -4。
>>	運算元 1 >> 運算元 2 (向右移位)	將運算元 1 向右移動運算元 2 所指定的位元數，例如 16 >> 1 表示向右移位 1 個位元，會得到 8；-16 >> 1 表示向右移位 1 個位元，會得到 -8。

2-7-6 指派運算子

運算子	例子	說明
=	A = 3	將 = 右邊的值或運算式指派給 = 左邊的變數。
+=	A += 3	這個敘述相當於 A = A + 3，當 A 為數值型別時，+ 為加法運算子，當 A 為字串型別時，+ 為字串運算子。
	A += "xy"	這個敘述相當於 A = A + "xy"，+ 為字串運算子。
-=	A -= 3	這個敘述相當於 A = A - 3，- 為減法運算子。
*=	A *= 3	這個敘述相當於 A = A * 3，* 為乘法運算子。
/=	A /= 3	這個敘述相當於 A = A / 3，/ 為除法運算子。
\=	A \= 3	這個敘述相當於 A = A \ 3，\ 為整數除法運算子。
^=	A ^= 3	這個敘述相當於 A = A ^ 3，^ 為指數運算子。
&=	A &= 3	這個敘述相當於 A = A & 3，& 為字串運算子。
<<=	A <<= 3	這個敘述相當於 A = A << 3，<< 為向左移位運算子。
>>=	A >>= 3	這個敘述相當於 A = A >> 3，>> 為向右移位運算子。

2-7-7 其它運算子－ TypeOf…Is、GetType

❖ TypeOf…Is：此運算子的語法如下，作用是將物件參考變數 *objexpression* 和型別 *typename* 做比較，若相同，就傳回 True，否則傳回 False，舉例來說，假設 Dim A As Object = 2，則 TypeOf A Is Integer 會傳回 True。

TypeOf *objexpression* Is *typename*

❖ GetType：此運算子可以取得型別的資料結構，例如 GetType(Short) 會傳回 System.Int16，這是 System.Type 物件，若要轉換為字串，可以呼叫 toString() 函式，例如 GetType(Short).toString() 會傳回 "System.Int16"。

隨堂練習

寫出下列敘述的執行結果：

(1) MsgBox((5 <= 9) And (Not 3 > 7))

(2) MsgBox((2 < 4) Xor (3 < 5))

(3) MsgBox(("abc" Like "a*") Or (3 > 5))

(4) MsgBox(("abc" Like "*c") And ("F" Like "[a-z]"))

(5) MsgBox((5 <= 9) OrElse (Not 3 > 7))

(6) MsgBox((2 < 4) AndAlso (3 < 5))

(7) MsgBox(("abc" Like "a*") AndAlso (3 > 5))

(8) MsgBox(("abc" Like "*c") OrElse ("F" Like "[a-z]"))

(9) MsgBox(("abc" <> "ABC") Or (3 > 5))

(10) MsgBox(Not (5 < 9) Or (3 > 7))

(11) MsgBox(-128 >> 3)

(12) MsgBox(2 << 10)

(13) MsgBox(7 ^ 3 Mod 8)

(14) MsgBox("ABC" & 2)

(15) MsgBox("ABCD" < "ABCd")

(16) MsgBox(#5/20/2020 < #5/25/2020#)

解答

(1) True	(5) True	(9) True	(13) 7
(2) False	(6) True	(10) False	(14) ABC2
(3) True	(7) False	(11) -16	(15) True
(4) False	(8) True	(12) 2048	(16) True

2-7-8 運算子的優先順序

當運算式中有多個運算子時，VB 2017 會優先執行算術運算子與字串運算子，接著是比較運算子，最後才是邏輯 / 位元運算子，其優先順序 (precedence) 如下。

高 ──→ 低

算術運算子	比較運算子	邏輯 / 位元運算子
指數運算 (^)	等於 (=)	Not
負值 (-)	不等於 (<>)	And、AndAlso
乘、除 (*、/)	小於、大於 (<、>)	Or、OrElse
整數除法 (\)	大於等於 (>=)	Xor
餘數運算 (Mod)	小於等於 (<=)	
加、減、字串連接 (+、-、+)	Like	
字串連接 (&)	Is、IsNot、TypeOf…Is	
位元移位 (<<、>>)		

低

❖ 優先順序高者先執行，相同者則按出現的順序由左到右依序執行。以 1 > 2 Or 25 < 10 + 3 * 2 為例，這個運算式的傳回值為 False，因為乘法運算子 3 * 2 會優先執行而得到 6，接著會執行加法運算子 10 + 6 而得到 16，繼續會執行比較運算子，1 > 2 而得到 False，25 < 16 而得到 False，最後再執行邏輯運算子，False Or False 而得到 False。

❖ 若要改變預設的優先順序，可以加上小括號，就會優先執行小括號內的運算式。以 1 > 2 Or 25 < (10 + 3) * 2 為例，這個運算式的傳回值為 True，因為小括號內的運算式優先處理，10 + 3 而得到 13，接著執行乘法運算子，13 * 2 而得到 26，繼續會執行比較運算子，1 > 2 而得到 False，25 < 26 而得到 True，最後再執行邏輯運算子，False Or True 而得到 True。

一、選擇題

( ) 1. 下列何者不屬於整數數值型別？

A. Byte B. Short C. Char D. ULong

( ) 2. 下列何者是錯誤的數值表示方式？

A. 10,000 B. &HFF C. 567 D. &O46

( ) 3. 下列何者是正確的日期表示方式？

A. #5 Feb 2020# B. #2/5/2020# C. #Feb-5-2020# D. #2020 2 5#

( ) 4. Integer 型別轉換成下列哪種型別並不屬於廣義轉換？

A. Long B. Single C. Short D. Double

( ) 5. Single 型別轉換成下列哪種型別屬於廣義轉換？

A. Long B. String C. Decimal D. Double

( ) 6. 下列哪種型別不能放在列舉型別內？

A. Char B. Byte C. Integer D. Long

( ) 7. 下列何者的結果為 True ？

A. 1 > 100 B. IsNumeric(100)

C. False And True D. "xy" > "yz"

( ) 8. 下列何者的結果為 False ？

A. (32 < 50) AndAlso (999 < 1000) B. (12 < 4) Xor (13 > 5)

C. "happy" Like "*a*" D. "W" Like "[p-z]"

( ) 9. 下列何者的優先順序最高？

A. 算術運算子 B. 字串連接運算子

C. 比較運算子 D. 邏輯運算子

( ) 10. 若要存取列舉型別的成員，必須使用下列何者？

A. & B. . C. ! D. @

二、練習題

1. TypeName(12345@) 的傳回值為＿＿＿＿；TypeName(True) 的傳回值為
    ＿＿＿＿；TypeName(123.45) 的傳回值為＿＿＿＿；TypeName("#2/14/2020#")
    的傳回值為＿＿＿＿。

2. 我們可以使用＿＿＿＿函式檢查參數是否為 Date 型別；我們可以使用
    ＿＿＿＿函式檢查參數是否為數值型別。

3. 我們可以使用＿＿＿＿函式將參數轉換成 Single 型別；我們可以使用
    ＿＿＿＿函式將參數轉換為 String 型別。

4. Chr(68) 的傳回值為＿＿＿＿；Oct(256) 的傳回值為＿＿＿＿；Hex(4096) 的傳
    回值為＿＿＿＿；Val("1 234 .7 8 dot 9") 的傳回值為＿＿＿＿；Fix(-100.05) 的
    傳回值為＿＿＿＿；Int(-100.05) 的傳回值為＿＿＿＿；Int(99.8) 的傳回值為
    ＿＿＿＿。

5. 我們可以分別使用＿＿＿＿、＿＿＿＿、＿＿＿＿陳述式宣告變數、常數和列舉
    型別。

6. 下列各個敘述的錯誤為何？

    （1） Const A = 2 * 3.1416 * B : Const B = 3.1416 * A * A

    （2） Const C = IsNumeric(100.5)

    （3） Dim D As Byte = 10000

    （4） Dim E As Integer = "ABC"

    （5） Dim F As String * 10

    （6） Dim G As Date = #February 14 2020#

    （7） MsgBox(#1/20/2020# + 1)

    （8） CShort(1000000)

    （9） MsgBox(True And "abc")

    （10） Enum EmployeeSalary As Single

7. 寫出下列各個敘述的執行結果：

（1） MsgBox(&HFFF - &HFAB)

（2） MsgBox(2 / 3)

（3） MsgBox(2 / 3.0!)

（4） MsgBox(1.23 * 10 ^ -9)

（5） MsgBox(CInt(True))

（6） MsgBox(" 我愛 ""VB""")

（7） MsgBox(#9:25#)

（8） MsgBox(#8/8/2020# > #5/15/2020#)

（9） MsgBox("ABC" < "abc")

（10）MsgBox(IsDate(2-14-2020))

8. 寫出下列各個敘述的執行結果：

（1） MsgBox(100 / 0)

（2） MsgBox(-1 / 0)

（3） MsgBox(0 / 0)

（4） MsgBox(11 & 22)

（5） MsgBox(11 + 22)

（6） MsgBox(50 Mod 2.5)

（7） MsgBox(44 \ 7 = 6)

（8） MsgBox("Taipei" > " 台北 ")

（9） MsgBox((100 > 10) And (17.5 <> 17))

（10）MsgBox("HAPPY" Is "happy")

（11）MsgBox((100 <> 10 ^ 2) Or (17 Mod 3 = 1))

（12）MsgBox("#XY" Like "[#]*")

（13）MsgBox(("a" Like "[s-z]") Xor ("P" > "p"))

（14）MsgBox("[5xyz2" Like "*[s-y]*#")

（15）MsgBox(10 And 20)

（16）MsgBox(10 Or 20)

9. 針對下列程式碼回答問題：

X = 100 : Y = 1.5 : Z = X - Y

(1) TypeName(X) 的傳回值為何？

(2) TypeName(Y) 的傳回值為何？

(3) TypeName(Z) 的傳回值為何？

(4) IsNumeric(Z) 的傳回值為何？

(5) IsDate(X) 的傳回值為何？

10. 假設人的心臟每秒鐘跳動 1 下，試撰寫一個程式計算人的心臟在平均壽命 80 歲總共會跳動幾下 (一年為 365.25 天)，之後再改成以每分鐘跳動 72 下重新執行程式，看看結果為何。

11. 撰寫一個程式，令它將 $5CD_{16}$、FF_{16}、777_8、1110_2 轉換為十進位。

12. 以 VB 2017 運算式表示下列數學公式：

(1) $b^2 - 4ac$ (2) $a \times (b + c)$

(3) $\dfrac{a + b}{c + d}$ (4) $\dfrac{1}{1 + a^2}$

13. 下列哪些是合法的變數名稱？

(1) _ab~c   (2) as_yt   (3) 5abcde   (4) abs10

(5) \nabc   (6) $xyz10   (7) as$+5   (8) ab cd

14. 寫出下列敘述適合以哪種 VB 2017 型別來表示：

(1) 結婚與否   (2) 地址   (3) 人的年齡   (4) 我是學生

(5) 地球的年齡   (6) 下雨機率   (7) 圓周率   (8) 英文字母

15. 名詞解釋：

(1) 有效範圍   (2) 生命週期   (3) 列舉   (4) 變數

(5) 運算子   (6) 實值型別   (7) 參考型別   (8) 常數

Chapter 3

流程控制

3-1 認識流程控制

我們在前兩章所示範的例子都是很單純的程式，它們的執行方向都是從第一行敘述開始，由上往下依序執行，不會轉彎或跳行，但事實上，大部分的程式並不會這麼單純，它們可能需要針對不同的情況做不同的處理，以完成更複雜的任務，於是就需要流程控制 (flow control) 來協助控制程式的執行方向。

流程控制通常需要借助於布林資料 True 或 False，VB 2017 的流程控制分成下列兩種類型：

❖ 判斷結構 (decision structure)：判斷結構可以測試程式設計人員提供的條件式，然後根據條件式的結果執行不同的動作。VB 2017 支援如下的判斷結構，其中 Try…Catch…Finally 用來進行結構化例外處理，本章暫不討論，留待第 6 章再做說明：

- If…Then…Else

- Select…Case

- Try…Catch…Finally

❖ 迴圈結構 (loop structure)：迴圈結構可以重複執行某些程式碼，VB 2017 支援如下的迴圈結構：

- For…Next

- For Each…Next

- Do…Loop

- While…End While

3-2 If⋯Then⋯Else

3-2-1 If⋯Then

If *condition* Then *statement*

這種判斷結構的意義是「若⋯就⋯」，屬於單向選擇。*condition* 是一個條件式，結果為布林型別，若 *condition* 傳回 True，就執行 *statement*（敘述）；若 *condition* 傳回 False，就跳出 If⋯Then 判斷結構，不會執行 *statement*（敘述）。

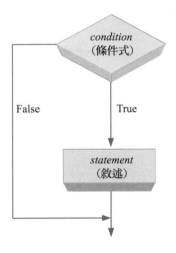

若 If 後面的 *statement*（敘述）不只一行，必須加上 End If 做為結束，如下：

If *condition* Then
    statement1
    statement2
    ⋯
    statementN
End If

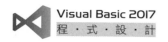

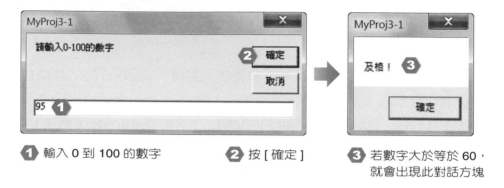

撰寫一個程式，令它出現對話方塊要求使用者輸入 0 到 100 的數字，若數字大於等於 60，就會出現顯示著「及格！」的對話方塊。

1 輸入 0 到 100 的數字　　**2** 按 [確定]　　**3** 若數字大於等於 60，就會出現此對話方塊

解答

\MyProj3-1\Module1.vb

```
Module Module1
    Sub Main()
        Dim Num As Integer
        Num = CInt(InputBox(" 請輸入 0-100 的數字 "))
        If Num >= 60 Then MsgBox(" 及格！ ")
    End Sub
End Module
```

當使用者輸入大於等於 60 的數字時，條件式 Num >= 60 的傳回值為 True，就會執行 Then 後面的程式碼，而出現顯示著「及格！」的對話方塊；相反的，當使用者輸入小於 60 的數字時，條件式 Num >= 60 的傳回值為 False，就會跳出 If…Then 判斷結構，而不會出現顯示著「及格！」的對話方塊。

3-2-2 If…Then…Else

```
If condition Then
    statements1
Else
    statements2
End If
```

這種判斷結構比前一節的判斷結構多了 Else 敘述，照字面翻譯過來的意義
是「若…就…否則…」，屬於雙向選擇。condition 是一個條件式，結果為布
林型別，若 condition 傳回 True，就執行 If 後面的 statements1（敘述 1），否
則執行 Else 後面的 statements2（敘述 2）。它之所以稱為雙向選擇，就是因
為比前一節的判斷結構多了一種變化。

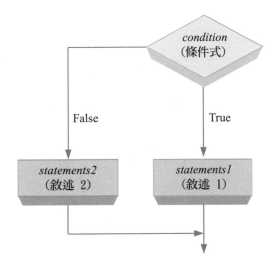

隨堂練習

撰寫一個程式,令它出現對話方塊要求使用者輸入 0 到 100 的數字,若數字大於等於 60,就會出現顯示著「及格!」的對話方塊;相反的,若數字小於 60,就會出現顯示著「不及格!」的對話方塊。

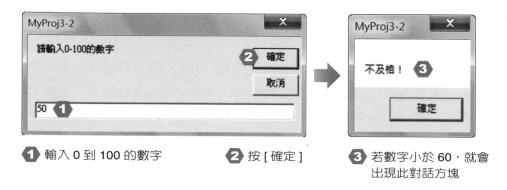

① 輸入 0 到 100 的數字　　　② 按 [確定]　　　③ 若數字小於 60,就會
　　　　　　　　　　　　　　　　　　　　　　　　　　出現此對話方塊

解答

\MyProj3-2\Module1.vb

```vb
Module Module1
    Sub Main()
        Dim Num As Integer
        Num = CInt(InputBox(" 請輸入 0-100 的數字 "))
        If Num >= 60 Then
            MsgBox(" 及格! ")
        Else
            MsgBox(" 不及格! ")
        End If
    End Sub
End Module
```

當使用者輸入大於等於 60 的數字時，條件式 Num >= 60 的傳回值為 True，就會執行 Then 後面的程式碼，而出現顯示著「及格！」的對話方塊；相反的，當使用者輸入小於 60 的數字時，條件式 Num >= 60 的傳回值為 False，就會執行 Else 後面的程式碼，而出現顯示著「不及格！」的對話方塊。

3-2-3 If…Then…ElseIf…

```
If condition1 Then
    statements1
ElseIf condition2 Then
    statements2
ElseIf condition3 Then
    statements3
…
Else
    statementsN+1
End If
```

這種判斷結構最複雜但實用性也最高，照字面翻譯過來的意義是「若…就…否則 若…就…否則…」，屬於多向選擇，前兩節的判斷結構都只能處理一個條件式，而這種判斷結構可以處理多個條件式。

程式執行時會先檢查條件式 condition1，若 condition1 傳回 True，就執行 statements1，然後跳出 If…Then 判斷結構；若 condition1 傳回 False，就檢查條件式 condition2，若 condition2 傳回 True，就執行 statements2，然後跳出 If…Then 判斷結構，否則繼續檢查條件式 condition3，…，依此類推。若所有條件式皆不成立，就執行 Else 後面的 statementsN+1，故 statements1 至 statementsN+1 只有一個會被執行。

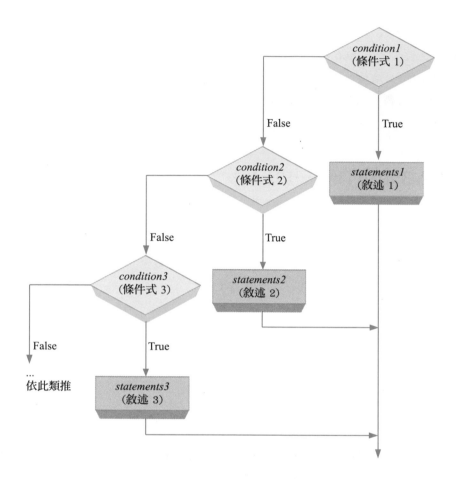

撰寫一個程式,令它出現對話方塊要求使用者輸入 0 到 100 的數字,若數字大於等於 90,就會出現顯示著「優等!」的對話方塊;若數字小於 90 且大於等於 80,就會出現顯示著「甲等!」的對話方塊;若數字小於 80 且大於等於 70,就會出現顯示著「乙等!」的對話方塊;若數字小於 70 且大於等於 60,就會出現顯示著「丙等!」的對話方塊,否則會出現顯示著「不及格!」的對話方塊。

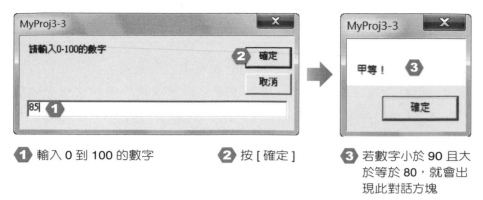

① 輸入 0 到 100 的數字　　② 按 [確定]　　③ 若數字小於 90 且大
於等於 80，就會出
現此對話方塊

解答

\MyProj3-3\Module1.vb

```
Module Module1
    Sub Main()
        Dim Num As Integer
        Num = CInt(InputBox(" 請輸入 0-100 的數字 "))
        If Num >= 90 Then
            MsgBox(" 優等！ ")
        ElseIf Num < 90 And Num >= 80 Then
            MsgBox(" 甲等！ ")
        ElseIf Num < 80 And Num >= 70 Then
            MsgBox(" 乙等！ ")
        ElseIf Num < 70 And Num >= 60 Then
            MsgBox(" 丙等！ ")
        Else
            MsgBox(" 不及格！ ")
        End If
    End Sub
End Module
```

當使用者輸入小於 90 且大於等於 80 的數字時，條件式 Num >= 90 的傳回
值為 False，於是執行 ElseIf 後面的敘述，此時條件式 Num < 90 And Num
>= 80 的傳回值為 True，於是出現顯示著「甲等！」的對話方塊。您不妨試
著輸入其它數字，看看執行結果有何不同。

3-3 Select…Case

Select…Case 判斷結構可以根據變數的值而有不同的執行方向,您可以將它想像成一個有多種車位的車庫,這個車庫是根據車輛的種類來分配停靠位置,若進來的是小客車,就會分配到小客車專屬的停靠位置,若進來的是大貨車,就會分配到大貨車專屬的停靠位置,其語法如下:

```
Select Case variable
    Case value1
        statements1
    Case value2
        statements2
    …
    Case valueN
        statementsN
    Case Else
        statementsN+1
End Select
```

我們要先給 Select…Case 判斷結構一個變數 *variable* 當作判斷的對象,就好像上面比喻的車庫是以車輛當作判斷的對象,接下來的 Case 則是要寫出這個變數可能的值,就好像車輛可能有數個種類。

程式執行時會先從第一個值 *value1* 開始做比較,看看是否和變數 *variable* 的值相等,若相等,就執行其下的敘述 *statements1*,執行完畢再跳到 End Select,離開 Select…Case 判斷結構;相反的,若不相等,就換和第二個值 *value2* 做比較,看看是否和變數 *variable* 的值相等,若相等,就執行其下的敘述 *statements2*,執行完畢再跳到 End Select,離開 Select…Case 判斷結構,…,依此類推;若比較到第 N 個值 *valueN* 仍和變數 *variable* 的值不相等,就執行 Case Else 之下的敘述 *statementsN+1*,執行完畢再跳到 End Select,離開 Select…Case 判斷結構。

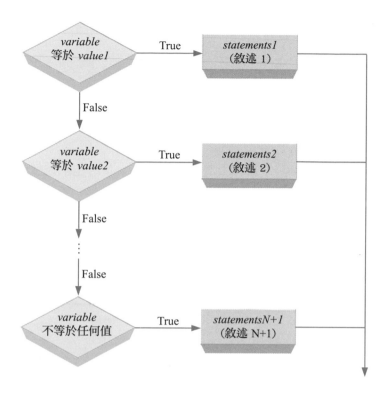

﹝隨﹞﹝堂﹞﹝練﹞﹝習﹞

撰寫一個程式，令它出現對話方塊要求使用者輸入 1 到 5 的數字，然後出現
一個顯示著其英文的對話方塊，若使用者輸入的不是 1 到 5 的數字，則會出
現顯示著「您輸入的數字超過範圍！」的對話方塊。

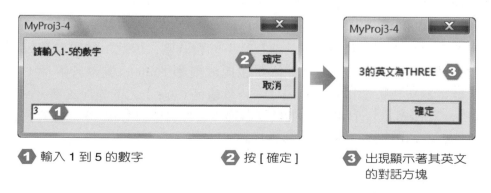

① 輸入 1 到 5 的數字 ② 按 [確定] ③ 出現顯示著其英文
的對話方塊

 解 答

\MyProj3-4\Module1.vb

```
Module Module1
   Sub Main()
      Dim Num As Integer
      Num = CInt(InputBox(" 請輸入 1-5 的數字 "))
      Select Case Num                          'Num 為使用者輸入的數字
         Case 1                                '當使用者輸入 1 時
            MsgBox(Num & " 的英文為 " & "ONE")
         Case 2                                '當使用者輸入 2 時
            MsgBox(Num & " 的英文為 " & "TWO")
         Case 3                                '當使用者輸入 3 時
            MsgBox(Num & " 的英文為 " & "THREE")
         Case 4                                '當使用者輸入 4 時
            MsgBox(Num & " 的英文為 " & "FOUR")
         Case 5                                '當使用者輸入 5 時
            MsgBox(Num & " 的英文為 " & "FIVE")
         Case Else                             '當使用者輸入 1-5 以外的數字時
            MsgBox(" 您輸入的數字超過範圍！ ")
      End Select
   End Sub
End Module
```

這個程式會將變數 Num 的值翻譯成英文，然後顯示出來。程式一開始是令 Select…Case 判斷結構將變數 Num 當作判斷的對象，接下來依序比較 Case 後面的值是否相等，若相等，就執行其下的程式碼，因此，假設變數 Num 的值為 3，當 Select…Case 判斷結構在比較變數 Num 的值等於哪個 Case 時，就會發現比較結果等於 Case 3，於是執行 Case 3 之下的程式碼，出現顯示著「3 的英文為 THREE」的對話方塊，若沒有任何 Case 等於變數 Num 的值，就會執行 Case Else 之下的程式碼。

我們也可以使用 If…Then 判斷結構改寫這個程式，結果如下。

\MyProj3-5\Module1.vb

```
Module Module1
  Sub Main()
    Dim Num As Integer
    Num = CInt(InputBox(" 請輸入 1-5 的數字 "))
    If Num = 1 Then
      MsgBox(Num & " 的英文為 " & "ONE")
    ElseIf Num = 2 Then
      MsgBox(Num & " 的英文為 " & "TWO")
    ElseIf Num = 3 Then
      MsgBox(Num & " 的英文為 " & "THREE")
    ElseIf Num = 4 Then
      MsgBox(Num & " 的英文為 " & "FOUR")
    ElseIf Num = 5 Then
      MsgBox(Num & " 的英文為 " & "FIVE")
    Else
      MsgBox(" 您輸入的數字超過範圍！ ")
    End If
  End Sub
End Module
```

注意

➤ Select…Case 判斷結構的優點在於能夠清楚呈現出所要執行的效果，缺點則是只能執行一個條件式，而 If…Then 判斷結構則無此限制。

➤ Select…Case 判斷結構的 Case 後面的值也可以是某個範圍，例如 Case 2, 3、Case 1 To 10、Case 2, 3 To 10、Case Is < 10 等。

➤ 若要強制離開 Case 區塊或 Case Else 區塊，可以加上 Exit Select 陳述式。

3-4 For…Next（計數迴圈）

重複執行某個動作是電腦的專長之一，若每執行一次，就要撰寫一次敘述，程式將會變得很冗長，而 For…Next 迴圈就是用來解決重複執行的問題。舉例來說，假設要計算 1 加 2 加 3 一直加到 100 的總和，可以使用 For…Next 迴圈逐一將 1、2、3、…、100 累加在一起，就會得到總和。我們通常會使用變數來控制 For…Next 迴圈的執行次數，所以 For…Next 迴圈又稱為計數迴圈，而此變數則稱為計數器。

```
For counter = startvalue To endvalue [Step stepvalue]
    statements
    [Exit For]
    statements
Next
```

在進入 For…Next 迴圈時，會將 startvalue（起始值）指派給 counter（計數器），然後將 counter 的值與 endvalue（終止值）做比較，若大於 endvalue（終止值），就跳到 Next 的下一個指令（即離開迴圈），若小於等於 endvalue（終止值），就執行 statements（敘述），當碰到 Next 時會返回 For 處，將 counter 的值加上 stepvalue（間隔值），再與 endvalue（終止值）做比較，若大於 endvalue（終止值），就跳到 Next 的下一個指令（即離開迴圈），若小於等於 endvalue（終止值），就執行 statements（敘述），…，如此週而復始，直到 counter 的值加上 stepvalue（間隔值）大於 endvalue（終止值）為止。

備註

➤ stepvalue（間隔值）可以省略不寫，表示使用預設的間隔值 1。

➤ 通常起始值會大於終止值，若起始值小於終止值，則間隔值須為負值。

➤ 若要強制離開 For…Next 迴圈，可以加上 Exit For 陳述式。

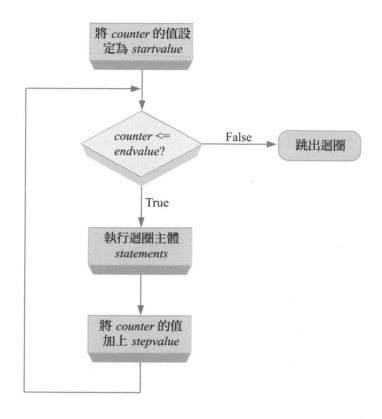

隨堂練習

撰寫一個程式,令它計算 1 到 10 之間所有整數的總和,然後顯示出來。

\MyProj3-6\Module1.vb

```
Module Module1
    Sub Main()
        Dim Total As Integer = 0
        Dim I As Integer
        For I = 1 To 10 Step 1
            Total = Total + I
        Next
        MsgBox("1 到 10 之間所有整數的總和為 " & Total)
    End Sub
End Module
```

這個程式一開始先宣告兩個 Integer 變數，Total 是用來存放總和 (初始值設定為 0)、I 是用來當作 For…Next 迴圈的計數器，由於預設的間隔值是 1，故 Step 1 也可以省略不寫。

For…Next 迴圈的執行次序如下 (Total = Total + I)：

迴圈次數	右邊的 Total	I	左邊的 Total	迴圈次數	右邊的 Total	I	左邊的 Total
第一次	0	1	1	第六次	15	6	21
第二次	1	2	3	第七次	21	7	28
第三次	3	3	6	第八次	28	8	36
第四次	6	4	10	第九次	36	9	45
第五次	10	5	15	第十次	45	10	55

撰寫一個程式，令它計算 2 到 10 之間所有偶數的總和，然後顯示出來。

\MyProj3-7\Module1.vb

```
Module Module1
    Sub Main()
        Dim Total As Integer = 0
        Dim I As Integer
        For I = 2 To 10 Step 2
            Total = Total + I
        Next
        MsgBox("2 到 10 之間所有偶數的總和為 " & Total)
    End Sub
End Module
```

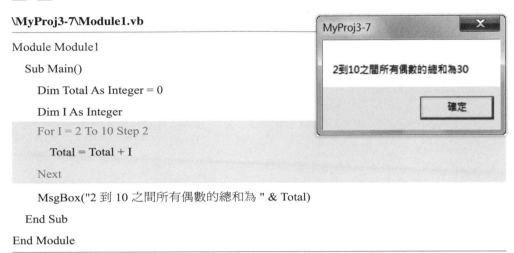

For…Next 迴圈的執行次序如下 (Total = Total + I)：

迴圈次數	右邊的 Total	I	左邊的 Total
第一次	0	2	2
第二次	2	4	6
第三次	6	6	12
第四次	12	8	20
第五次	20	10	30

撰寫一個程式,令它計算 10 階乘 (10! = 1 * 2 * 3… * 10),然後顯示出來。

解答

\MyProj3-8\Module1.vb

```
Module Module1
    Sub Main()
        Dim Result As Integer = 1
        Dim I As Integer
        For I = 1 To 10
            Result = Result * I
        Next
        MsgBox("10! = " & Result)
    End Sub
End Module
```

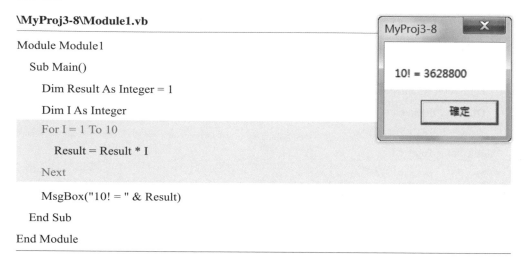

MyProj3-8

10! = 3628800

確定

說明

For…Next 迴圈的執行次序如下 (Result = Result * I,Result 用來存放階乘值,初始值為 1):

迴圈次數	右邊的 Result	I	左邊的 Result
第一次	1	1	1
第二次	1	2	1*2
第三次	1*2	3	1*2*3
…	…	…	…
第十次	1*2*3*4*5*6*7*8*9	10	1*2*3*4*5*6*7*8*9*10

隨堂練習

若要顯示九九乘法表呢？總不可能一個一個式子打吧，這樣就太沒效率了。顯示九九乘法表的秘訣是要使用巢狀迴圈 (nested loop)，即一個迴圈裡面又包含著另一個迴圈，這樣會產生什麼效果呢？請看下面的例子。

解答

\MyProj3-9\Module1.vb

```
01:Module Module1
02:   Sub Main()
03:     Dim I, J As Integer
04:     Dim Result1 As String
05:     Dim Result2 As String = ""
06:     For I = 1 To 9          '第一個迴圈的開始
07:       Result1 = ""
08:       For J = 1 To 9        '第二個迴圈的開始
09:         Result1 = Result1 & I & "*" & J & "=" & I * J & Chr(9)      'Chr(9) 代表 Tab 鍵
10:       Next                  '第二個迴圈的結尾
11:       Result2 = Result2 & Result1 & Chr(13)                        'Chr(13) 代表 Enter 鍵
12:     Next                    '第一個迴圈的結尾
13:     MsgBox(Result2)
14:   End Sub
15:End Module
```

程式碼前面的行號是為了解說之用，請勿輸入到程式碼。

MyProj3-9

```
1*1=1  1*2=2  1*3=3  1*4=4  1*5=5  1*6=6  1*7=7  1*8=8  1*9=9
2*1=2  2*2=4  2*3=6  2*4=8  2*5=10 2*6=12 2*7=14 2*8=16 2*9=18
3*1=3  3*2=6  3*3=9  3*4=12 3*5=15 3*6=18 3*7=21 3*8=24 3*9=27
4*1=4  4*2=8  4*3=12 4*4=16 4*5=20 4*6=24 4*7=28 4*8=32 4*9=36
5*1=5  5*2=10 5*3=15 5*4=20 5*5=25 5*6=30 5*7=35 5*8=40 5*9=45
6*1=6  6*2=12 6*3=18 6*4=24 6*5=30 6*6=36 6*7=42 6*8=48 6*9=54
7*1=7  7*2=14 7*3=21 7*4=28 7*5=35 7*6=42 7*7=49 7*8=56 7*9=63
8*1=8  8*2=16 8*3=24 8*4=32 8*5=40 8*6=48 8*7=56 8*8=64 8*9=72
9*1=9  9*2=18 9*3=27 9*4=36 9*5=45 9*6=54 9*7=63 9*8=72 9*9=81
```

確定

說明

❖ 03 ~ 05：宣告四個變數，其中 I 是外層迴圈的計數器，J 是內層迴圈的計數器，Result1、Result2 是用來存放九九乘法表。

❖ 06 ~ 12：這個 For 迴圈裡面又包含著另一個 For 迴圈，每當外層迴圈執行一次時，內層迴圈就會執行 9 次，故內層迴圈總共執行 9 * 9 = 81 次。在一開始時，外層迴圈的 I 是 1，執行內層迴圈時便將內層迴圈的 J 乘上外層迴圈的 I，等到內層迴圈執行完畢後，就將變數 Result1 的值和換行字元存放在變數 Result2，然後回到外層迴圈，將變數 Result1 重設為空字串，這時外層迴圈的 I 是 2，接著再度進入內層迴圈，將內層迴圈的 J 乘上外層迴圈的 I，內層迴圈執行完畢後，又會將變數 Result2 原來的值、變數 Result1 的值和換行字元繼續存放在變數 Result2，然後再度回到外層迴圈，如此執行到外層迴圈的 I 大於 9 時便跳出外層迴圈。

第 07 行是將存放乘法表的變數 Result1 歸零，即重設為空字串；第 09 行是將乘法表的結果存放在變數 Result1，Result1 = Result1 & I & "*" & J & "=" & I * J & Chr(9)，其中 Chr(9) 表示 [Tab] 字元，以外層迴圈的 I 等於 1 為例，內層迴圈的執行次序如下：

次數	I	J	右邊的 Result1	左邊的 Result1
第一次	1	1	""	1*1=1[Tab]
第二次	1	2	1*1=1[Tab]	1*1=1[Tab]1*2=2[Tab]
……	…	…	……	……
第九次	1	9	1*1=1[Tab]1*2=2[Tab]1*3=3[Tab]1*4=4[Tab]1*5=5[Tab]1*6=6[Tab]1*7=7[Tab]1*8=8[Tab]	1*1=1[Tab]1*2=2[Tab]1*3=3[Tab]1*4=4[Tab]1*5=5[Tab]1*6=6[Tab]1*7=7[Tab]1*8=8[Tab]1*9=9[Tab]

在外層迴圈第一次執行完畢時，變數 Result1 的值為 1*1= 1[Tab]1*2=2[Tab]1*3=3[Tab]1*4=4[Tab]1*5=5[Tab]1*6=6[Tab]1*7=7[Tab]1*8=8[Tab]1*9=9[Tab]，於是執行第 11 行，而得到變數 Result2 的值為

1*1=1[Tab]1*2=2[Tab]1*3=3[Tab]1*4=4[Tab]1*5=5[Tab]1*6=6[Tab]1*7
=7[Tab]1*8=8[Tab]1*9=9[Tab][Enter]。在外層迴圈第二次執行完畢時，
變數 Result1 的值為 2*1=2[Tab]2*2=4[Tab]2*3=6[Tab]2*4=8[Tab]2*5=1
0[Tab]2*6=12[Tab]2*7=14[Tab]2*8=16[Tab]2*9=18[Tab]，於是執行第 11
行，而得到變數 Result2 的值為 1*1=1[Tab]1*2=2[Tab]1*3=3[Tab]1*4=4
[Tab]1*5=5[Tab]1*6=6[Tab]1*7=7[Tab]1*8=8[Tab]1*9=9[Tab][Enter]2*1=
2[Tab]2*2=4[Tab]2*3=6[Tab]2*4=8[Tab]2*5=10[Tab]2*6=12[Tab]2*7=14
[Tab]2*8=16[Tab]2*9=18[Tab][Enter]，依此類推，在外層迴圈執行完畢
後，就可以在對話方塊中顯示整個九九乘法表。

Exit 陳述式的用途

原則上，在終止條件成立之前，程式的控制權都不會離開 For 迴圈，不過，
有時我們可能需要在迴圈內檢查其它條件，一旦符合該條件就強制離開迴
圈，此時可以使用 Exit 陳述式，下面是一個例子。

```
01:Dim I, Result As Integer
02:Result = 1
03:For I = 1 To 15
04:    If I > 6 Then Exit For
05:    Result = Result * I
06:Next
07:MsgBox(" 結果為 " & Result)
```

若變數 I 大於 6，就強制離開 For 迴圈。

猜猜看結果是多少呢？答案是 720！事實上，這個 For 迴圈並沒有執行到
10 次，一旦第 04 行檢查到變數 I 大於 6 時 (即變數 I 等於 7)，就會執行
Exit 強制離開 For 迴圈，故 Result 的值為 1 * 2 * 3 * 4 * 5 * 6 = 720。

除了 For 迴圈之外，Exit 陳述式還可以用來強制離開 Select…Case (Exit
Select)、Do…Loop (Exit Do)、函式 (Exit Function)、副程式 (Exit Sub)、屬
性 (Exit Property)、Try…Catch…Finally (Exit Try) 等程式碼區塊。

3-5 For Each…Next（陣列迴圈）

For Each…Next（陣列迴圈）和 For…Next（計數迴圈）很相似，只是它專門設計給陣列 (array) 或集合 (collection) 使用，其語法如下：

```
For Each element In group
    statements
    [Exit For]
    statements
Next [element]
```

陣列或集合和變數一樣可以用來存放資料，差別在於一個變數只能存放一個資料，而一個陣列或集合可以存放多個資料，我們會分別在第 4、12 章介紹陣列和集合。

下面的例子是使用 For Each…Next 迴圈存取陣列的元素，然後顯示出來。

\MyProj3-10\Module1.vb

```
Module Module1
  Sub Main()
    Dim Score(3), Item As Integer        ' 宣告一個包含 4 個元素的陣列
    Score(0) = 90                        ' 設定陣列第 1 個元素的值
    Score(1) = 86                        ' 設定陣列第 2 個元素的值
    Score(2) = 73                        ' 設定陣列第 3 個元素的值
    Score(3) = 54                        ' 設定陣列第 4 個元素的值
    ' 使用 For Each…Next 迴圈顯示陣列各個元素的值
    For Each Item In Score               ' 此時陣列只需輸入名稱，無須輸入 ()
      MsgBox(Item)
    Next
  End Sub
End Module
```

執行結果如下。

這個程式一開始先宣告一個包含 4 個元素的陣列,接著依序設定陣列各個元素的值,然後使用 For Each…Next 迴圈顯示陣列各個元素的值。

在 For Each Item In Score 敘述中,Item 代表的是陣列 Score 的元素,在第一次執行到 For Each Item In Score 敘述時,Item 代表的是陣列 Score 的第 1 個元素,即 Score(0),於是顯示 90。

接著,在第二次執行到 For Each Item In Score 敘述時,Item 代表的是陣列 Score 的第 2 個元素,即 Score(1),於是顯示 86。繼續,在第三次執行到 For Each Item In Score 敘述時,Item 代表的是陣列 Score 的第 3 個元素,即 Score(2),於是顯示 73。

最後,在第四次執行到 For Each Item In Score 敘述時,Item 代表的是陣列 Score 的第 4 個元素,即 Score(3),於是顯示 54,由於這是最後一個元素,所以在顯示完畢後便會跳出迴圈。

 備註

> For Each…Next 迴圈搭配陣列或集合使用的好處是不用事先告知陣列或集合的大小,它會自動偵測,但我們通常習慣使用 For…Next 迴圈,因為 For Each…Next 迴圈沒有計數器,使用起來的變化較少。

> 若要強制離開 For Each…Next 迴圈,可以加上 Exit For 陳述式。

3-6 條件式迴圈

有別於 For 迴圈是以計數器控制迴圈的執行次數，Do 迴圈和 While 迴圈則是以條件式是否成立做為是否執行迴圈的依據，所以又稱為條件式迴圈。

3-6-1 Do While…Loop、Do…Loop While

```
Do While condition
    statements
    [Exit Do]
    statements
Loop
```

在進入 Do While…Loop 迴圈時，會先檢查 condition（條件式）是否成立（即是否為 True)，若傳回 False 表示不成立，就跳到 Loop 的下一個指令（即離開迴圈），若傳回 True 表示成立，就執行 statements（敘述），當碰到 Loop 時會返回 Do While 處，再次檢查 condition 是否成立，…，如此週而復始，直到 condition 傳回 False。若要強制離開迴圈，可以加上 Exit Do 陳述式。此處的 condition 彈性較大，只要 condition 傳回 False，就會跳出迴圈，無須限制迴圈的執行次數，用途比 For 迴圈廣泛。

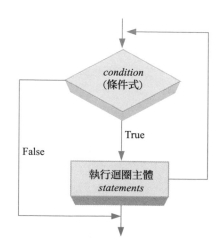

另外還有一種結構如下：

```
Do
    statements
    [Exit Do]
    statements
Loop While condition
```

在進入 Do⋯Loop While 迴圈時，會先執行 *statements*（敘述），當碰到 Loop While 時會檢查 *condition*（條件式）是否成立（即是否為 True)，若傳回 False 表示不成立，就離開迴圈，若傳回 True 表示成立，就返回 Do 處，再次執行 *statements*，⋯，如此週而復始，直到 *condition* 傳回 False，如此可以確保 *statements* 至少被執行一次。

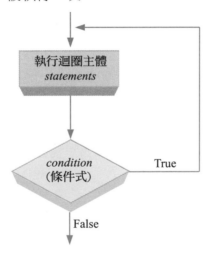

隨堂練習

使用 Do While⋯Loop 迴圈撰寫一個程式，令它出現對話方塊要求使用者輸入「快樂」的英文 (HAPPY、Happy⋯無論大小寫皆可)，正確的話，就顯示「答對了！」對話方塊，錯誤的話，就顯示「答錯了，請重新輸入「快樂」的英文！」對話方塊，直到答對為止。

解答

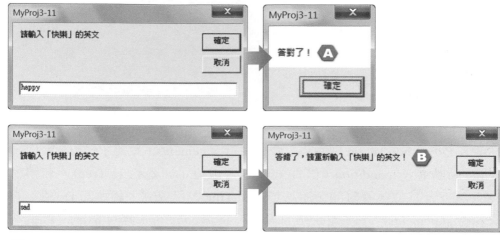

Ⓐ 若輸入正確的英文，會出現「答對了！」。

Ⓑ 若輸入錯誤的英文，會要求重新輸入，直到答對為止。

\MyProj3-11\Module1.vb

```
Module Module1
    Sub Main()
        Dim Answer As String
        Answer = InputBox(" 請輸入「快樂」的英文 ")    '將使用者輸入的英文存放在此變數
        Do While UCase(Answer) <> "HAPPY"              'UCase() 函式可以將參數轉換為大寫
            Answer = InputBox(" 答錯了，請重新輸入「快樂」的英文！ ")
        Loop
        MsgBox(" 答對了！ ")
    End Sub
End Module
```

這個程式會顯示對話方塊要求輸入「快樂」的英文並存放在變數 Answer，接著進入 Do While…Loop 迴圈，條件式 UCase(Answer) <> "HAPPY" 會將變數 Answer 的字串轉換為大寫，再和 "HAPPY" 做比較，若不相同，就重複迴圈，要求重新輸入，直到答對才跳出迴圈，然後顯示「答對了！」。

3-6-2 Do Until…Loop、Do…Loop Until

```
Do Until condition
    statements
    [Exit Do]
    statements
Loop
```

在進入 Do Until…Loop 迴圈時,會先檢查 *condition* (條件式) 是否不成立 (即是否為 False),若傳回 True 表示成立,就跳到 Loop 的下一個指令 (即離開迴圈),若傳回 False 表示不成立,就執行 *statements* (敘述),當碰到 Loop 時會返回 Do Until 處,再次檢查 *condition* 是否不成立,…,如此週而復始,直到 *condition* 傳回 True。若要強制離開迴圈,可以加上 Exit Do 陳述式。

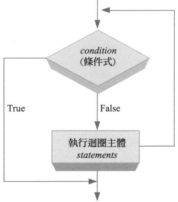

另外還有一種結構如下:

```
Do
    statements
    [Exit Do]
    statements
Loop Until condition
```

在進入 Do…Loop Until 迴圈時，會先執行 *statements* (敘述)，當碰到 Loop Until 時會檢查 *condition* (條件式) 是否不成立 (即是否為 False)，若傳回 True 表示成立，就離開迴圈，若傳回 False 表示不成立，就返回 Do 處，再次執行 *statements*，…，如此週而復始，直到 *condition* 傳回 True，如此可以確保 *statements* 至少被執行一次。

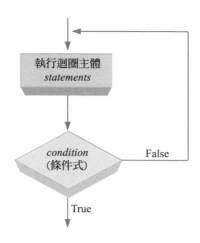

 隨堂練習

使用 Do Until…Loop 迴圈改寫前一個隨堂練習。

解答

```
Sub Main()
    Dim Answer As String
    Answer = InputBox(" 請輸入「快樂」的英文 ")   ' 將使用者輸入的英文存放在此變數
    Do Until UCase(Answer) = "HAPPY"             ' UCase() 函式可以將參數轉換為大寫
        Answer = InputBox(" 答錯了，請重新輸入「快樂」的英文！ ")
    Loop
    MsgBox(" 答對了！ ")
End Sub
```

隨堂練習

使用 Do…Loop Until 迴圈撰寫一個程式，令它出現對話方塊要求使用者輸入小於 10 的數字，正確的話，就結束程式，錯誤的話，就再度出現對話方塊要求使用者輸入小於 10 的數字。

解答

\MyProj3-12\Module1.vb

```
Module Module1
    Sub Main()
        Dim Answer As Integer
        Do
            Answer = CInt(InputBox(" 請輸入小於 10 的數字 "))
        Loop Until Answer < 10
    End Sub
End Module
```

這個程式的迴圈測試是放在迴圈後面，好處是可以少輸入一行程式碼，若放在迴圈前面，就要在迴圈外面輸入一次 Answer = CInt(InputBox(" 請輸入小於 10 的數字 "))，而迴圈裡面也要輸入一次相同的程式碼，別看這只是區區的一行，當程式寫到很大時，光是如此就可能會讓程式變得冗長。

Visual Basic 2017
程・式・設・計

在第 3-6-1 節的隨堂練習中,除非使用者正確輸入「快樂」的英文,否則無法結束程式,而此處則是要使用 Exit Do 陳述式改寫這個程式,讓使用者可以透過對話方塊的 [取消] 按鈕結束程式。

解答

\MyProj3-13\Module1.vb

```
Module Module1
    Sub Main()
        Dim Answer As String
        Answer = InputBox(" 請輸入「快樂」的英文 ")
        Do While UCase(Answer) <> "HAPPY"          'UCase() 函式可以將參數轉換為大寫
            If Answer = "" Then Exit Do            ' 若傳回值為 "",表示按 [ 取消 ]
            Answer = InputBox(" 答錯了,請重新輸入「快樂」的英文! ")
        Loop
        If Answer <> "" Then
            MsgBox(" 答對了! ")
        Else
            MsgBox(" 程式結束! ")
        End If
    End Sub
End Module
```

3-6-3 While…End While

```
While condition
    statements
    [Exit While]
    statements
End While
```

在進入 While…End While 迴圈時，會先檢查 *condition*（條件式）是否成立（即是否為 True)，若傳回 False 表示不成立，就跳到 End While 的下一個指令（即離開迴圈），若傳回 True 表示成立，就執行 *statements*（敘述），當碰到 End While 時會返回 While 處，再次檢查 *condition*（條件式）是否成立，…，如此週而復始，直到 *condition* 傳回 False。若要強制離開迴圈，可以加上 Exit While 陳述式。

事實上，While…End While 迴圈並不常見，因為它可以被 Do…Loop 迴圈取代。此外，在 Visual Basic 6.0 中，這種迴圈的語法為 While…Wend，但 VB 2017 則更改為 While…End While。

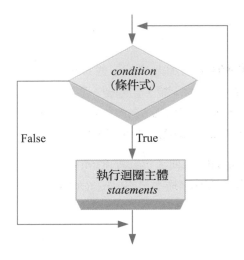

使用 While…End While 迴圈改寫第 3-6-1 節的隨堂練習，您會發現 Do While…
Loop 迴圈改成 While…End While 迴圈後，執行結果是一樣的。

\MyProj3-14\Module1.vb

```
Module Module1
    Sub Main()
        Dim Answer As String
        Answer = InputBox(" 請輸入「快樂」的英文 ")    '將使用者輸入的英文存放在此變數
        While UCase(Answer) <> "HAPPY"                'UCase() 函式可以將參數轉換為大寫
            Answer = InputBox(" 答錯了，請重新輸入「快樂」的英文！")
        End While
        MsgBox(" 答對了！")
    End Sub
End Module
```

➤ 若在使用條件式迴圈時忘記加上 While 或 Until 做判斷，程式就會陷入「無窮
迴圈」(infinite loop)，換句話說，迴圈會一直執行永遠不會跳出來，此時，程
式通常就會當掉了，因此，我們必須避免類似的情況，除了加上 While 或 Until
做判斷，也可以使用 Exit Do 陳述式強制離開迴圈。

➤ 一旦程式陷入無窮迴圈而當掉，可以按 [Ctrl] + [Alt] + [Del] 鍵關閉程式，若是
在 Visual Studio 整合開發環境中，可以按 [Ctrl] + [Break] 鍵進入中斷模式，再
結束程式。

3-7 Continue 陳述式

相對於 Exit 陳述式可以將程式的控制權從 Select Case、迴圈結構、副程式、函式或屬性中跳出來，Continue 陳述式則可以在迴圈結構中跳過後面的敘述，直接返回迴圈結構的開頭，語法有 Continue For、Continue Do、Continue While。

下面是一個例子，這個程式只會顯示 13、14、15，因為在執行到 If I <= 12 Then Continue For 時，只要變數 I 小於等於 12，就會跳過 Continue For 後面的敘述，直接返回 For 迴圈的開頭，直到變數 I 大於 12，才會執行 MsgBox(I)，在對話方塊中顯示變數 I 的值。

\MyProj3-15\Module1.vb

```
Module Module1
    Sub Main()
        Dim I As Integer
        For I = 1 To 15          若 I <= 12，就返回
            If I <= 12 Then Continue For     For 迴圈的開頭。
            MsgBox(I)
        Next
    End Sub
End Module
```

▌3-8 Goto 陳述式（無條件跳躍）

Goto 陳述式可以讓程式的執行無條件跳躍到某個標記或行號，所以在使用 Goto 陳述式的同時，我們必須設定標記或行號。以下面的程式碼為例，第 4 行的 L3: 是一個標記，而第 1 行的 Goto L3 敘述會使程式直接跳到 L3: 標記，進而將變數 A 的值設定為 30，至於第 2、3 行則會被忽略不執行。

```
Goto L3                ' 跳到 L3 標記
A = 10                 ' 這行敘述不會被執行
A = 20                 ' 這行敘述不會被執行
L3: A = 30             ' 直接跳到 L3 標記，進而將變數 A 的值設定為 30
```

隨堂練習

使用 If…Then 和 Goto 撰寫一個程式，令它依序出現對話方塊要求使用者輸入國文、英文及數學成績，然後顯示總分。請注意，成績為 0 ~ 100 的整數，不是的話，就必須重複要求使用者輸入，直到輸入有效成績為止。

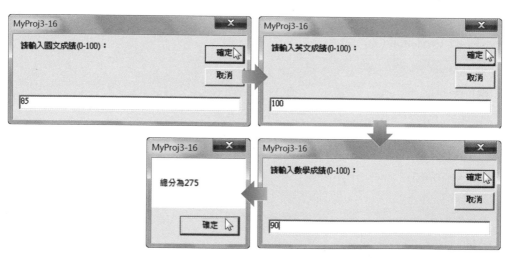

解答

\MyProj3-16\Module1.vb

Module Module1

  Sub Main()

    Dim Chinese, English, Math As Integer

L1: Chinese = CInt(InputBox(" 請輸入國文成績 (0-100)："))

    If Chinese < 0 Or Chinese > 100 Then GoTo L1

L2: English = CInt(InputBox(" 請輸入英文成績 (0-100)："))

    If English < 0 Or English > 100 Then GoTo L2

L3: Math = CInt(InputBox(" 請輸入數學成績 (0-100)："))

    If Math < 0 Or Math > 100 Then GoTo L3

    MsgBox(" 總分為 " & (Chinese + English + Math))

  End Sub

End Module

在這個程式中，我們分別設定了 L1:、L2:、L3: 等三個標記，目的是當我們使用 If…Then 檢查出使用者輸入無效成績時，可以使用 Goto 陳述式跳回對應的標記，重複要求使用者輸入。

注意

▶ 標記必須放在敘述的前面，並以冒號 (:) 隔開。

▶ 標記的命名規則與變數相同，數字亦可做為標記名稱，但不能重複。

▶ Goto 陳述式不僅可以無條件跳躍到後面的敘述，也可以無條件跳躍到前面的敘述，但要避免產生無窮迴圈，同時太多的 Goto 陳述式不僅會影響程式的可讀性，也會增加除錯的困難度，請盡量以 If…Then、For…Next、Do…Loop 等結構化陳述式來取代。

3-9 With···End With

With···End With 結構可以用來存取相同物件的不同屬性，其語法如下：

```
With object
    statements
End With
```

舉例來說，假設 MyLabel 是一個標籤控制項物件，然後我們要將其 Height、Width 等屬性的值設定為 50、20，那麼可以寫成如下：

```
MyLabel.Height = 50
MyLabel.Width = 20
```

我們可以使用 With···End With 結構將上面的敘述改寫成如下：

```
With MyLabel
    .Height = 50
    .Width = 20
End With
```

這種寫法的好處是無須重複指定物件的名稱，而且它和迴圈結構一樣接受巢狀敘述，例如：

```
With MyObject
    .Height = 100          ' 相當於 MyObject.Height = 100
    With .Font
        .Color = Red        ' 相當於 MyObject.Font.Color = Red
        .Bold = True        ' 相當於 MyObject.Font.Bold = True
    End With
End With
```

一、選擇題

(　　) 1. 下列哪種流程控制最適合用來計算連續數字的累加？

　　　A. If…Then　　　　　　　　　B. Select…Case

　　　C. For…Next　　　　　　　　 D. With

(　　) 2. 若要強制離開 For…Next 迴圈，可以使用下列哪個陳述式？

　　　A. Pause　　　　　　　　　　B. Return

　　　C. Exit　　　　　　　　　　　D. Continue

(　　) 3. 下列哪種流程控制最適合用來處理陣列？

　　　A. For Each…Next　　　　　　B. While

　　　C. If…Then　　　　　　　　　D. Select…Case

(　　) 4. 下列哪種流程控制可以確保迴圈內的敘述至少會被執行一次？

　　　A. Do…Loop　　　　　　　　 B. For…Next

　　　C. If…Then　　　　　　　　　D. Select…Case

(　　) 5. 下列哪種結構可以用來存取同一物件的不同屬性？

　　　A. For…Next　　　　　　　　 B. Select…Case

　　　C. Goto　　　　　　　　　　　D. With…End With

(　　) 6. 在 For I = 100 To 200 Step 3…Next 迴圈執行完畢時，變數 I 的值為何？

　　　A. 200　　　　　B. 202　　　　　C. 199　　　　　D. 201

(　　) 7. IIf((50 Mod 4 = 2), " 餘數為 2", " 餘數不為 2") 的傳回值為何？

　　　(註：IIf() 函式的用途和 If…Then…Else 相同，若第一個參數的結

　　　果為 True，就傳回第二個參數，否則傳回第三個參數)

　　　A. " 餘數為 2"　　　　　　　　B. " 餘數不為 2"

(　　) 8. Choose(3, "A", "B", "C", "D") 的傳回值為何？(註：Choose() 函式的

　　　用途和 Select…Case 相同，當第一個參數為 1 時，傳回第二個參

　　　數，當第二個參數為 2 時，傳回第三個參數，依此類推)

　　　A. "A"　　　　　B. "B"　　　　　C. "C"　　　　　D. "D"

( ) 9. 下列哪個陳述式可以在迴圈中跳過後面的敘述，返回迴圈的開頭？

    A. Pause   B. Return   C. Exit   D. Continue

( ) 10. 假設變數 I 的初始值為 0，那麼在 While (I < 100) : I = I + 1 : End While 迴圈執行完畢時，變數 I 的值為何？

    A. 99   B. 100   C. 101   D. 0

二、練習題

1. 試問，下列程式碼在離開迴圈後，變數 I 的值為何？

```
(1) Dim I = 0            (2) Dim I = 500           (3) Dim I = 0
    Do                       Do Until I < 200          While I < 150
      I += 7                   I -= 11                   I += 9
    Loop Until I > 100       Loop                      End While
```

2. 撰寫一個程式計算 4096 是 2 的幾次方並顯示出來。

3. 撰寫一個程式找出 1 ~ 100 可以被 13 整除的數字並顯示出來。

4. 撰寫一個程式計算下列數學式子的結果並顯示出來。

$$(1/2)^1 + (1/2)^2 + (1/2)^3 + (1/2)^4 + (1/2)^5 + (1/2)^6 + (1/2)^7 + (1/2)^8$$

5. 撰寫一個程式計算下列數學式子的結果並顯示出來。

$$1 + 1/2 + 1/3 + 1/4 + 1/5 + 1/6 + 1/7 + 1/8 + 1/9 + 1/10$$

6. 撰寫一個程式計算 500 ~ 1000 之間的所有奇數總和並顯示出來。

7. 撰寫一個程式，令它出現對話方塊要求使用者輸入 1 ~ 12 的數字，然後顯示對應的英文月份簡寫，例如 Jan.、Feb.、Mar.、Apr.、May.、Jun.、Jul.、Aug.、Sep.、Oct.、Nov.、Dec.。

Chapter 4

陣列

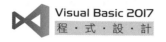
4-1 認識陣列

我們知道電腦可以執行重複的動作,也可以處理大量的資料,但截至目前,我們都只是宣告了極小量的資料,若要宣告成千上百個資料,該怎麼辦呢?難道要寫出成千上百個敘述嗎?當然不是!此時,您應該使用陣列 (array),而本章就是要告訴您如何建立及存取陣列。

陣列和變數一樣是用來存放資料,不同的是陣列雖然只有一個名稱,卻可以存放多個資料。陣列所存放的資料叫做元素 (element),每個元素有各自的值 (value),陣列是透過索引 (index) 區分所存放的元素,在預設的情況下,第一個元素的索引為 0,第二個元素的索引為 1,…,第 n 個元素的索引為 n - 1。

當陣列的元素個數為 n 時,表示陣列的長度 (length) 為 n,合法的長度上限為 2^{31} - 1,而且除了一維 (one-dimension) 陣列之外,VB 2017 亦支援多維 (multi-dimension) 陣列,合法的維度上限為 32。

每個變數只能存放一個資料,例如:

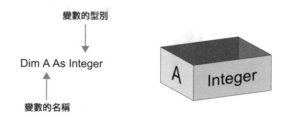

陣列雖然只有一個名稱,卻可以用來存放多個資料,例如:

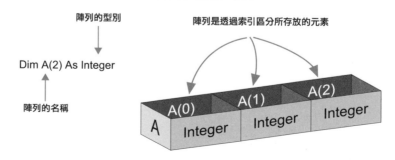

4-2 一維陣列

由於 VB 2017 的陣列隸屬於 System.Array 類別，因此，在宣告陣列時必須使用關鍵字 New 建立 Array 物件。以下面的程式碼為例，第 01 行是宣告名稱為 A、型別為 Integer 的一維陣列變數，此時尚未配置記憶體空間給陣列；第 02 行是配置三個記憶體空間給陣列，每個記憶體空間可以存放一個整數；第 03 ~ 05 行是將陣列內第 1、2、3 個元素的值設定為 10、20、30。

```
01:Dim A() As Integer ── 宣告名稱為 A、型別為 Integer 的一維陣列變數

02:A = New Integer(2) {} ── 配置三個記憶體空間給陣列

03:A(0) = 10 ⎫
04:A(1) = 20 ⎬ 將陣列內第 1、2、3 個元素的值設定為 10、20、30
05:A(2) = 30 ⎭
```

若要存取陣列的元素，可以使用陣列的名稱與索引，例如 A(0) 表示陣列 A 的第 1 個元素、A(1) 表示陣列 A 的第 2 個元素；若要取得陣列的元素個數，可以使用陣列的名稱與 System.Array 類別的 Length 屬性，例如 A.Length 會傳回陣列的元素個數為 3。

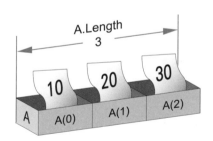

前面的程式碼可以寫成一行，也就是在宣告陣列的同時指派初始值：

```
Dim A() As Integer = {10, 20, 30} ' 亦可寫成 Dim A() As Integer = New Integer(2) {10, 20, 30}
```

您無須在小括號內指定元素個數，編譯器會根據大括號內的元素決定陣列的長度。

撰寫一個程式,令它宣告一個包含 100 個元素的整數陣列,然後將陣列第 1、2、…、100 個元素的值設定為 501、502、…、600。

\MyProj4-1\Module1.vb

```
Module Module1
    Sub Main()
        Dim A(99) As Integer          ── 宣告一個包含 100 個元素的整數陣列
        For I As Integer = 0 To 99 ⎫
            A(I) = I + 501            ⎬   使用 For 迴圈設定陣列各個元素的值
        Next                         ⎭
    End Sub
End Module
```

這個隨堂練習的 For 迴圈是以變數 I 當作計數器,它的值會從 0 依序遞增到 99,所以在第一次執行時,變數 I 的值為 0,迴圈內的敘述會得到 A(0) = 501,接著在第二次執行時,變數 I 的值為 1,迴圈內的敘述會得到 A(1) = 502,依此類推,待迴圈執行完畢時,陣列也跟著定義好了。

> 當您存取陣列的元素時,切勿使用超過界限的索引,例如 Dim A(99) As Integer 表示陣列 A 的索引為 0 ~ 99,若使用超過界限的索引,例如 A(100),將會在執行時產生 IndexOutOfRangeException 例外。

> 由於 VB 2017 支援隱含型別功能,因此,類似 Dim A() As Integer = {10, 20, 30} 的敘述也可以寫成 Dim A() = {10, 20, 30}。

隨堂練習

撰寫一個程式，裡面有一個名稱為 Scores、包含 4 個元素的整數陣列，用來存放四位學生的分數，分別為 90、86、99、54，而且程式執行完畢後會顯示四位學生的分數。

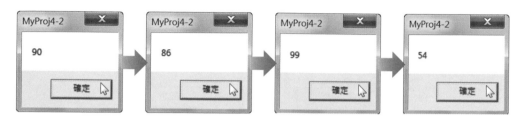

解答

\MyProj4-2\Module1.vb

```vb
Module Module1
  Sub Main()
    Dim Scores() As Integer = {90, 86, 99, 54}  ── 宣告陣列並指派初始值
    For Each Item As Integer In Scores
      MsgBox(Item)                                 使用 For Each 迴圈存取陣列的元素
    Next
  End Sub
End Module
```

首先，我們將四個學生的分數存放在整數陣列 Scores，然後使用 For Each 迴圈讀取各個元素的值。試想，若沒有使用 For Each 迴圈，不知道還要多寫幾行程式碼呢！事實上，只要是有規律性的變化都可以使用迴圈來執行。

另外要提醒您，盡量不要宣告太大超過實際需要的陣列，以免浪費記憶體空間，同時陣列各個元素的型別必須相同，除非將陣列宣告為 Object 型別，才可以指派不同型別的資料給陣列。

 隨堂練習

撰寫一個程式,裡面有一個名稱為 Scores、包含 6 個元素的整數陣列,用來存放六個學生的分數,分別為 85、60、54、91、100、77,而且程式執行完畢後會顯示最高分及最低分。

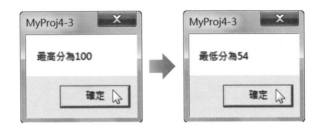

解答

\MyProj4-3\Module1.vb

```
Module Module1
    Sub Main()
        Dim Scores() As Integer = {85, 60, 54, 91, 100, 77}
        Dim MaxScore As Integer = 0, MinScore As Integer = 100
        ' 使用 For Each 迴圈找出最高分
        For Each Item As Integer In Scores
            If Item > MaxScore Then MaxScore = Item
        Next
        MsgBox(" 最高分為 " & MaxScore)
        ' 使用 For Each 迴圈找出最低分
        For Each Item As Integer In Scores
            If Item < MinScore Then MinScore = Item
        Next
        MsgBox(" 最低分為 " & MinScore)
    End Sub
End Module
```

除了使用 For Each 迴圈之外，您也可以改用 For 迴圈，此時須藉助於 System.
Array 類別的 Length 屬性做為計數器，如下：

```
Module Module1
  Sub Main()
    Dim Scores() As Integer = {85, 60, 54, 91, 100, 77}
    Dim MaxScore As Integer = 0, MinScore As Integer = 100

    ' 使用 For 迴圈找出最高分
    For I As Integer = 0 To Scores.Length - 1
      If Scores(I) > MaxScore Then MaxScore = Scores(I)
    Next
    MsgBox(" 最高分為 " & MaxScore)

    ' 使用 For 迴圈找出最低分
    For I As Integer = 0 To Scores.Length - 1
      If Scores(I) < MinScore Then MinScore = Scores(I)
    Next
    MsgBox(" 最低分為 " & MinScore)

  End Sub
End Module
```

或者，您可以直接呼叫 System.Array 類別的 Sort() 方法進行排序，如下：

```
Module Module1
  Sub Main()
    Dim Scores() As Integer = {85, 60, 54, 91, 100, 77}

    System.Array.Sort(Scores)
    MsgBox(" 最高分為 " & Scores(5))
    MsgBox(" 最低分為 " & Scores(0))
  End Sub
End Module
```

排序完畢後陣列的元素會由小到大排列，故
Scores(5) 為最高分，Scores(0) 為最低分。

固定大小陣列 V.S. 動態陣列

前面幾個隨堂練習所宣告的陣列都是屬於固定大小陣列 (fixed-size array)，雖然方便使用 For 迴圈加以存取，但有時我們可能不想在一開始設定陣列的大小或一開始無法判斷陣列的大小，必須等到程式執行階段再視實際情況做設定，即動態陣列 (dynamic array)，此時，我們可以使用 Dim 陳述式宣告一個尚未定義大小的陣列名稱，其語法如下，注意小括號內不要輸入數值：

> Dim *arrayname*() [As *type*]　　　'宣告一個尚未定義大小的陣列

目前還無法使用這個動態陣列，因為尚未定義陣列的大小，若要重新定義，可以使用 ReDim 陳述式，其語法如下：

> Redim *arrayname*(n)　　　'重新定義陣列的大小，共 n+1 個元素，索引從 0 到 n

在使用 ReDim 陳述式重新定義陣列的大小後，才能存取陣列。若之後又覺得陣列太大或太小，可以再使用 ReDim 陳述式重新定義陣列的大小，但要注意的是在重新定義陣列的大小後，陣列之前存放的資料都會被清除掉，若要予以保留，必須加上 Preserve 關鍵字，如下：

> Redim Preserve *arrayname*(n)　'重新定義陣列的大小並保留陣列之前的資料

注意

➤ ReDim 陳述式不僅能重新定義動態陣列的大小，也能重新定義固定大小陣列的大小，但不能宣告陣列。

➤ ReDim 陳述式不能重新定義陣列的維度或宣告成其它型別。

➤ 雖然 Preserve 關鍵字可以使動態陣列在重新定義大小後保留之前的資料，但若之後的大小比之前的大小還小，那麼少掉的資料還是會被清除掉。

➤ 還有一個與陣列相關的陳述式叫做 Erase，它可以釋放陣列變數及其元素所佔用的記憶體空間，例如 Erase A 可以釋放陣列 A。

備註

若要取得陣列的大小、最大索引、最小索引、某個值首次或最後一次出現在陣
列的哪個位置等資訊、將陣列排序、將陣列反轉、二元搜尋法…，可以使用
System.Array 類別提供的屬性與方法，例如 GetLength()、GetUpperBound()、
GetLowerBound()、IndexOf()、LastIndexOf()、Sort()、Reverse()、
BinarySearch()…，第 4-5 節會介紹 System.Array 類別的成員。

隨堂練習

撰寫一個程式，令它重複出現對話方塊要求使用者輸入班上學生的分數，若
要結束，可以輸入 "Quit"，然後按 [確定]，就會出現另一個對話方塊顯示
剛才輸入的每筆分數，如下 (提示：由於事先並不知道使用者會輸入幾個學
生的分數，所以必須使用動態陣列存放學生的分數)。

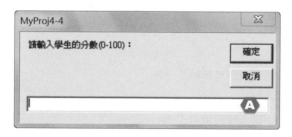

Ⓐ 程式開始執行時會出現對話方塊要求輸入分數。

Ⓑ 一一輸入分數，結束時輸入 "Quit"，就會出現對話方塊顯示每筆分數。

Ⓒ 若一開始就直接輸入 "Quit" 或按 [取消]，則會出現對話方塊顯示尚未輸入資料。

解答

\MyProj4-4\Module1.vb

```vb
Module Module1
    Sub Main()
        Dim Scores() As Integer            '宣告用來存放分數的動態陣列名稱 ( 尚未定義大小 )
        Dim Number As Integer = 0          '這個變數用來記錄總共輸入幾筆分數
        Dim Data As Object                 '這個變數用來存放使用者在對話方塊輸入的單筆分數
        Dim Item As Integer                '這個變數用來做為 For Each 迴圈的變數
        Dim Result As String = ""          '這個變數用來存放最後要顯示的分數字串
        Data = InputBox(" 請輸入學生的分數 (0-100)：")
        '使用迴圈要求使用者輸入分數並存放在動態陣列
        '首先要檢查是否輸入 "Quit" 或按 [ 取消 ]，否的話才執行迴圈內的敘述
        Do While (UCase(Data) <> "QUIT") And (Data <> "")
            ReDim Preserve Scores(Number)      '根據分數筆數重新配置陣列大小並保留資料
            Scores(Number) = Data              '將最新輸入的分數放在陣列最後一個元素
            Number = Number + 1                '分數筆數加一
            Data = InputBox(" 請輸入學生的分數 (0-100)：")
        Loop
        '在顯示每筆分數前先判斷有無輸入分數
        If Number = 0 Then
            MsgBox(" 您尚未輸入任何資料！ ")
        Else
            '使用 For Each 迴圈找出每筆分數並存放在字串變數 Result
            For Each Item In Scores
                Result = Result & Item & "  "
            Next
            MsgBox(" 您輸入的分數有 " & Result)
        End If
    End Sub
End Module
```

4-3 多維陣列

除了一維陣列，VB 2017 亦支援多維陣列，其中以二維陣列最常見。舉例來說，下面是一個 m 列、n 行的成績單，那麼我們可以使用 Dim 陳述式宣告一個 m×n 的二維陣列存放這個成績單：

Dim *arrayname*(*m*-1, *n*-1) [As *type*]

	第 0 行	第 1 行	第 2 行	……	第 n-1 行
第 0 列		國文	英文	……	數學
第 1 列	王小美	85	88	……	77
第 2 列	孫大偉	99	86	……	89
……	……	……	……	……	……
第 m-1 列	張婷婷	75	92	……	86

m×n 的二維陣列有兩個索引，第一個索引是從 0 到 m - 1 (共 m 個)，第二個索引是從 0 到 n - 1 (共 n 個)，當我們要存取二維陣列時，就必須同時使用這兩個索引，以上面的成績單為例，我們可以使用兩個索引將它表示成如下：

	第 0 行	第 1 行	第 2 行	……	第 n-1 行
第 0 列	A(0, 0)	A(0, 1)	A(0, 2)	……	A(0, n-1)
第 1 列	A(1, 0)	A(1, 1)	A(1, 2)	……	A(1, n-1)
第 2 列	A(2, 0)	A(2, 1)	A(2, 2)	……	A(2, n-1]
……	……	……	……	……	……
第 m-1 列	A(m-1, 0)	A(m-1, 1)	A(m-1, 2)	……	A(m-1, n-1)

根據上表可知，「王小美」是存放在二維陣列內索引為 (1, 0) 的位置，而「王小美」的國文分數是存放在二維陣列內索引為 (1, 1) 的位置，數學分數則是存放在二維陣列內索引為 (1, n - 1) 的位置。

下面是幾個不同維度的陣列,您可以比較看看,其中第一個敘述是宣告一個型別為 Integer 的一維陣列,索引分別為 0 ~ 2,總共可以存放 3 個元素;第二個敘述是宣告一個型別為 Integer 的二維陣列,索引分別為 0 ~ 1、0 ~ 2,總共可以存放 2×3 = 6 個元素;第三個敘述是宣告一個型別為 Integer 的三維陣列,索引分別為 0 ~ 1、0 ~ 1、0 ~ 2,總共可以存放 2×2×3 = 12 個元素。

◎一維陣列

Dim A(2) As Integer

元素個數

◎二維陣列

Dim A(1,2) As Integer

y方向的元素個數
x方向的元素個數

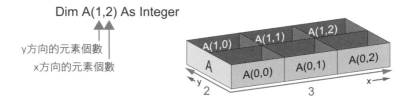

◎三維陣列

Dim A(1,1,2) As Integer

z方向的元素個數
y方向的元素個數
x方向的元素個數

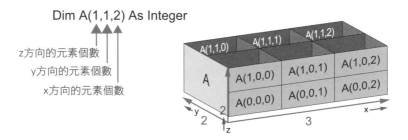

我們還可以宣告超過三維的陣列 (維度上限為 32),只是陣列的維度愈多,佔用的記憶體空間就愈多,也愈不容易管理。

此外，我們可以在宣告多維陣列的同時指派初始值，例如：

Dim A(,) As Integer = {{10,20,30},{40,50,60}}

元素	值
A(0,0)	10
A(0,1)	20
A(0,2)	30
A(1,0)	40
A(1,1)	50
A(1,2)	60

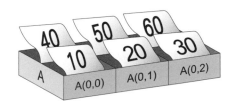

我們同樣可以使用 System.Array 類別的 Length 屬性取得多維陣列的元素個數，以上面的 Dim A(,) As Integer = {{10, 20, 30}, {40, 50, 60}} 為例，A.Length 將會傳回 6。

注意

➤ 您可以使用 ReDim 陳述式重新定義多維陣列的大小，無論是固定大小陣列或動態陣列，但請注意，您只能改變多維陣列最後一維的上限，若改變其它維或最後一維的下限，將會發生錯誤。

➤ 當您使用 ReDim 陳述式重新定義動態多維陣列的大小時，也可以加上 Preserve 關鍵字保留之前的資料。

➤ 您不能重新定義多維陣列的維數。

➤ 陣列的型別取決於陣列的維度及各個元素的型別，兩個陣列只有在維度相同且各個元素的型別相同時，才會被視為相同型別，至於各個維度的長度則對陣列的型別沒有影響。

![隨堂練習]

假設有 8 位學生各自舉行三輪比賽，得分如下，試撰寫一個程式，令它重複出現對話方塊提示使用者輸入每位學生在每一輪比賽的得分，輸入完畢後再顯示每位學生的總得分。

	第 1 輪	第 2 輪	第 3 輪
學生 1	5	7.7	8
學生 2	8.8	5.8	8
學生 3	6	9	8.1
學生 4	7.6	8.5	9.5
學生 5	9	9	9.2
學生 6	4	6.3	7.9
學生 7	8.2	7	9.6
學生 8	9.1	8.5	8.9

Ⓐ 程式開始執行時會出現對話方塊要求使用者輸入每位學生在每一輪比賽的得分。

Ⓑ 最後一位學生在最後一輪比賽的得分輸入完畢後，會出現對話方塊顯示總得分。

解答

\MyProj4-5\Module1.vb

Module Module1

  Sub Main()

    ' 宣告一個 8×4 的二維陣列以存放每位學生在三輪比賽中的得分與總得分

    Dim Scores(7, 3) As Double

    Dim I As Integer, J As Integer   'I、J 為 For 迴圈的計數器

    Dim Data As Double   ' 這個變數用來暫存使用者輸入的得分

    Dim subTotal As Double   ' 這個變數用來暫存每位學生的總得分

    Dim Result As String = ""   ' 這個變數用來存放最後要顯示的總得分字串

    For I = 0 To 7

      subTotal = 0   ' 將用來暫存每位學生總得分的變數歸零

      For J = 0 To 2

        Data = InputBox(" 請輸入第 " & I + 1 & " 位學生在第 " & J + 1 & " 輪的得分 ")

        Scores(I, J) = Data   ' 將使用者輸入的分數存放在二維陣列

        subTotal = subTotal + Data   ' 將得分累計暫存在 subTotal 變數

      Next

      Scores(I, 3) = subTotal   ' 將累計出來的總得分存放在二維陣列

    Next

    For I = 0 To 7

      Result = Result & " 第 " & I + 1 & " 個學生的總得分為 " & Scores(I, 3) & Chr(13)

    Next

    MsgBox(Result)

  End Sub

End Module

這個程式使用一個 8×4 的二維陣列,除了存放 8 位學生在 3 輪比賽中的得分,還多加一個欄位存放各自的總得分,因此,巢狀迴圈內的 Scores(I, 3) = subTotal 就是將第 I 位學生的總得分存放在陣列的 Scores(I, 3) 位置。

▋4-4 不規則陣列

除了一般的資料，陣列的元素也可以是另一個陣列，即所謂的不規則陣列 (jagged array)，以下面的敘述為例，Arr 陣列的第一個元素是 Arr1 陣列，第二個元素是 Arr2 陣列：

```
Dim Arr1() As Integer = {10, 20, 30, 40, 50}
Dim Arr2() As Integer = {100, 200}
Dim Arr(1)() As Integer
Arr(0) = Arr1
Arr(1) = Arr2
```

若要存取 Arr 陣列的元素，可以寫成如下：

```
Arr(0)(0)          '傳回值為 10
Arr(0)(1)          '傳回值為 20
Arr(1)(0)          '傳回值為 100
```

我們也可以在宣告不規則陣列的同時指派初始值，例如：

```
Dim Arr()() As Integer = {New Integer() {10, 20, 30, 40, 50}, New Integer() {100, 200}}
```

 注意

在您將一個陣列指派給另一個陣列時，請勿違反下列事項，以免產生錯誤：

➤ 兩個陣列必須同為實值型別 (value type) 或同為參考型別 (reference type)，若同為實值型別，那麼必須為相同型別，若同為參考型別，那麼來源陣列到目的陣列之間必須存在著廣義型別轉換。

➤ 兩個陣列的維度必須相同。

4-5 System.Array 類別

由於 VB 2017 的陣列繼承自 System.Array 類別,因此,我們可以透過 System.
Array 類別提供的屬性與方法處理陣列,比較重要的如下。

名稱	說明
公有屬性 (Public Properties)	
IsFixedSize	取得表示陣列是否為固定大小的布林值,通常為 True。
IsReadOnly	取得表示陣列是否為唯讀的布林值,通常為 False。
IsSynchronized	取得表示陣列是否為同步的布林值,通常為 False。
Length	取得陣列的元素個數,傳回值為 Integer 型別,例如 Dim A(5, 4) As Integer,則 A.Length 為 6×5 = 30。
Rank	取得陣列的維度,傳回值為 Integer 型別,例如 Dim A(5, 4) As Integer,則 A.Rank 為 2。
公有方法 (Public Methods)	
BinarySearch(*arr*, *obj*)	使用二元搜尋法在 *arr* 陣列內搜尋 *obj* 所在位置的索引。
Clear(*arr*, *int1*, *int2*)	將 *arr* 陣列內從索引為 *int1* 起的連續 *int2* 個元素設定為 0、False 或 Null。
Clone()	建立目前陣列的拷貝,傳回值為 Object 型別。
Copy(*arr1*, *arr2*, *int*) Copy(*arr1*, *int1*, *arr2*, *int2*, *int3*)	前者是從 *arr1* 陣列拷貝 *int* 個元素至 *arr2* 陣列,後者是從 *arr1* 陣列內索引為 *int1* 處拷貝 *int3* 個元素至 *arr2* 陣列內索引為 *int2* 處。
CopyTo(*arr*, *int*)	將目前陣列複製到 *arr* 陣列內索引為 *int* 處。
CreateInstance(*type*, *int*) CreateInstance(*type*, *int*()) CreateInstance(*type*, *int1*, *int2*) CreateInstance(*type*, *int1*, *int2*, *int3*)	第一種形式是傳回長度為 *int*、型別為 *type* 的一維陣列;第二種形式是傳回各維度之長度為 *int*()、型別為 *type* 的多維陣列;第三種形式是傳回兩個維度之長度為 *int1*、*int2*、型別為 *type* 的二維陣列;第四種形式是傳回三個維度之長度為 *int1*、*int2*、*int3*、型別為 *type* 的三維陣列。
Equals(*obj*) Equals(*obj1*, *obj2*)	前者是傳回目前陣列是否等於 *obj* 陣列的布林結果,後者是傳回 *obj1* 陣列是否等於 *obj2* 陣列的布林結果。

名稱	說明
GetLength(*int*)	傳回目前陣列第 *int* + 1 個維度的元素個數 (Integer 型別)。
GetLowerBound(*int*)	傳回目前陣列第 *int* + 1 個維度的最小索引 (Integer 型別)。
GetType()	傳回目前陣列的型別。
GetUpperBound(*int*)	傳回目前陣列第 *int* + 1 個維度的最大索引 (Integer 型別)，舉例來說，假設 Dim A(5, 8) As Integer，則 A.GetLength(1) 會傳回 9，A.GetUpperBound(1) 會傳回 8。
GetValue(*int*) GetValue(*int*()) GetValue(*int1*, *int2*) GetValue(*int1*, *int2*, *int3*)	第一種形式會傳回一維陣列內索引為 *int* 的元素；第二種形式會傳回多維陣列內索引為 *int*() 的元素；第三種形式會傳回二維陣列內索引為 *int1*、*int2* 的元素；第四種形式會傳回三維陣列內索引為 *int1*、*int2*、*int3* 的元素。
IndexOf(*arr*, *obj*) IndexOf(*arr*, *obj*, *int*) IndexOf(*arr*, *obj*, *int1*, *int2*)	傳回 *obj* 首次出現於 *arr* 陣列內的索引，傳回值為 Integer 型別；若要指定從哪個索引開始搜尋，可以使用第二種形式；若還要指定從哪個索引開始搜尋幾個元素，可以使用第三種形式。
LaseIndexOf(*arr*, *obj*) LastIndexOf(*arr*, *obj*, *int*) LastIndexOf(*arr*, *obj*, *int1*, *int2*)	傳回 *obj* 最後一次出現於 *arr* 陣列內的索引，傳回值為 Integer 型別；若要指定從哪個索引開始搜尋，可以使用第二種形式；若還要指定從哪個索引開始搜尋幾個元素，可以使用第三種形式。
Reverse(*arr*) Reverse(*arr*, *int1*, *int2*)	將 *arr* 陣列的元素順序反轉過來；若要指定從哪個索引開始反轉幾個元素的順序，可以使用第二種形式。
SetValue(*obj*, *int*) SetValue(*obj*, *int*()) SetValue(*obj*, *int1*, *int2*) SetValue(*obj*, *int1*, *int2*, *int3*)	第一種形式會將一維陣列內索引為 *int* 的元素設定為 *obj*；第二種形式會將多維陣列內索引為 *int*() 的元素設定為 *obj*；第三種形式會將二維陣列內索引為 *int1*、*int2* 的元素設定為 *obj*；第四種形式會將三維陣列內索引為 *int1*、*int2*、*int3* 的元素設定為 *obj*。
Sort(*arr*) Sort(*arr1*, *arr2*)	前者是將 *arr* 陣列內的元素進行排序 (由小到大)，後者是根據 *arr1* 陣列內的索引鍵將 *arr2* 陣列內的元素進行排序。
ToString()	將目前陣列的值轉換成 String 型別。

4-6 與陣列相關的函式

陣列判斷函式 IsArray()

❖ 語法

IsArray(*varName*) As Boolean

❖ 說明

若參數 *varName* 指向一個陣列，就傳回 True，否則傳回 False。

取得陣列最小索引函式 LBound()

❖ 語法

LBound(*arrName*, *arrRank*) As Integer

❖ 說明

這個函式會傳回陣列某個維度的最小索引，第一個參數 *arrName* 為陣列的名稱，第二個參數 *arrRank* 為陣列的第幾個維度，1 表示第一維，2 表示第二維，…，依此類推，若第二個參數省略不寫，表示為預設值 1，例如 LBound(A, 2) 將傳回陣列 A 第二維的最小索引。由於 VB 2017 不允許變更陣列的最小索引，一律從 0 開始，故 LBound() 函式的傳回值恆為 0。

備註

您也可以使用 System.Array 類別提供的 GetLowerBound() 方法取代 LBound() 函式，不過，這個方法的參數為陣列的第幾個維度，0 表示第一維，1 表示第二維，…，依此類推。舉例來說，假設 Dim A(3, 5) As Integer，則 A.GetLowerBound(0) 就相當於 LBound(A, 1)，即取得陣列 A 第一維的最小索引。

取得陣列最大索引函式 UBound()

❖ 語法

UBound(*arrName*, *arrRank*) As Integer

❖ 說明

這個函式會傳回陣列某個維度的最大索引 (Integer 型別)，第一個參數 *arrName* 為陣列的名稱，第二個參數 *arrRank* 為陣列的第幾個維度，1 表示第一維，2 表示第二維，…，依此類推，若第二個參數省略不寫，表示為預設值 1。舉例來說，假設 Dim A(3, 5) As Integer，UBound(A) 將傳回陣列 A 第一維的最大索引為 3，UBound(A, 2) 將傳回陣列 A 第二維的最大索引為 5。

有了 LBound() 和 UBound() 函式，我們就可以使用這兩個函式找出陣列的上限及下限，進而決定陣列的大小。使用這兩個函式的好處是不用隨時記住陣列的大小，有需要的時候再去取得其上限或下限即可。

 備註

您也可以使用 System.Array 類別提供的 GetUpperBound() 方法取代 UBound() 函式，不過，這個方法的參數為陣列的第幾個維度，0 表示第一維，1 表示第二維，…，依此類推。舉例來說，假設 Dim A(3, 5) As Integer，則 A.GetUpperBound(1) 就相當於 UBound(A, 2)，即取得陣列 A 第一維的最大索引為 5。

 注意

當我們撰寫如下敘述時，表示宣告一個尚未指向任何陣列的二維陣列變數 A，它的值為 Nothing，日後還要建立一個非空的二維陣列並指派給它：

Dim A(,) As Integer

若我們想宣告的是沒有包含元素的二維陣列，而不是不存在的二維陣列，可以在宣告時將其中一個維度宣告為 -1，例如 Dim A(-1 , 5) As Integer。

使用 LBound() 和 UBound() 函式將隨堂練習 <MyProj4-3> 的 For Each…
Next 迴圈改寫成 For…Next 迴圈。

```
Module Module1
    Sub Main()
        Dim Scores() As Integer = {85, 60, 54, 91, 100, 77}
        Dim MaxScore As Integer = 0, MinScore As Integer = 100
        ' 使用迴圈找出最高分
        For I As Integer = LBound(Scores) To UBound(Scores)
            If Scores(I) > MaxScore Then MaxScore = Scores(I)
        Next
        MsgBox(" 最高分為 " & MaxScore)
        ' 使用迴圈找出最低分
        For I As Integer = LBound(Scores) To UBound(Scores)
            If Scores(I) < MinScore Then MinScore = Scores(I)
        Next
        MsgBox(" 最低分為 " & MinScore)
    End Sub
End Module
```

由於 LBound(Scores) 的傳回值恆為 0，故可直接以 0 取代。此外，我們也可
以使用 System.Array 類別提供的方法來改寫 For…Next 迴圈，如下：

```
For I As Integer = Scores.GetLowerBound(0) To Scores.GetUpperBound(0)
    If Scores(I) > MaxScore Then MaxScore = Scores(I)
Next
```

一、選擇題

（　　）1. 宣告為 Integer 型別的陣列能夠同時存放數種型別的資料，對不對？

　　　　A. 對　　　　　　　　　　　B. 不對

（　　）2. VB 2017 預設的陣列索引下限為何？

　　　　A. 0　　　　　　　　　　　B. 1

　　　　C. 2　　　　　　　　　　　D. 3

（　　）3. 透過 System.Array 類別的哪個屬性可以取得陣列的元素個數？

　　　　A. IsFixedSize　　　　　　　B. IsReadOnly

　　　　C. SyncRoot　　　　　　　　D. Length

（　　）4. 假設 Dim A() As Integer = {10, 11, 12, 13, 14, 15}、Dim B(3) As Integer，則 System.Array.Copy(A, 2, B, 1, 2) 將使陣列 B 的值為何？

　　　　A. 0、12、13、0　　　　　　B. 0、11、12、0

　　　　C. 10、11、0、0　　　　　　D. 0、0、12、13

（　　）5. 承上題，A.GetValue(1) 的值為何？

　　　　A. 10　　　　　　　　　　　B. 11

　　　　C. 12　　　　　　　　　　　D. 13

（　　）6. 假設 Dim A(5, 6, 7, 8) As Integer，則 A.GetLength(3) 的值為何？

　　　　A. 7　　　　　　　　　　　B. 8

　　　　C. 9　　　　　　　　　　　D. 10

（　　）7. 承上題，A.GetUpperBound(2) 的值為何？

　　　　A. 5　　　　　　　　　　　B. 6

　　　　C. 7　　　　　　　　　　　D. 8

（　　）8. 假設 Dim A() As String = {"a", "c", "c", "a", "b", "c", "d"}，則 System.Array.IndexOf(A, "c") 的值為何？

　　　　A. 0　　　　　　　　　　　B. 1

　　　　C. 2　　　　　　　　　　　D. 5

( ) 9. 假設 Dim A(3, 3, 3) As Integer，則 A.Rank 的值為何？

    A. 0   B. 1

    C. 2   D. 3

( )10. 承上題，System.Array.LastIndexOf(A, "c") 的值為何？

    A. 5   B. 6

    C. 4   D. 3

( )11. 透過 System.Array 類別的哪個方法可以將陣列的元素順序反轉過來？

    A. Converse()   B. Reverse()

    C. Clone()   D. SetValue()

( )12. 下列哪個宣告陣列的敘述正確？

    A. Dim A(2 To 10) As Integer

    B. Dim A(3) = {11, 12, 13, 14}

    C. Dim A() As Short = New Integer(3)

    D. Dim A() As Integer = New Integer(3) {11, 12, 13, 14}

( )13. 下列哪種迴圈最適合用來存取陣列？

    A. For Each⋯Next   B. Do⋯Loop

    C. While⋯End While   D. Select Case

( )14. 下列哪個陳述式可以重新定義多維陣列的大小？

    A. Erase   B. LBound

    C. ReDim   D. Preserve

( )15. 下列哪個關鍵字可以在重新定義多維陣列的大小時保留原來的值？

    A. Erase   B. LBound

    C. ReDim   D. Preserve

( )16. 假設 Dim A(2, 3, 4, 5) As Integer，則 LBound(A, 2) 的值為何？

    A. 0   B. 3

    C. 4   D. 5

二、練習題

1. 撰寫一個程式,令它宣告一個陣列 {5, 8, 2, 3, 7, 6, 9, 1, 4, 8, 3, 0},然後在陣列內搜尋最大值及最小值,並在對話方塊中顯示其索引。

2. 撰寫一個程式,令它宣告一個陣列 {5, 8, 2, 3, 7, 6, 9, 1, 4, 8, 3, 0},然後計算這些元素的平均值,並在對話方塊中顯示結果。

3. 撰寫一個程式,令它宣告一個陣列 {5, 8, 2, 3, 7, 6, 9, 1, 4, 8, 3, 0},然後在陣列內搜尋第一個值為 6 的元素,並在對話方塊中顯示其索引,若找不到,就在對話方塊中顯示 -1。

4. 假設在縣市長選舉中,候選人 A ~ D 於選區 1 ~ 5 的得票數如下,試撰寫一個程式,令它使用二維陣列存放如下的得票數,然後在對話方塊中顯示每位候選人的總得票數。

	第 1 選區	第 2 選區	第 3 選區	第 4 選區	第 5 選區
候選人 A	1521	3002	789	2120	1786
候選人 B	522	765	1200	2187	955
候選人 C	2514	2956	1555	1036	4012
候選人 D	1226	1985	1239	3550	781

5. 撰寫一個程式,令它使用二維陣列存放如下的元素,然後在二維陣列內搜尋最大值及最小值,並在對話方塊中顯示其索引。

21	22	23	24	25	26
11	12	13	14	15	16
1	2	3	4	5	6

Chapter 5

副程式、函式與屬性

5-1 認識程序

程序 (procedure) 指的是將一段具有某種功能的敘述寫成獨立的程式單元，然後給予特定名稱，以提高程式的重複使用性及可讀性。

有些程式語言將程序稱為方法 (method)、函式 (function)、副程式 (subroutine) 或成員函式 (member function)，例如 C 是將程序稱為函式，Java 和 C# 是將程序稱為方法，而 VB 2017 是將有傳回值的程序稱為函式，沒有傳回值的程序稱為副程式。

VB 2017 的程序可以執行一般動作，也可以處理事件，前者稱為一般程序 (general procedure)，後者稱為事件程序 (event procedure)。舉例來說，我們可以針對 Button1 按鈕的 Click 事件撰寫一個處理程序，這個事件程序預設的名稱為 Button1_Click，一旦使用者點取 Button1 按鈕，就會呼叫 Button1_Click 事件程序。

原則上，事件程序的名稱與參數是由 VB 2017 所決定，它通常處於閒置狀態，直到為了回應使用者或系統所觸發的事件時才會被呼叫；相反的，一般程序不是被某些事件所觸發，程式設計人員必須自己撰寫程式碼呼叫一般程序，以執行一般動作。

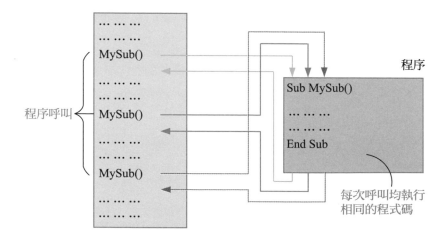

使用程序的好處如下：

❖ 程序具有重複使用性 (reusability)，當您寫好一個程序時，可以在程式中不同地方呼叫這個程序，而不必重新撰寫。

❖ 加上程序後，程式會變得更精簡，因為雖然多了呼叫程序的敘述，卻少了更多重複的敘述。

❖ 加上程序後，程式的可讀性 (readability) 會提高。

❖ 將程式拆成幾個程序後，寫起來會比較輕鬆，而且程式的邏輯性和正確性都會提高，如此不僅容易理解，也比較好偵錯、修改與維護。

說了這麼多好處，那麼程序沒有缺點嗎？其實是有的，程序會使程式的執行速度減慢，因為多了一道呼叫的手續。

VB 2017 提供了下列幾種程序，其中 Operator 程序、Generic 程序和事件程序分別留待第 14、15 章再做討論：

❖ Sub 程序 (副程式)：執行某些動作但沒有傳回值。

❖ Function 程序 (函式)：執行某些動作而且有傳回值。

❖ Property 程序 (屬性)：取得或設定物件的屬性。

❖ Operator 程序 (運算子重載)：針對使用者自訂的類別或結構重新宣告標準運算子的動作。

❖ Generic 程序：允許使用者以未定型別參數宣告程序，待之後在呼叫程序時，再指定實際型別。

❖ 事件程序：為了回應使用者或系統所觸發的事件時才會被呼叫。

註：參數 (parameter) 指的是當您呼叫程序時，程序要求您傳遞給它的值，在宣告程序的同時就會一併宣告它的參數；引數 (argument) 指的是當您呼叫程序時，您傳遞給程序參數的值。

5-2 Sub 程序(副程式)

我們可以在模組、類別或結構內使用 Sub 陳述式宣告副程式,其語法如下,副程式會執行某些動作但沒有傳回值:

```
[accessmodifier] [proceduremodifier] [Shadows] [Shared] Sub name([parameterlist])
   statements
   [Exit Sub|Return]
   statements
End Sub
```

❖ [accessmodifier]:我們可以加上 Public、Private、Protected、Friend、Protected Friend 等存取修飾字宣告副程式的存取層級,預設為 Public。

❖ [proceduremodifier] [Shadows] [Shared]:VB 2017 的程序修飾字有 Overloads、Overrides、Overridable、NotOverridable、MustOverride、MustOverride Overrides、NotOverridable Overrides,而 Shadows 關鍵字表示副程式遮蔽了基底類別內的同名元件,Shared 關鍵字表示副程式是共用程序。這些關鍵字通常省略不寫,有需要時才加上去,我們會在相關章節中做介紹。

❖ Sub、End Sub:分別標示副程式的開頭與結尾。

❖ name:副程式的名稱,必須是符合 VB 2017 命名規則的識別字。

❖ statements:副程式主要的程式碼部分。

❖ [Exit Sub|Return]:若要強制離開副程式,可以加上 Exit Sub 或 Return。

❖ ([parameterlist]):副程式的參數,用來傳遞資料給副程式,個數可以是 0、1 或以上,中間以逗號隔開,每個參數的語法如下:

```
[Optional] [{ByVal|ByRef}] [ParamArray] paramname[()] [As paramtype] [= defaultvalue]
```

- [Optional] [{ByVal|ByRef}] [ParamArray]：若要使用選擇性參數，可以加上 Optional 關鍵字；若要使用傳值呼叫 (call by value)，可以加上 ByVal 關鍵字，預設為傳值呼叫，故可省略不寫；若要使用傳址呼叫 (call by reference)，可以加上 ByRef 關鍵字；若要使用參數陣列，可以加上 ParamArray 關鍵字。

- *paramname*：參數的名稱，必須是符合 VB 2017 命名規則的識別字。

- [As *paramtype*]：參數的型別，若省略不寫，表示為 Object 型別。

- [= *defaultvalue*]：若要指派選擇性參數的預設值，可以使用 = 符號。

下面是幾個例子：

```
Sub MySub(ByVal sender As System.Object, ByVal e As System.EventArgs)
  …' 兩個參數均為傳值呼叫 (ByVal)
End Sub


Sub Add(ByRef Number1 As Integer, Optional Number2 As Integer = 1)
  …' 第一個參數為傳址呼叫 (ByRef)，第二個選擇性參數為傳值呼叫且預設值為 1
End Sub


Sub StudentScores(Name As String, ParamArray Scores() As String)
  …' 兩個參數均為傳值呼叫 (ByVal)，其中第 2 個參數為參數陣列
End Sub
```

在宣告副程式後，副程式並不會自動執行，我們必須使用如下語法加以呼叫，若副程式有參數，則呼叫時一定要指定參數的值 (除非是選擇性參數的值才能省略)，同時要符合其個數、順序及型別，小括號亦不能省略：

```
[Call] subname([parameterlist])
```

下面是一個例子，其中第 08 ～ 10 行是宣告一個名稱為 Sum、有兩個整數參數的副程式，它會將兩個參數的值相加，然後顯示在對話方塊中；第 05 行是呼叫 Sum() 副程式，由於傳遞給 Sum() 副程式的兩個參數 A、B 的值為 10 和 20，所以會在對話方塊中顯示 30 (即 10 + 20)。

\MyProj5-1\Module1.vb

```
01:Module Module1
02:    Sub Main()
03:        Dim A As Integer = 10
04:        Dim B As Integer = 20
05:        Sum(A, B)                    ' 呼叫 Sum() 副程式，亦可寫成 Call Sum(A, B)
06:    End Sub
07:
08:    Sub Sum(ByVal X As Integer, ByVal Y As Integer)  ┐ 宣告一個名稱為 Sum、有
09:        MsgBox(X + Y)                                 ├ 兩個整數參數的副程式
10:    End Sub                                           ┘
11:End Module
```

備註

我們習慣將宣告程序時所宣告的參數稱為形式參數 (formal parameter)，而呼叫程序時所傳遞的參數稱為實際參數 (actual parameter)，例如第 08 行的 Sub Sum(ByVal X As Integer, ByVal Y As Integer) 所宣告的參數 X、Y 為形式參數，而第 05 行的 Sum(A, B) 所傳遞的參數 A、B 為實際參數。

隨堂練習

撰寫一個程式，裡面宣告一個名稱為 Convert2F 的副程式，用來將攝氏溫度轉換成華氏溫度並顯示結果，參數為攝氏溫度。當攝氏溫度為 25 時，執行結果如下 (提示：華氏溫度等於攝氏溫度乘以 1.8 再加上 32)。

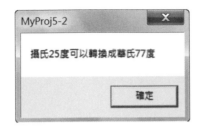

解答

\MyProj5-2\Module1.vb

```
Module Module1
    Sub Main()
        Dim DegreeC As Double = 25      '宣告用來存放攝氏溫度的變數，初始值為 25
        Convert2F(DegreeC)              '呼叫副程式將攝氏溫度轉換成華氏溫度並顯示結果
    End Sub

    Sub Convert2F(ByVal C As Double)
        Dim DegreeF As Double = C * 1.8 + 32
        MsgBox(" 攝氏 " & C & " 度可以轉換成華氏 " & DegreeF & " 度 ")
    End Sub
End Module
```

> 宣告用來轉換溫度的副程式

首先，宣告一個名稱為 Convert2F、有一個 Double 參數的副程式，用來將攝氏溫度轉換成華氏溫度並顯示結果，參數為攝氏溫度；接著，在 Main() 程序中宣告一個 Double 變數 DegreeC，用來存放攝氏溫度並將初始值設定為 25，然後將變數 DegreeC 當作參數傳遞給 Convert2F() 副程式，就會得到如上的執行結果。

5-3 函式

我們可以在模組、類別或結構內使用 Function 陳述式宣告函式,其語法如下,函式會執行某些動作而且有傳回值:

```
[accessmodifier] [proceduremodifier] [Shadows] [Shared] _
Function name([parameterlist]) [As type]
    statements
    name = expression|Return expression|Exit Function
    statements
End Function
```

❖ [accessmodifier]:我們可以加上 Public、Private、Protected、Friend、Protected Friend 等存取修飾字宣告函式的存取層級,預設為 Public。

❖ [proceduremodifier] [Shadows] [Shared]:VB 2017 的程序修飾字有 Overloads、Overrides、Overridable、NotOverridable、MustOverride、MustOverride Overrides、NotOverridable Overrides,而 Shadows 關鍵字表示函式遮蔽了基底類別內的同名元件,Shared 關鍵字表示函式是共用程序。這些關鍵字通常省略不寫,有需要時才加上去,我們會在相關章節中做介紹。

❖ Funciton、End Function:分別標示函式的開頭與結尾。

❖ name:函式的名稱,必須是符合 VB 2017 命名規則的識別字。

❖ statements:函式主要的程式碼部分。

❖ name = expression | Return expression | Exit Function:通常我們會加上 name = expression,將 expression 的結果當作傳回值,其中 name 為函式的名稱;若要強制離開函式,而且還要有傳回值,可以加上 Return expression,表示立刻離開函式,返回呼叫函式處,同時將 expression 的結果當作傳回值;若要強制離開函式,但沒有傳回值,可以加上 Exit Function。

❖ ([*parameterlist*])：函式的參數，用來傳遞資料給函式，個數可以是 0、1 或以上，中間以逗號隔開，每個參數的語法及用法和副程式相同。

❖ [As *type*]：傳回值的型別，若省略不寫，表示為 Object 型別。

在宣告函式後，函式並不會自動執行，我們必須使用如下語法加以呼叫，若函式有參數，則呼叫時一定要指定參數的值 (除非是選擇性參數的值才能省略)，同時要符合其個數、順序及型別，小括號亦不能省略：

```
funcname([parameterlist])
```

下面是一個例子，其中第 07 ~ 09 行是宣告一個名稱為 Sum、有兩個整數參數的函式，它會將兩個參數的值相加，然後傳回來；第 03 行是呼叫 Sum() 函式將 10 和 20 相加，然後指派給變數 A，第 04 行再將變數 A 的值顯示出來。

\MyProj5-3\Module1.vb

```
01:Module Module1
02:   Sub Main()
03:      Dim A As Integer = Sum(10, 20)      ' 呼叫 Sum() 函式並將傳回值指派給變數 A
04:      MsgBox(A)                            ' 將變數 A 的值顯示出來
05:   End Sub
06:
07:   Function Sum(ByVal X As Integer, ByVal Y As Integer) As Integer
08:      Return X + Y                         ' 亦可寫成 Sum = X + Y
09:   End Function
10:End Module
```

撰寫一個程式,裡面宣告一個函式用來根據圓半徑計算圓面積,參數為圓半徑,傳回值為圓面積,當圓半徑為 10 時,執行結果如下。

解答

\MyProj5-4\Module1.vb

```
Module Module1
    Sub Main()
        Dim R As Double = 10              '宣告用來存放圓半徑的變數,初始值為 10
        Dim Area As Double = Calculate(R)  '呼叫函式根據圓半徑計算圓面積
        MsgBox(" 半徑 " & R & " 的圓面積為 " & Area)
    End Sub

    Function Calculate(ByVal R As Double) As Double   '宣告用來計算圓面積的函式
        Return 3.14159 * R * R                        '傳回值為圓面積
    End Function
End Module
```

首先,宣告一個傳回值型別為 Double、名稱為 Calculate、有一個 Double 參數的函式,用來根據圓半徑計算圓面積,參數為圓半徑,傳回值為圓面積;接著,在 Main() 程序中宣告一個 Double 變數 R,用來存放圓半徑並將初始值設定為 10,然後將變數 R 當作參數傳遞給 Calculate() 函式,傳回值再指派給 Double 變數 Area;最後,呼叫 MsgBox() 顯示執行結果。

隨堂練習

撰寫一個程式，裡面宣告一個函式用來計算起始數字累加到終止數字的總和，兩個參數分別為起始數字和終止數字，傳回值為總和，當起始數字和終止數字為 1、100 時，執行結果如下 (提示：總和公式為起始數字加上終止數字，乘以總共有幾個數字，再除以 2)。

解答

\MyProj5-5\Module1.vb

```vb
Module Module1
    Sub Main()
        Dim StartNum As Integer = 1
        Dim EndNum As Integer = 100
        Dim Sum As Integer = EvalSum(StartNum, EndNum)
        MsgBox(Sum)
    End Sub

    Function EvalSum(ByVal X As Integer, ByVal Y As Integer) As Integer
        Return (X + Y) * (Y - X + 1) / 2
    End Function
End Module
```

5-4 參數

我們可以藉由參數傳遞資料給程序，當參數不只 1 個時，中間以逗號隔開，而在呼叫有參數的程序時，參數的個數、順序及型別均須符合。參數視同區域變數，生命週期和所在的程序相同，有效範圍亦僅限於該程序。

5-4-1 傳值呼叫與傳址呼叫

VB 2017 提供了下列兩種參數傳遞方式，若在宣告參數時沒有指定參數傳遞方式，則預設為「傳值呼叫」：

❖ 傳值呼叫 (call by value)：這是將參數的值傳遞給程序，所以程序內的敘述無法改變參數的值。

❖ 傳址呼叫 (call by reference)：這是將參數的位址傳遞給程序，所以程序內的敘述能夠改變參數的值。

傳值呼叫

當我們想藉由傳值呼叫的方式將參數傳遞給程序時，可以在宣告參數時加上 ByVal 關鍵字（省略亦可），VB 2017 就會將參數的值傳遞給程序，而不是傳遞參數的位址，這麼一來，無論程序內的敘述如何改變傳遞進來的參數值，都不會影響到原來呼叫程序處的那個參數值，下面是一個例子。

\MyProj5-6\Module1.vb（下頁續 1/2）

```
01:Module Module1
02:   Sub Main()
03:     Dim Num As Integer = 1
04:     Increase(Num)
05:     MsgBox(" 副程式執行完畢後原參數值為 " & Num)
06:   End Sub
```

\MyProj5-6\Module1.vb (接上頁 2/2)

07:

08:   Sub Increase(ByVal Result As Integer)

09:     MsgBox(" 副程式剛被呼叫時的參數值為 " & Result)

10:     Result = Result + 1

11:     MsgBox(" 副程式執行完畢後的參數值為 " & Result)

12:   End Sub

13:End Module

執行結果會依序顯示如下對話方塊。

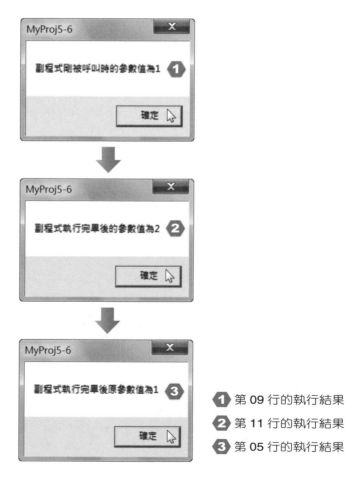

① 第 09 行的執行結果

② 第 11 行的執行結果

③ 第 05 行的執行結果

首先，看到第 03 行，變數 Num 的值為 1；接著，第 04 行呼叫 Increase()
副程式並將變數 Num 當作參數傳遞進去；繼續，跳到第 08 行宣告副程式
處，由於使用傳值呼叫，故參數 Result 的值等於第 04 行呼叫 Increase() 副
程式時所傳遞進去的參數值 1，也正因為是傳值呼叫，所以參數 Result 和
第 04 行的變數 Num 雖然有相同的值，卻是兩個不同的變數，因此，即便
Increase() 副程式改變了參數 Result 的值，變數 Num 的值也不會隨之改變。

接著，執行第 09 行，在對話方塊中顯示「副程式剛被呼叫時的參數值為
1」；繼續，執行第 10 行，將參數 Result 的值遞增 1，然後執行第 11 行，在
對話方塊中顯示「副程式執行完畢後的參數值為 2」，此時參數 Result 的值
為 2。

最後，副程式執行完畢回到第 05 行，由於使用傳值呼叫，Num 和 Result
是兩個不同的變數，因此，即便參數 Result 的值由 1 遞增為 2，變數 Num
的值仍維持原來的 1，而在對話方塊中顯示「副程式執行完畢後原參數值
為 1」。

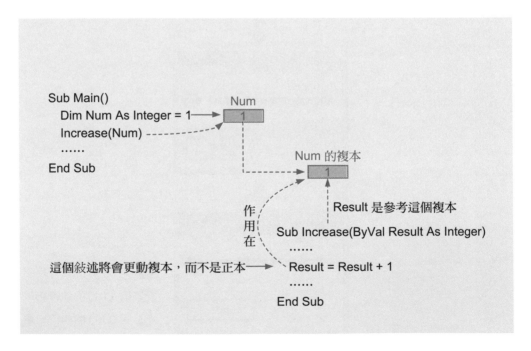

傳址呼叫

當我們想藉由傳址呼叫的方式將參數傳遞給程序時，必須在宣告參數時加上 ByRef 關鍵字，VB 2017 就會將參數的位址傳遞給程序，而不是傳遞參數的值，這麼一來，只要程序內的敘述改變參數的值，原來呼叫程序處的那個參數的值也會隨之改變，因為它們指向相同位址。現在，我們將 <MyProj5-6\Module1.vb> 的第 08 行改寫成傳址呼叫：

```
Sub Increase(ByRef  Result As Integer)
```

執行結果會依序顯示如下對話方塊。

① 第 09 行的執行結果
② 第 11 行的執行結果
③ 第 05 行的執行結果

很明顯的，第 05 行的執行結果和之前使用傳值呼叫時不同，在變更為傳址呼叫後，Result 和 Num 是指向相同位址的變數，也就是同一個變數，因此，一旦 Result 的值變成 2，Num 的值也會隨之變更為 2。

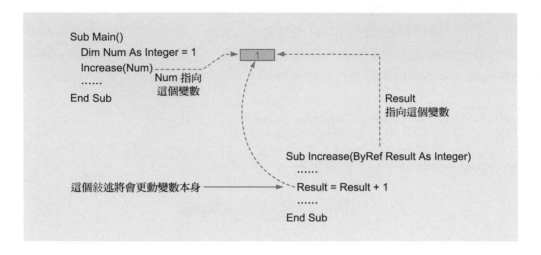

⬢ 5-4-2 參數陣列

傳遞陣列給程序可以分成下列幾種情況來討論：

❖ 傳遞某個陣列元素給程序，此時，您可以將這個陣列元素當作一般的變數，傳值呼叫 (ByVal) 或傳址呼叫 (ByRef) 皆可，視實際情況而定。

❖ 將整個陣列當作參數傳遞給程序，此時，由於陣列屬於參考型別，因此，程序內的敘述可以改變陣列的元素值，但不能指派新的陣列給它，除非改為傳址呼叫 (ByRef)。

❖ 無法確定參數的個數，此時，您可以使用 ParamArray 關鍵字，將最後一個參數宣告為參數陣列 (parameter array)，以視實際情況傳遞不定個數的參數給程序。任何程序都只能有一個參數陣列且限最後一個參數，同時參數陣列只接受傳值呼叫 (ByVal)。

下面是一個例子，我們撰寫一個副程式 StudentScores()，它的第一個參數為學生姓名，第二個參數為學生各個科目的分數，由於不確定到底有幾個科目，所以使用 ParamArray 關鍵字將第二個參數宣告為參數陣列，最後再將這些分數顯示出來。

\MyProj5-7\Module1.vb

```
Module Module1
  Sub Main()
    StudentScores(" 小丸子 ", "90", "80", " 缺席 ")          ' 呼叫副程式
  End Sub
  Sub StudentScores(ByVal Name As String, ByVal ParamArray Scores() As String)
    Dim Result As String = Name & " 的分數為 "
    For Each Item As String In Scores                    ' 顯示參數陣列各個元素的值
      Result = Result & Item & " "
    Next
    MsgBox(Result)
  End Sub
End Module
```

由於這個副程式的第二個參數為參數陣列，不限定參數的個數，因此，我們也可以撰寫如下的呼叫敘述：

```
StudentScores("Mary", "100", "90", "80", "70", "60")
```

5-4-3 選擇性參數

選擇性參數 (optional parameter) 指的是在呼叫程序時,可以傳遞也可以省略的參數。

在使用選擇性參數時,請注意下列兩個原則:

❖ 選擇性參數一定要指派預設值,同時預設值必須為常數運算式。

❖ 所有在選擇性參數後面才宣告的參數也會被視為選擇性參數。

以下面的敘述為例,副程式的第二、三個參數為選擇性參數,預設值為 10 和 True:

```
Sub MySub(P1 As Date, Optional P2 As Integer = 10, Optional P3 As Boolean = True)
  …
End Sub
```

當我們要呼叫這個包含選擇性參數的副程式時,可以寫成如下,被省略的選擇性參數要保留逗號,以標示其位置:

```
MySub(#2/14/2020#, 100, False)      '沒有省略任何參數
MySub(#2/14/2020#, , False)         '第二個參數省略不寫 ( 採預設值 ),但要保留逗號
MySub(#2/14/2020#, 100,)            '第三個參數省略不寫 ( 採預設值 ),但要保留逗號
```

5-4-4 指名參數

有時程序的參數太多,順序實在不好記,為了怕順序寫錯而導致錯誤,我們可以使用指名參數 (named parameter),也就是在呼叫程序時指定參數的名稱。下面是一個例子,由於在呼叫計算梯形面積的 Area() 副程式時採取指名參數,所以在撰寫呼叫副程式的敘述時,參數就可以不用依照宣告的順序。

\MyProj5-8\Module1.vb

```
Module Module1
  Sub Main()
    Area(Height:=10, Top:=5, Bottom:=15)       ' 使用指名參數便可不依照參數的順序
  End Sub
  Sub Area(ByVal Top As Integer, ByVal Bottom As Integer, ByVal Height As Integer)
    MsgBox(" 梯形的面積為 " & (Top + Bottom) * Height / 2)
  End Sub
End Module
```

隨堂練習

(1) 宣告一個名稱為 AddUser 的副程式，其參數名稱為 UserName、UserID、UserSex、UserAge，型別為 String、Integer、String、Integer，而且 UserSex、UserAge 為選擇性參數，預設值為 "Male"、18。

(2) 承上題，試撰寫一個敘述以指名參數的方式呼叫副程式，其中 UserSex 為 "Female"、UserAge 為 25、UserName 為 " 小丸子 "、UserID 為 1。

解答

(1) Sub AddUser (UserName As String, UserID As Integer, Optional UserSex As String = "Male", Optional UserAge As Integer = 18)⋯End Sub

(2) AddUser(UserSex:="Female", UserAge:=25, UserName:=" 小丸子 ", UserID:=1)

▌5-5 區域變數

區域變數 (local variable) 指的是在程序內宣告的變數，只有該程序內的敘述能夠存取此變數。以下面的程式碼為例，我們在 MySub() 副程式內宣告變數 I (第 06 行)，所以它是一個區域變數，只有 MySub() 副程式內的敘述 (第 07 行) 能夠存取變數 I，而 MySub() 副程式外的敘述 (第 03 行) 無法存取變數 I。

```
01:Module Module1
02:   Sub Main()
03:      MsgBox(I)          ── MySub() 副程式外的敘述無法存取區域
                              變數 I，將會產生「 'I' 未宣告」錯誤。
04:   End Sub
05:   Sub MySub()
06:      Dim I As Integer = 1     ' 在 MySub() 副程式內宣告區域變數 I
07:      MsgBox(I)               ' 只有 MySub() 副程式內的敘述能夠存取區域變數 I
08:   End Sub
09:End Module
```

相反的，若在模組內宣告變數 I (第 02 行)，如下，那麼它是一個成員變數，Main() 程序內的敘述 (第 04 行) 就能存取變數 I。

\MyProj5-9\Module1.vb

```
01:Module Module1
02:   Dim I As Integer = 1        ' 在模組內宣告成員變數 I
03:   Sub Main()
04:      MsgBox(I)               'Main() 程序內的敘述能夠存取成員變數 I
05:   End Sub
06:End Module
```

若在程序內宣告與成員變數同名的區域變數，又會怎樣呢？以下面的程式碼為例，我們在模組內宣告成員變數 I (第 02 行)，然後在 Main() 程序內宣告區域變數 I (第 04 行)，那麼執行結果會是如何呢？

\MyProj5-10\Module1.vb

```
01:Module Module1
02:    Dim I As Integer = 1              '在模組內宣告成員變數 I
03:    Sub Main()
04:        Dim I As Integer = 100        '在 Main() 程序內宣告同名的區域變數 I
05:        MsgBox(I)                      '遮蔽效應使得該敘述會顯示區域變數 I 的值 (100)
06:    End Sub
07:End Module
```

執行結果會顯示區域變數 I 的值 100，之所以出現這種執行結果的原因是 VB 2017 若在執行程序時遇到與成員變數同名的區域變數，將會參考程序內所宣告的區域變數，而忽略成員變數，這也就是所謂的遮蔽 (shadowing)。

備註

➤ 正因為只有宣告區域變數的程序才能存取此變數，所以即便在多個程序內宣告同名的區域變數，VB 2017 一樣可以正確存取，不會產生混淆。

➤ 雖然在 Do⋯Loop、For⋯Next、For Each⋯Next、If⋯End If、Select⋯End Select、SyncLock⋯End SyncLock、Try⋯End Try、While⋯End While、With⋯End With 等區塊內宣告的變數也是屬於區域變數，但只有該區塊內的敘述能夠存取此變數。

5-6 靜態變數

對於程序內宣告的區域變數來說,當我們呼叫程序時,區域變數會被建立,而在程序執行完畢後,區域變數就會被釋放,換句話說,區域變數的值並不會被保留下來。

以下面的程式碼為例,它會在兩個對話方塊中顯示 1,第一個 1 是第一次呼叫 Add() 的執行結果,而第二個 1 是第二次呼叫 Add() 的執行結果。在第一次呼叫 Add() 時,區域變數 Result 的預設值為 0,加 1 後變成 1,於是在第一個對話方塊中顯示 1,待副程式執行完畢後,區域變數 Result 的值會被釋放而不會保留下來;接著又再度呼叫 Add(),此時,區域變數 Result 的預設值仍為 0,加 1 後還是得到 1,於是在第二個對話方塊中顯示 1。

\MyProj5-11\Module1.vb

```
Module Module1
    Sub Main()
        Add()                                ' 呼叫 Add() 副程式
        Add()                                ' 呼叫 Add() 副程式
    End Sub
    Sub Add()
        Dim Result As Integer                ' 宣告區域變數 Result,預設值為 0
        Result = Result + 1                  ' 將區域變數 Result 的值加 1
        MsgBox(Result)                       ' 顯示區域變數 Result 的值
    End Sub
End Module
```

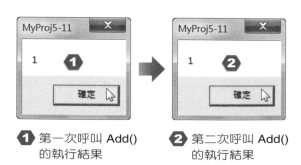

❶ 第一次呼叫 Add() 的執行結果　　❷ 第二次呼叫 Add() 的執行結果

若想保留程序內區域變數的值，可以使用 Static 關鍵字將它宣告為靜態變數 (static variable)。以下面的程式碼為例，它會在兩個對話方塊中顯示 1 和 2，1 是第一次呼叫 Add() 的執行結果，而 2 是第二次呼叫 Add() 的執行結果。在第一次呼叫 Add() 時，靜態變數 Result 的預設值為 0，加 1 後變成 1，於是在第一個對話方塊中顯示 1，由於 Result 是一個靜態變數，所以在副程式執行完畢後，Result 的值會被保留下來而不會被釋放；接著又再度呼叫 Add()，此時，靜態變數 Result 的值為 1，加 1 後會到 2，於是在第二個對話方塊中顯示 2。

同理，若第三次呼叫 Add() 副程式，第三個對話方塊會顯示多少呢？正確的答案是 3，您答對了嗎？

\MyProj5-12\Module1.vb

```vb
Module Module1
    Sub Main()
        Add()                               ' 呼叫 Add() 副程式
        Add()                               ' 呼叫 Add() 副程式
    End Sub
    Sub Add()
        Static Result As Integer            ' 宣告靜態變數 Result，預設值為 0
        Result = Result + 1                 ' 將靜態變數 Result 的值加 1
        MsgBox(Result)                      ' 顯示靜態變數 Result 的值
    End Sub
End Module
```

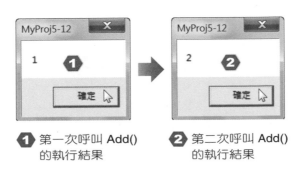

1 第一次呼叫 Add() 的執行結果

2 第二次呼叫 Add() 的執行結果

5-7 遞迴函式

遞迴函式 (recursive function) 是會呼叫自己本身的函式，若函式 F1() 呼叫函式 F2()，而函式 F2() 又在某種情況下呼叫函式 F1()，那麼函式 F1() 也可以算是一個遞迴函式。

遞迴函式通常可以被迴圈取代，但由於遞迴函式的邏輯性、可讀性及彈性均比迴圈來得好，所以在很多時候，尤其是要撰寫遞迴演算法，還是會選擇使用遞迴函式。

下面是一個例子，它可以計算自然數的階乘，例如 5! = 1 * 2 * 3 * 4 * 5 = 120，在過去，我們是以 For 迴圈來撰寫，如下，但這有個缺點，就是它只能計算 5!，若要計算其它自然數的階乘，For 迴圈的變數 I 就要重新設定終止值，相當不方便，而且也沒有考慮到 0! 等於 1 的情況。

\MyProj5-13\Module1.vb

```
Module Module1
    Sub Main()
        Dim Result, I As Integer
        Result = 1
        For I = 1 To 5              } I 的終止值決定了要計算哪個
            Result = Result * I        自然數的階乘，本例為 5!
        Next
        MsgBox("5! = " & Result)
    End Sub
End Module
```

事實上，只要把握下列公式，我們可以使用遞迴函式來改寫：

當 N = 0 時，F(N) = N! = 0! = 1

當 N > 0 時，F(N) = N! = N * F(N - 1)

改寫的結果如下，遞迴函式顯然比 For 迴圈有彈性，只要改變參數，就能計算不同自然數的階乘，而且連 0! 等於 1 的情況也考慮到了。

\MyProj5-14\Module1.vb

Module Module1
    Sub Main()
        MsgBox("5! = " & F(5)) ———— 透過呼叫 F() 函式和參數 5 便能計算出 5!
    End Sub

    Function F(ByVal N As Integer) As Integer
        If N = 0 Then
            F = 1   '當 N = 0 時，F(N) = N! = 0! = 1
        ElseIf N > 0 Then
            F = N * F(N - 1)   '當 N > 0 時，F(N) = N! = N * F(N - 1)
        End If
    End Function
End Module

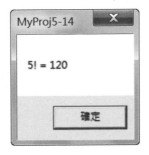

Visual Basic 2017 程・式・設・計

隨堂練習

撰寫一個程式，令它使用遞迴函式計算費氏 (Fibonacci) 數列的前 10 個數字，然後顯示出來，其公式如下：

當 N = 1 時，Fibo(N) = Fibo(1) = 1
當 N = 2 時，Fibo(N) = Fibo(2) = 1
當 N > 2 時，Fibo(N) = Fibo(N - 1) + Fibo(N - 2)

解答

\MyProj5-15\Module1.vb

```
Module Module1
    Sub Main()
        Dim I As Integer
        Dim Result As String = " "
        For I = 1 To 10
            Result = Result & Fibo(I) & "   "
        Next
        MsgBox(Result)
    End Sub

    Function Fibo(ByVal N As Integer) As Integer
        If N = 1 Or N = 2 Then
            Fibo = 1
        Else
            Fibo = Fibo(N - 1) + Fibo(N - 2)
        End If
    End Function
End Module
```

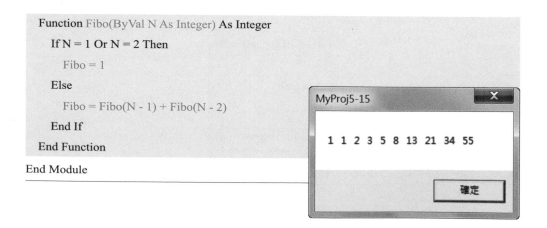

5-8 程序重載

VB 2017 允許我們將程序加以重載 (overloading)，也就是使用 Overloads 關鍵字宣告多個同名的程序，然後藉由不同的參數個數、不同的參數順序或不同的參數型別來加以區分。在您將程序加以重載時，請遵守下列規則：

❖ 被重載之程序的名稱必須相同，但參數個數、參數順序或參數型別必須不同。

❖ 不能藉由不同的參數名稱或 ByVal、ByRef、Optional 等關鍵字加以區分，尤其是具有選擇性參數的程序本身就相當於兩個重載程序，其中一個程序具有這個選擇性參數，另一個程序則不具有這個選擇性參數，例如下面的兩個副程式宣告是不合法的：

```
Overloads Sub MySub(ByVal Arg1 As Integer, ByVal Arg2 As Integer)
  …
End Sub                          不能以選擇性參數區分重載程序
                                              │
Overloads Sub MySub(ByVal Arg1 As Integer, Optional ByVal Arg2 As Integer = 10)
  …
End Sub
```

❖ ParamArray 參數陣列會被視為無限個數的程序重載，例如 Sub MySub (ByVal X As Date, ByVal ParamArray Y() As Char) 就相當於下面的敘述：

```
Overloads Sub MySub(ByVal X As Date)
Overloads Sub MySub(ByVal X As Date, ByVal Y As Char)
Overloads Sub MySub(ByVal X As Date, ByVal Y1 As Char, ByVal Y2 As Char)…依此類推
```

❖ 可以使用 Sub 副程式重載函式或使用函式重載 Sub 副程式。

❖ 不能藉由 Public、Private、Protected、Friend、Protected Friend、Shared 等關鍵字加以區分，也不能藉由不同的傳回值型別加以區分。

以下面的程式碼為例，我們宣告兩個同名的函式 (第 07 ~ 09 行、第 11 ~ 13 行)，差別在於參數個數不同，第 1 個 Add() 函式可以傳回參數加 1 的值，而第 2 個 Add() 函式可以傳回兩個參數的和。

\MyProj5-16\Module1.vb

```
01:Module Module1
02:   Sub Main()
03:      MsgBox(Add(10))            ' 呼叫第 1 個 Add() 函式而得到 11
04:      MsgBox(Add(10, 5))         ' 呼叫第 2 個 Add() 函式而得到 15
05:   End Sub
06:                      ┌ 1 個參數
                         │
07:   Function Add(ByVal X As Integer) As Integer
08:      Return X + 1
09:   End Function
10:                      ┌ 2 個參數 ──────────┐
                         │                    │
11:   Function Add(ByVal X As Integer, ByVal Y As Integer) As Integer
12:      Return X + Y
13:   End Function
14:End Module
```

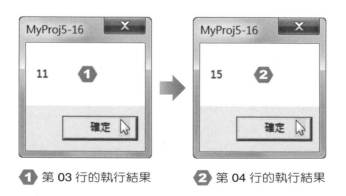

1 第 03 行的執行結果　　**2** 第 04 行的執行結果

5-9 屬性

屬性 (property) 是用來描述物件的特質，它和變數或欄位主要的差異如下：

❖ 宣告屬性必須包含屬性程序，而不是單一的宣告敘述。

❖ 屬性無法被直接存取，必須透過屬性程序進行存取，而且屬性程序只有 Get 和 Set 兩個，Get 程序可以傳回屬性值，Set 程序可以設定屬性值。

❖ 屬性可以設定為 ReadOnly（唯讀）、WriteOnly（唯寫）、Read/Write（讀／寫），預設為 Read/Write（讀／寫），唯讀屬性只能有 Get 程序，不能有 Set 程序，而唯寫屬性只能有 Set 程序，不能有 Get 程序。

❖ 程式設計人員無法使用屬性存放變數或常數，雖然屬性程序內可以宣告變數或常數，但屬性程序外的程式碼卻無法存取這些變數或常數。

我們可以在模組、類別或結構內使用 Property 陳述式宣告屬性，其語法如下：

```
[Default] [accessmodifier] [propertymodifier] [Shared] [Shadows] [ReadOnly|WriteOnly] _
Property name([parameterlist]) [As returntype]
    [accessmodifier] Get
        [statements]
    End Get
    [accessmodifier] Set(ByVal value As returntype [, parameterlist])
        [statements]
    End Set
End Property
```

❖ [Default]：若要宣告預設的屬性，可以加上 Default 關鍵字，預設的屬性一定要有參數，而且即使沒有指定屬性名稱，也能加以存取。

❖ [accessmodifier]：我們可以加上 Public、Private、Protected、Friend、Protected Friend 等存取修飾字宣告屬性的存取層級，預設為 Public。

❖ *[propertymodifier]* [Shadows] [Shared]：VB 2017 的屬性修飾字有 Overloads、Overrides、Overridable、NotOverridable、MustOverride、MustOverride Overrides、NotOverridable Overrides，而 Shadows 關鍵字表示屬性遮蔽了基底類別內的同名元件，Shared 關鍵字表示屬性是共用屬性。

❖ [ReadOnly|WriteOnly]：若要宣告唯讀屬性，可以加上 ReadOnly 關鍵字；相反的，若要宣告唯寫屬性，可以加上 WriteOnly 關鍵字。

❖ Property、End Property：分別標示屬性的開頭與結尾。

❖ *name*：屬性的名稱，必須是符合 VB 2017 命名規則的識別字。

❖ [As *returntype*]：宣告屬性的型別，通常省略不寫，預設為 Object 型別。

❖ ([*parameterlist*])：屬性的參數，宣告方式大致上和副程式、函式相同，不同的是參數傳遞方式只能為 ByVal。

❖ *[accessmodifier]* Get…End Get：宣告屬性的 Get 程序，以傳回屬性值。有需要時可以加上存取修飾字宣告 Get 程序的存取層級，但必須比屬性的存取層級嚴格。Get 程序的呼叫方式和副程式、函式不同，只要寫成如下形式，就可以呼叫 Get 程序傳回屬性值，進而執行運算或指派給其它變數，*propertyname* 為屬性的名稱，*parameterlist* 為屬性的參數：

propertyname[(*parameterlist*)]

❖ *[accessmodifier]* Set…End Set：宣告屬性的 Set 程序，以設定屬性值，新屬性值就是經由其參數 *value* 以傳值呼叫的方式傳遞進去。有需要時可以加上存取修飾字宣告 Set 程序的存取層級 (不一定要和 Get 程序的存取層級相同)，但必須比屬性的存取層級嚴格。Set 程序的呼叫方式亦和副程式、函式不同，只要寫成如下形式，就可以呼叫 Set 程序將屬性值設定為 *expression*：

propertyname[(*parameterlist*)] = *expression*

以下面的程式碼為例,我們想要限制 Number 的存取方式,令其初始值為 0,若指派小於 50 的值給 Number,其值將等於新的值;若指派大於等於 50 的值給 Number,其值將不改變。為此,我們將 Number 宣告為屬性,其它程式碼必須透過 Get 程序和 Set 程序才能加以存取,不能直接存取。

\MyProj5-17\Module1.vb

```
01:Module Module1
02:    Dim Answer As Integer = 0
03:    Property Number() As Integer
04:        Get
05:            Return Answer          宣告 Get 程序
06:        End Get
07:        Set(ByVal Value As Integer)              宣告 Number 屬性
08:            If Value < 50 Then Answer = Value    宣告 Set 程序
09:        End Set
10:    End Property
11:
12:    Sub Main()
13:        MsgBox(Number)      ' 在對話方塊中顯示 Number 屬性的值
14:        Number = 25         ' 設定 Number 屬性的值
15:        MsgBox(Number)      ' 在對話方塊中顯示 Number 屬性的值
16:        Number = 100        ' 設定 Number 屬性的值
17:        MsgBox(Number)      ' 在對話方塊中顯示 Number 屬性的值
18:    End Sub
19:End Module
```

❖ 03 ~ 10：宣告名稱為 Number 的屬性，其 Get 程序會傳回變數 Answer
的值，而其 Set 程序會先檢查參數 Value 的值是否小於 50，是的話，就
將參數 Value 的值指派給變數 Answer，否的話，就不更改變數 Answer
的值。事實上，在您輸入第 03 行並按下 [Enter] 鍵後，程式碼視窗會自
動出現第 04、06、07、09 行，而您要做的就是撰寫這兩個程序的內容。

❖ 13 ~ 17：第 13 行會在對話方塊中顯示 0，因為尚未設定屬性值，所以
會顯示變數 Answer 的初始值 0；第 15 行會在對話方塊中顯示 25，因
為第 14 行的參數 Value 的值為 25 (小於 50)，所以變數 Answer 的值被
設定為 25；第 17 行會在對話方塊中顯示 25，因為第 16 行的參數 Value
的值為 100 (大於 50)，所以變數 Answer 會維持原來的值，也就是 25。

隨堂練習

宣告一個名稱為 DateAndTime、型別為 Date 的屬性，其 Set 程序會接受一個
型別為 Date 的參數，然後將屬性值設定為該參數，而其 Get 程序會傳回屬性
值。在尚未透過 Set 程序設定屬性值之前，該屬性的初始值為系統目前的日
期時間 (提示：您可以使用唯讀屬性 Now() 取得系統目前的日期時間)。

解答

```
Dim CurrentDateAndTime As Date = Now()
Public Property DateAndTime() As Date
  Get
    Return CurrentDateAndTime
  End Get
  Set(ByVal Value As Date)
    CurrentDateAndTime = Value
  End Set
End Property
```

一、選擇題

( ) 1. 下列敘述何者錯誤？

 A. 程序具有可重複使用性

 B. 事件程序通常處於閒置狀態，必須另外撰寫程式來加以呼叫

 C. 加入程序可以提高程式碼的可讀性

 D. 程序會使程式碼的執行速度減慢

( ) 2. 若程序有多個參數，必須以下列哪種符號隔開？

 A. ,

 B. :

 C. _

 D. &

( ) 3. Call Add(A, B, C) 敘述中的 A、B、C 稱為何？

 A. 形式參數

 B. 實際參數

 C. 靜態參數

 D. 區域參數

( ) 4. 在副程式或函式內所宣告的變數稱為何？

 A. 區塊變數

 B. 模組變數

 C. 全域變數

 D. 區域變數

( ) 5. 下列有關選擇性參數的敘述何者錯誤？

 A. 必須使用 Optional 關鍵字

 B. 在選擇性參數後面才宣告的參數也會被視為選擇性參數

 C. 在呼叫程序時選擇性參數可以省略

 D. 在指派選擇性參數的預設值時可以使用函式呼叫

( )6. 下列有關參數陣列的敘述何者錯誤？

    A. 必須使用 ParamArray 關鍵字

    B. 參數陣列各個元素的型別必須相同

    C. 參數陣列可以接受 ByVal 或 ByRef 傳遞方式

    D. 參數陣列預設為 Optional，若沒有提供參數值，表示為空陣列

( )7. 下列有關程序重載的敘述何者錯誤？

    A. 被重載之程序的名稱必須相同

    B. 被重載之程序的參數個數、參數順序或參數型別必須不同

    C. ParamArray 參數陣列會被視為無限個數的重載程序

    D. 我們可以藉由參數有無 Optional 關鍵字來區分被重載的程序

( )8. 下列有關屬性的敘述何者錯誤？

    A. 宣告屬性必須包含屬性程序，而不是單一的宣告敘述

    B. 若要取得屬性的值必須透過 Get 程序

    C. 唯寫屬性只能有 Get 程序，不能有 Set 程序

    D. 屬性的參數只能採取傳值呼叫 (ByVal)

( )9. 若在呼叫程序時採取下列哪種技巧，參數將可以不用依照宣告的順序來指定？

    A. 指名參數   B. 選擇性參數

    C. 形式參數   D. 實際參數

( )10.在連續呼叫四次如下的 MySub() 後，變數 I、J 的值為何？

    A. 20、5   B. 5、20

    C. 5、5   D. 20、20

```
Private Sub MySub()
    Dim I As Integer
    Static Dim J As Integer
    I += 5
    J += 5
End Sub
```

( )11. 在 Main() 程序呼叫如下的 MySub(A, B) 後,變數 A、B 的值為何?

      A. 100、201   B. 101、200

      C. 101、201   D. 100、200

```
Sub Main()
    Dim A As Integer = 100, B As Integer = 200
    MySub(A, B)
End Sub


Private Sub MySub(ByVal X As Integer, ByRef Y As Integer)
    X += 1
    Y += 1
End Sub
```

( )12. 下列何者可以取得系統目前的時間?(提示:請參閱附錄 B)

      A. Now()   B. Today()

      C. TimeOfDay()   D. Timer()

( )13. 下列何者可以將字串轉換成日期?(提示:請參閱附錄 B)

      A. DateSerial()   B. TimeValue()

      C. MonthName()   D. DateValue()

( )14. 下列何者可以將字串的字元順序顛倒過來?(提示:請參閱附錄 B)

      A. StrConv()   B. StrCup()

      C. InStr()   D. StrReverse()

( )15. 下列何者可以將字串陣列組成單一字串?(提示:請參閱附錄 B)

      A. Join()   B. Space()

      C. Trim()   D. Split()

( )16. 下列何者可以取得數值的絕對值?(提示:請參閱附錄 B)

      A. Int()   B. Abs()

      C. Fix()   D. Cos()

二、練習題

1. 撰寫一個遞迴函式計算兩個自然數的最大公因數，其公式如下，然後在主程式中呼叫該函式計算 84 和 1080 的最大公因數，並顯示在對話方塊。

當 N 可以整除 M 時，GCD(M, N) 等於 N

當 N 無法整除 M 時，GCD(M, N) 等於 GCD(N, M 除以 N 的餘數)

2. 撰寫一個函式傳回兩個參數中比較大的參數，然後在主程式中呼叫該函式傳回 -5 和 -3 兩個參數中比較大的參數，並顯示在對話方塊。

3. 撰寫一個函式計算參數的三次方值，然後在主程式中呼叫該函式計算 2 的三次方值，並顯示在對話方塊。

4. 撰寫一個函式傳回參數的絕對值，然後在主程式中呼叫該函式傳回 -1.23 的絕對值，並顯示在對話方塊。

5. 寫出下列函式呼叫的結果 (VB 2017 內建許多函式，包括型別函式、數學函式、日期時間函式、字串函式等，請參考附錄 B 的語法來作答)。

(1) Math.Round (12.4567)

(2) Math.Round (12.4567, 2)

(3) Int (12.4567)

(4) Math.Sign (-100)

(5) DateSerial (5, 11 - 1, 28 - 6)

(6) TimeSerial (22, -30, 0)

(7) DateAdd ("yyyy", 1, #11/25/1990#)

(8) DateDiff ("h", #10:30:00 PM#, #8:00:00 AM#)

(9) StrReverse ("Lucky2You")

(10) StrComp ("ABC", "abc")

(11) Replace ("A2B2C2D", "2", "To")

(12) InStrRev ("happy birthday", "h")

(13) Microsoft.VisualBasic.Right ("happy birthday", 5)

(14) Format (1234.567, "##0.0")

(15) Format (#10:05:28 PM#, "HH:mm:ss")

Chapter 6

例外處理

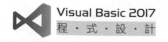
6-1 錯誤的類型

偵錯 (debugging) 對程式設計人員來說是必經的過程，無論是大型如 Microsoft Windows、Office、Adobe Photoshop 等商用軟體，或小型如我們所撰寫的程式，都可能發生錯誤，因此，任何程式在推出之前，都必須經過嚴密的測試與偵錯。

VB 2017 程式常見的錯誤有下列幾種類型：

❖ 語法錯誤：這是在撰寫程式時所發生的錯誤，Visual Studio 會在您輸入程式碼的同時檢查是否有錯誤，例如拼錯字、誤用關鍵字、參數錯誤或遺漏分號等，然後出現波浪狀底線表示警告或在建置時顯示錯誤。對於語法錯誤，您可以根據 Visual Studio 的提示做修正。

❖ 執行期間錯誤：這是在程式建置完畢並執行時所發生的錯誤，導致執行期間錯誤的並不是語法問題，而是一些看起來似乎正確卻無法執行的敘述。舉例來說，您可能撰寫一行語法正確的敘述進行兩個整數相除，卻沒有考慮到除數不得為 0，使得程式在執行時發生 DivideByZeroException 例外而停止。對於執行期間錯誤，您可以根據執行結果顯示的錯誤訊息做修正，然後重新建置與執行。

❖ 邏輯錯誤：這是程式在使用時所發生的錯誤，例如使用者輸入不符合預期的資料導致錯誤，或您在撰寫迴圈時沒有充分考慮到結束條件，導致陷入無窮迴圈。邏輯錯誤是最難修正的錯誤類型，因為您不見得瞭解導致錯誤的真正原因，但還是可以從執行結果不符合預期來判斷是否有邏輯錯誤。

當程式發生錯誤時，系統會根據不同的錯誤丟出不同的例外 (exception)，VB 2017 的例外均繼承自 System.Exception 類別，同時 System 命名空間還提供了其它例外類別，例如 OverflowException 類別用來表示數學運算導致溢位、DivideByZeroException 類別用來表示除數為 0、UnauthorizedAccessException 類別用來表示未經授權存取、OutofMemoryException 類別用來表示記憶體不足等。

6-2 結構化例外處理

事實上,在開發 VB 2017 程式時,例外是經常會碰到的情況,若置之不理,程式將無法繼續執行。舉例來說,假設有個 VB 2017 程式要求使用者輸入文字檔的路徑與檔名,然後開啟該檔案並加以讀取,程式本身的語法完全正確,問題在於使用者可能輸入錯誤的路徑與檔名,導致系統丟出 System.IO.FileNotFoundException 例外而終止程式。

這樣的結果通常不是我們所樂見的,比較好的例外處理方式是一旦開啟檔案失敗,就捕捉系統丟出的例外,然後要求使用者重新輸入路徑與檔名,讓程式能夠繼續執行。

至於要如何捕捉例外,可以使用 Try…Catch…Finally,其語法如下:

```
Try
    [try_statements]
    [Exit Try]
[Catch [exceptionobj [As type]] [When expression]
    [catch_statements]
    [Exit Try]]
[Catch…]
[Finally
    [finally_statements]]
End Try
```

❖ Try 區塊:Try…Catch…Finally 必須放在可能發生錯誤的敘述周圍,而 *try_statements* 就是可能發生錯誤的敘述。若要強制離開 Try 區塊或 Catch 區塊,直接跳到 Finally 區塊,可以加上 Exit Try 陳述式,而最後面的 End Try 陳述式則是用來標示 Try…Catch…Finally 的結尾。

❖ Catch 區塊:用來捕捉指定的例外,一旦有捕捉到,就會執行對應的 *catch_statements*,通常是用來處理例外的敘述。若要針對不同的例外做不同的處理,可以使用多個 Catch 區塊。

type 為捕捉到之例外物件的型別，exceptionobj 為捕捉到之例外物件的名稱，若 type 省略不寫，表示為預設型別 System.Exception；此外，具有 When 子句的 Catch 陳述式會在 expression 為 True 時捕捉例外。

❖ Finally 區塊：當要離開 Try…Catch…Finally 時，無論有沒有發生例外，都會執行 finally_statements，通常是用來清除錯誤、顯示結果或收尾的敘述。

下面是一個例子，假設目前系統有一個唯讀檔案 C:\file1.txt，而第 08、10 行試圖開啟該檔案並寫入資料，導致系統丟出 UnauthorizedAccessException 例外，於是透過第 11 ~ 13 行的 Catch 區塊捕捉此例外，然後透過第 17 ~ 21 行的 Finally 區塊關閉檔案物件，以免檔案被鎖定。有關如何在 VB 2017 程式中存取檔案，第 9 章有完整的說明。

\MyProj6-1\Module1.vb（下頁續 1/2）

```
01:Module Module1
02:    Sub Main()
03:      '宣告檔案物件變數，初始值為 Nothing 表示沒有參考任何物件
04:      Dim aFile As System.IO.StreamWriter = Nothing
05:
06:      Try
07:        '建立檔案物件
08:        aFile = My.Computer.FileSystem.OpenTextFileWriter("C:\file1.txt", True)
09:        '寫入資料
10:        aFile.WriteLine(" 白日依山盡 ")
11:      Catch e1 As UnauthorizedAccessException
12:        '一旦捕捉到 UnauthorizedAccessException，就在執行視窗顯示錯誤訊息
13:        Console.WriteLine(" 捕捉到 UnauthorizedAccessException 例外，
                錯誤訊息為 " + e1.Message)
14:      Catch e2 As Exception
15:        '一旦捕捉到其它例外，就在執行視窗顯示錯誤訊息
16:        Console.WriteLine(" 捕捉到其它例外，錯誤訊息為 " + e2.Message)
```

\MyProj6-1\Module1.vb (接上頁 2/2)

```
17:        Finally
18:           If (aFile IsNot Nothing) Then
19:             '關閉檔案物件
20:             aFile.Close()
21:           End If
22:        End Try
23:     '呼叫此方法是為了讓執行視窗不會馬上消失，按任意鍵即可關閉視窗
24:     Console.ReadLine()
25:   End Sub
26:End Module
```

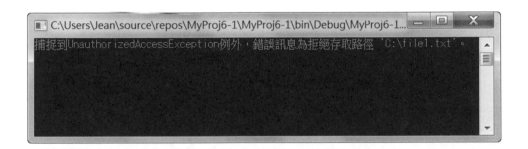

❖ 06 ~ 10：這是 Try 區塊，其中第 08、10 行就是可能發生錯誤的敘述。

❖ 11 ~ 13：這是第一個 Catch 區塊，用來捕捉 UnauthorizedAccessException 例外，一旦有捕捉到，就會執行第 13 行，透過例外物件 e1 的 Message 屬性顯示錯誤訊息，此處為「拒絕存取路徑 'C:\file1.txt'。」。

❖ 14 ~ 16：這是第二個 Catch 區塊，用來捕捉其它例外，一旦有捕捉到，就會執行第 16 行，透過例外物件 e2 的 Message 屬性顯示錯誤訊息，不過，此處沒有捕捉到其它例外，所以不會執行第 16 行。

❖ 17 ~ 21：這是 Finally 區塊，無論有沒有捕捉到例外，都會執行 Finally 區塊裡面的敘述，也就是第 18 ~ 21 行，關閉檔案物件。

在前面的例子中，第 13、16 行都是透過例外物件的 **Message** 屬性取得錯誤訊息，除了此屬性，Exception 類別還提供了如下的屬性與方法。

屬性	說明
HelpLink	取得或設定與目前例外關聯的說明檔連結。
InnerException	取得發生目前例外的內部例外物件。
Message	取得描述目前例外的錯誤訊息。
Source	取得或設定發生例外的應用程式名稱或物件名稱。
StackTrace	在丟出目前例外時，取得呼叫堆疊上的字串表示方式。
TargetSite	取得丟出目前例外的方法。

方法	說明
Equals(*obj1*) 或 Equals(*obj1*, *obj2*)	前者會判斷目前物件與參數是否相等，後者會判斷兩個參數是否相等，是就傳回 True，否就傳回 False。
GetBaseException()	傳回第一個例外。
GetType()	傳回目前物件的型別。
ToString()	傳回代表目前物件的字串。

 備註

除了系統丟出的例外，我們也可以透過 Throw 陳述式自行丟出例外，例如下面的敘述會丟出一個例外，並將例外的錯誤訊息設定為參數所指定的字串 "Divide By Zero."：

```
Throw New System.Exception("Divide By Zero.")
```

試問，下面的程式碼會在執行視窗顯示何種結果？

\MyProj6-2\Module1.vb

```
Module Module1
    Sub Main()
        Dim X As Integer = 100, Y As Integer = 0, Z As Integer = 5
        Try
            Z = X / Y
        Catch ex As Exception
            Console.WriteLine(" 捕捉到 " & ex.GetType().ToString() & _
                " 例外，錯誤訊息為 " & ex.Message)
        Finally
            Console.WriteLine("Z 的值為 " & Z)
        End Try
        Console.ReadLine()          ' 呼叫此方法是為了讓執行視窗不會馬上消失
    End Sub
End Module
```

解答

執行結果如下圖，由於 Y 為 0 會使得 Z = X / Y; 發生錯誤，導致系統丟出
OverflowException 例外，因此，所顯示的 Z 的值為其初始值 5。

一、選擇題

(　　) 1. 當算術運算的結果太大超過範圍時，系統會丟出下列哪種例外？

      A. DivideByZeroException

      B. OverflowException

      C. OutofMemoryException

      D. ArgumentNullException

(　　) 2. 當找不到指定的檔案時，系統會丟出下列哪種例外？

      A. ArgumentNullException

      B. UnauthorizedAccessException

      C. OutofMemoryException

      D. FileNotFoundException

(　　) 3. 下列哪個區塊可以用來指定清除錯誤或收尾的敘述？

      A. Try   B. Catch

      C. Finally   D. Else

(　　) 4. 下列哪個區塊可以用來捕捉指定的例外？

      A. Try   B. Catch

      C. Finally   D. Else

(　　) 5. 我們可以透過例外物件的哪個屬性取得例外的相關訊息？

      A. Source   B. StackTrace

      C. TargetSite   D. Message

二、簡答題

1. 常見的程式設計錯誤有哪三種類型？

2. 撰寫一個敘述自行丟出一個 System.IO.FileNotFoundException 例外。

Part 2

視窗應用篇

Chapter 7

Windows Forms
控制項 (一)

7-1 認識 Windows Forms

Windows Forms 指的是視窗應用程式介面，隸屬於 System.Windows.Forms 命名空間，不僅功能強大，而且 .NET 平台的語言皆共用 Windows Forms 所提供的控制項與繪圖函式，不再像過去 C++ 是呼叫 Win32 API，而 Visual Basic 是使用 VB 表單。

對 VB 2017 來說，每個表單都是一個類別，儲存在副檔名為 .vb 的檔案，但是對 .NET Framework 來說，每個表單都是類別的物件，換句話說，我們在設計階段所建立的表單是一種類別，而在執行階段顯示表單時，則是以此類別做為樣板來建立表單。

也正因為此種架構，當我們在專案加入表單時，可以選擇表單是要繼承自 System.Windows.Forms 命名空間所提供的 Form 類別或繼承自之前所建立的表單，進而加入其它功能或修改既有的行為。

我們可以透過表單提供資訊給使用者或接收使用者的輸入，而且表單可以是標準視窗、多重文件介面 (MDI) 視窗或對話方塊。建立表單的使用者介面最簡單的方式就是在表單上放置控制項，例如按鈕、文字方塊、核取方塊、標籤、影像方塊、下拉式清單等，然後視實際需要設定控制項的屬性、定義其行為、定義其與使用者互動的事件及撰寫程式碼以回應事件。

表單預設是繼承自 System.Windows.Forms.Form 類別，其類別階層如下：

類別階層	說明
System.Object	所有 .NET 物件的基底類別
System.MarshalByRefObject	提供處理物件生命週期的程式碼
System.ComponentModel.Component	提供 IComponent 介面的實作
System.Windows.Forms.Control	所有視覺介面元件的基底類別
System.Windows.Forms.ScrollableControl	提供自動捲動功能
System.Windows.Forms.ContainerControl	允許一個元件包含其它控制項
System.Windows.Forms.Form	應用程式的主視窗（即表單）

7-2 設計階段的表單

⬛ **7-2-1 建立表單**

建立表單最簡單的方式是以 [Windows Forms App] 範本建立專案，請啟動 Visual Studio，然後選取 [檔案] \ [新增] \ [專案]，再依照下圖操作。

① 選擇 [Visual Basic]　　**③** 輸入專案名稱

② 選擇 [Windows Forms App]　　**④** 按 [確定]

若要設定應用程式在一開始執行時必須先載入某個表單，可以在方案總管內找到該專案，按一下滑鼠右鍵，然後選取 [屬性]，再依照下圖操作。

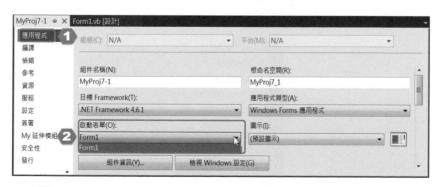

① 點取 [應用程式] 標籤　　**②** 在此欄位選取啟動表單

7-2-2 設定表單的屬性

若要設定表單的屬性，可以選取該表單，屬性視窗就會列出其常用屬性供您查看或修改。下圖是關於表單外觀的屬性，包括背景色彩、前景色彩、背景影像、游標等，若要查看視窗樣式、配置、設計、行為等屬性，可以移動右邊的垂直捲軸，以下就為您介紹一些常用屬性。

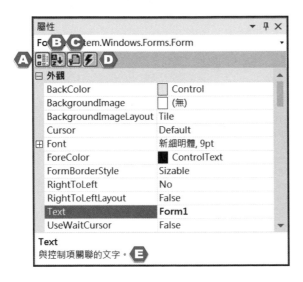

A 點取此鈕可以依照分類排列

B 點取此鈕可以依照字母順序排列

C 點取此鈕可以列出屬性

D 點取此鈕可以列出事件

E 顯示選取之屬性或事件的相關說明

....
外觀
....

❖ BackColor：若要設定表單的背景色彩，可以選取此屬性，然後點取欄位右邊的箭頭，就會出現清單供您選擇。

❖ ForeColor：若要設定表單的前景色彩，可以選取此屬性，然後點取欄位右邊的箭頭，就會出現清單供您選擇。

❖ BackgroundImage：若要設定表單的背景影像（預設值為 [無]），可以選取此屬性，然後點取欄位右邊的 ... 按鈕，再於 [選取資源] 對話方塊中設定圖片的路徑及檔名。

❖ BackgroundImageLayout：設定表單背景影像的配置方式。

❖ Cursor：若要設定指標出現在表單內的樣式（預設值為 ），可以選取此屬性，然後點取欄位右邊的箭頭，就會出現清單供您選擇。

❖ Font：若要設定表單的字型、字型樣式、大小、刪除線或底線（預設值為新細明體、標準、9 點），可以選取此屬性，然後點取欄位右邊的 ... 按鈕，再於 [字型] 對話方塊中做設定。

❖ Text：若要設定表單的標題列文字，可以設定此屬性的值。

❖ UseWaitCursor：若要顯示等待指標 ，可以將此屬性設定為 [True]。

❖ FormBorderStyle：若要設定表單的框線樣式，可以選取此屬性，然後點取欄位右邊的箭頭，就會出現如圖（一）的清單供您選擇，其中 Sizable 與 SizableToolWindow 兩種框線樣式允許使用者改變表單的大小，預設值為 Sizeable，如圖（二），而 None 則如圖（三）。

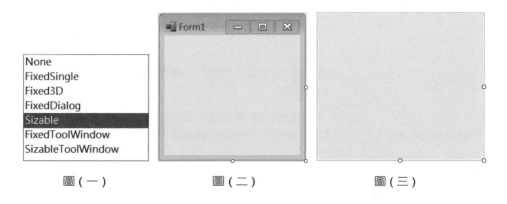

圖（一）　　　　　　圖（二）　　　　　　圖（三）

視窗樣式

屬性	說明
ControlBox	取得或設定是否在表單的標題列顯示圖示、最大化、最小化、關閉等按鈕，預設值為 [True]。
HelpButton	取得或設定是否在表單的標題列顯示 [說明] 按鈕，預設值為 [False]，只有在沒有顯示最大化及最小化按鈕時會顯示 [說明] 按鈕。
Icon	取得或設定表單的圖示，預設值為 ⬛，若要自訂圖示，可以選取此屬性，然後點取欄位右邊的 ⋯ 按鈕，再於 [開啟舊檔] 對話方塊中選擇圖示的路徑及檔名 (副檔名為 .ico)。
IsMdiContainer	取得或設定表單是否為多重文件介面 (MDI) 子表單的容器，預設值為 [False]。
MainMenuStrip	取得或設定顯示在表單中的功能表，預設值為 [無]。
MaximizeBox	取得或設定是否在表單的標題列顯示最大化按鈕，預設值為 [True]。
MinimizeBox	取得或設定是否在表單的標題列顯示最小化按鈕，預設值為 [True]。
Opacity	取得或設定表單的透明度，預設值為 [100%]，百分比愈小，表單的透明度就愈高，當設定為 0% 時，表示為透明表單。
ShowIcon	取得或設定是否在表單的標題列顯示圖示，預設值為 [True]。
ShowInTaskBar	取得或設定表單是否顯示在工作列，預設值為 [True]。
SizeGripStyle	取得或設定表單的右下角是否顯示可調整大小的底框樣式 ◲，預設值為 [Auto]。
TopMost	取得或設定表單是否顯示為應用程式的最上層表單，預設值為 [False]。
TransparencyKey	取得或設定表示表單透明區域的色彩，在進行設定時，只要選取此屬性，然後點取欄位右邊的箭頭，就會出現清單供您選擇。

配置

屬性	說明
AutoScaleMode	取得或設定表單的自動縮放比例模式，預設值為 [Font]，表示為正在使用之字型尺寸的相對比例。
AutoSizeMode	取得或設定表單的自動調整大小模式，[GrowAndShrink] 表示會自動調整大小以符合其內容，[GrowOnly] 表示會自動增大以符合其內容，但不會縮小成比其 Size 屬性還要小的值，預設值為 [GrowOnly]。
AutoScroll	取得或設定表單是否啟用自動捲動，預設值為 [False]。
AutoScrollMargin	取得或設定自動捲動邊界的大小。
AutoScrollMinSize	取得或設定自動捲動大小的最小值。
Location	取得或設定表單左上角的座標。
MaximumSize	取得或設定表單所能調整的大小上限。
MinimumSize	取得或設定表單所能調整的大小下限。
Padding	取得或設定控制項的內部間距。
Size	取得或設定表單的大小，以像素為單位。
StartPosition	取得或設定表單在執行階段的起始位置，有 [Manual]、[CenterScreen]、[WindowsDefaultLocation]、[CenterParent]、[WindowsDefaultBounds] 等設定值，若要自訂起始位置，必須設定為 [Manual]，然後設定 Location 屬性的值。
WindowState	取得或設定表單的視窗狀態，有 [Nomal]、[Minimized]、[Maximized] 等設定值，預設值為 [Normal]。

設計

屬性	說明
Name	取得或設定表單的名稱，以供程式碼進行存取。

行為

屬性	說明
AllowDrop	取得或設定表單能否接受拖曳上來的資料，預設值為 [False]。
ContextMenuStrip	取得或設定與表單關聯的快顯功能表，預設值為 [無]。
Enabled	取得或設定表單能否回應使用者互動，預設值為 [True]。
ImeMode	取得或設定表單的輸入法模式，預設值為 [No Control]。

隨堂練習

設定表單的屬性，令它呈現如下結果，其中標題列的文字為「我的表單」、表單大小 200×200、不顯示最大化按鈕及最小化按鈕、3D 框線、背景色彩為系統提供的 Info、顯示為應用程式的最上層表單，最後再將透明度設定為50%，看看透明表單的效果。

▌7-3 執行階段的表單

執行階段的表單就像所有物件一樣，會有建立與終止的時候，以下就為您列出 System.Windows.Forms.Form 類別比較重要的方法與事件。

方法	說明
Dim f As New Form	呼叫表單的建構函式 New() 建立一個表單的物件，這個動作會觸發 Load 事件。
f.Show()	呼叫 Show() 方法顯示表單，此時會觸發 HandleCreated、Load、VisibleChanged、Activated 等事件，其中 HandleCreated 是在表單第一次顯示時才會觸發。
f.Activate()	呼叫 Activate() 方法令表單取得焦點，此時會觸發 Activated 事件。
f.Hide()	呼叫 Hide() 方法隱藏表單，此時會觸發 Deactivate、VisibleChanged 等事件。
f = Nothing	等待垃圾收集器自動呼叫解構函式 Finalize() 釋放表單佔用的系統資源，這個動作並不會觸發任何事件。
f.Dispose()	呼叫解構函式 Dispose() 釋放表單佔用的系統資源，這個動作並不會觸發任何事件。
f.Close()	呼叫 Close() 方法關閉表單並呼叫解構函式 Dispose() 釋放表單佔用的系統資源，此時會觸發 Deactivate、Closing、Closed、VisibleChanged、HandleDestroyed、Disposed 等事件。

由於 Windows 的運作模式屬於事件驅動，因此，表單與控制項都會預先定義一組事件，供使用者撰寫處理程序，一旦產生事件，就呼叫對應的處理程序。

雖然表單與控制項的事件相當多，但其中有許多是相同的，例如多數控制項會預先定義 Click 事件，一旦使用者按一下控制項，就會執行 Click 事件的處理程序。此外，許多事件會跟其它事件一起產生，例如在產生 DoubleClick 事件的同時，也會一起產生 MouseDown、MouseUp 和 Click 事件。

表單與控制項比較常見的事件如下。

事件	說明
Activated	觸發於表單以程式碼或由使用者啟動時。
BackColorChanged	觸發於 Backcolor 屬性的值變更時。
Click	觸發於使用者按一下控制項時。
Closed	觸發於表單已經關閉時。
Closing	觸發於表單正在關閉時。
FormClosed	觸發於表單關閉之後。
FormClosing	觸發於表單關閉之前。
ControlAdded	觸發於加入控制項時。
ControlRemoved	觸發於移除控制項時。
CursorChanged	觸發於 Cursor 屬性的值變更時。
Deactivate	觸發於表單失去焦點且不是作用中時。
DoubleClick	觸發於使用者按兩下控制項時。
DragDrop	觸發於物件完成拖曳控制項時。
DragEnter	觸發於物件拖曳進入控制項時。
DragLeave	觸發於物件拖曳離開控制項時。
DragOver	觸發於物件拖曳到控制項時。
Eeter	觸發於輸入焦點進入控制項時。
GotFocus	觸發於控制項取得焦點時。
HandleCreated	觸發於建立控制項的控制代碼時。
HandleDestroyed	觸發於摧毀控制項的控制代碼時。
HelpRequested	觸發於使用者要求控制項的說明時。
KeyDown	觸發於控制項取得焦點並按下按鍵時。
KeyPress	觸發於控制項取得焦點並按下按鍵時。
KeyUp	觸發於控制項取得焦點並放開按鍵時，按下按鍵到放開按鍵時，依序會觸發 KeyDown、KeyPress、KeyUp 事件。

事件	說明
Layout	觸發於控制項應重新調整其子控制項的位置時。
Leave	觸發於輸入焦點離開控制項時。
Load	觸發於表單第一次顯示時。
LocationChanged	觸發於 Location 屬性的值變更時。
LostFocus	觸發於控制項失去焦點時。
MenuComplete	觸發於表單的功能表失去焦點時。
MenuStart	觸發於表單的功能表取得焦點時。
Move	觸發於控制項移動時。
MouseDown	觸發於滑鼠指標位於控制項並按下按鍵時。
MouseEnter	觸發於滑鼠指標進入控制項時。
MouseHover	觸發於滑鼠指標停留在控制項時。
MouseLeave	觸發於滑鼠指標離開控制項時。
MouseMove	觸發於滑鼠指標移至控制項時。
MouseUp	觸發於滑鼠指標位於控制項並放開按鍵時。
MouseWheel	觸發於控制項取得焦點並移動滑鼠滾輪時。
MouseCaptureChanged	觸發於控制項失去滑鼠指標時。
MouseClick	觸發於滑鼠指標在控制項按一下時。
MouseDoubleClick	觸發於滑鼠指標在控制項按兩下時。
Paint	觸發於重繪控制項時。
Resize	觸發於控制項大小變更時。
SizeChanged	觸發於 Size 屬性的值變更時。
TextChanged	觸發於 Text 屬性的值變更時。
Validated	觸發於控制項完成驗證時。
Validating	觸發於控制項正在進行驗證時。
VisibleChanged	觸發於 Visible 屬性的值變更時。

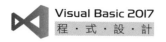
7-4 文字編輯控制項

7-4-1 TextBox（文字方塊）

TextBox 控制項可以用來取得使用者輸入的文字（單行或多行），通常允許
編輯文字，亦可設定為唯讀。

插入 TextBox 控制項

在工具箱的 [TextBox] 按兩下，文字方塊會出現在表單左上角，若要調整位
置，可以拖曳到適當的位置；若要調整大小，可以拖曳兩側的空心小方塊；
若要變更為多行，可以按一下文字方塊上面的 ▶，然後核取 [MultiLine]。

❶ 文字方塊預設出現在此

❷ 將之拖曳到適當的位置

設定 TextBox 控制項的屬性

若要設定 TextBox 控制項的屬性，可以選取該控制項，屬性視窗就會列出其常用屬性供您查看或修改。下圖是關於 TextBox 控制項外觀的屬性，包括背景色彩、游標、字型等，若要查看其它屬性，可以移動右邊的捲軸。由於 TextBox 控制項有不少屬性的意義和表單相同，因此，我們僅簡單列表說明。

屬性	說明
外觀	
BackColor	若要設定 TextBox 的背景色彩，可以選取此屬性，然後點取欄位右邊的箭頭，就會出現清單供您選擇。
BorderStyle	取得或設定 TextBox 的框線樣式，有 [None]（無）、[FixedSingle]、[Fixed3D]，預設值為 [Fixed3D]。
Cursor	若要設定游標出現在 TextBox 的樣式（預設值為 I），可以選取此屬性，然後點取欄位右邊的箭頭，就會出現清單供您選擇。
Font	取得或設定 TextBox 的字型、樣式、大小、刪除線或底線。
ForeColor	若要設定 TextBox 的前景色彩，可以選取此屬性，然後點取欄位右邊的箭頭，就會出現清單供您選擇。

屬性	說明
ScrollBars	取得或設定多行文字方塊是否顯示捲軸，有 [None]（無）、[Horizontal]（水平捲軸）、[Vertical]（垂直捲軸）、[Both]（兩者）等設定值，預設值為 [None]。
Text	取得或設定 TextBox 內的文字。
TextAlign	取得或設定 TextBox 內的文字對齊方式，有 [Left]（靠左）、[Right]（靠右）、[Center]（置中）等設定值，預設值為 [Left]。
行為	
AcceptsReturn	取得或設定在多行文字方塊內按下 [Enter] 鍵時，是否會建立新行，而不是啟動預設按鈕，預設值為 [False]。
AcceptsTab	取得或設定在多行文字方塊內按下 [Tab] 鍵時，是否會輸入 [Tab] 字元，而不是將焦點移至定位鍵順序的下一個控制項，預設值為 [False]。
AllowDrop	取得或設定 TextBox 能否接受拖曳上來的資料，預設值為 [False]。
CharacterCasting	取得或設定在 TextBox 內輸入文字時是否轉換大小寫，有 [Normal]、[Upper]、[Lower] 等設定值，預設值為 [Normal]。
ContextMenuStrip	取得或設定與 TextBox 關聯的快顯功能表，預設值為 [無]。
Enabled	取得或設定 TextBox 能否回應使用者互動，預設值為 [True]。
HideSelection	取得或設定當 TextBox 失去焦點時是否仍以反白顯示 TextBox 內選取的文字，預設值為 [True]。
MaxLength	取得或設定能夠輸入 TextBox 的最大字元數，預設值為 32767。
Multiline	取得或設定 TextBox 是否為多行文字方塊，預設值為 [False]。當 Multiline 屬性為 [True] 且 [ScrollBars] 屬性為 [Vertical] 或 [Both] 時，TextBox 就會出現垂直捲軸。
PasswordChar	取得或設定在單行文字方塊內用來遮罩密碼的字元，例如在此屬性輸入星號 *，那麼無論使用者輸入什麼，都會顯示 *。
ReadOnly	取得或設定 TextBox 內的文字是否為唯讀，預設值為 [False]。
TabIndex	取得或設定 TextBox 的定位鍵 (Tab) 順序。

屬性	說明
TabStop	取得或設定使用者能否使用 [Tab] 鍵將焦點移至此控制項，預設值為 [True]。
Visible	取得或設定是否顯示此控制項，預設值為 [True]。
WordWrap	取得或設定多行文字方塊是否會在必要時自動將文字換行到下一行的開頭，預設值為 [True]。當 WordWrap 屬性為 [False] 且 [ScrollBars] 屬性為 [Horizontal] 或 [Both] 時，TextBox 就會出現水平捲軸。
UseSystemPasswordChar	取得或設定 TextBox 內的文字是否應該顯示為系統預設的密碼字元，預設值為 [False]。
配置	
Anchor	取得或設定 TextBox 的哪些邊緣要錨定至其容器的邊緣。
Dock	取得或設定 TextBox 所停駐的父容器邊緣。
Location	取得或設定對應至控制項容器左上角之控制項左上角的座標。
Size	取得或設定 TextBox 的高度與寬度。
Margin	取得或設定控制項之間的距離。
MaximumSize	取得或設定控制項的大小上限。
MinimumSize	取得或設定控制項的大小下限。
其它	
AutoCompleteCustomSource	取得或設定自訂的自動完成功能。
AutoCompleteMode	取得或設定自動完成功能如何套用到控制項，[None] 表示停用，[Suggest] 會以清單顯示建議完成字串，[Append] 會自動將最有可能的字串附加到文字後面，[SuggestAppend] 會以清單顯示建議完成字串並自動將最有可能的字串附加到文字後面，預設值為 [None]。
AutoCompleteSource	取得或設定自動完成功能的字串來源，只要點取欄位右邊的箭頭，就會出現清單供您選擇，預設值為 [None]。

隨堂練習

設定 TextBox 控制項的屬性，令它呈現如下結果，其中背景色彩為 DeepSkyBlue、前景色彩為 White、字型為標楷體、字型大小為 12、置中對齊，最後再設定為唯讀，看看文字方塊是否真的不允許使用者輸入資料。

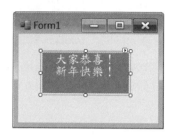

注意

➤ 在預設的情況下，若 TextBox 內有文字，那麼在執行階段時，TextBox 內的文字會反白，例如 `TextBox1` ，如欲設定反白文字的起始位置及文字個數，可以設定 SelectionStart 和 SelectionLength 兩個屬性，由於這兩個屬性沒有列在屬性視窗，所以必須在程式碼內做設定。舉例來說，假設在程式碼內加上如下程序，將插入點的起始位置設定為 3，選取的文字個數設定為 2，那麼 TextBox 在執行階段時將呈現 `TextBox1` ：

```
Private Sub TextBox1_Enter(sender As Object, e As EventArgs) Handles TextBox1.Enter
    TextBox1.SelectionStart = 3
    TextBox1.SelectionLength = 2
End Sub
```

➤ TextBox 控制項提供了「自動完成」功能，若要設定「自動完成」功能的字串來源，可以點取 AutoCompleteSource 屬性右邊的箭頭，然後從清單中選擇 AllSystemSources、AllUrl、CustomSource、FileSystem、FileSystemDirectories、HistoryList、ListItems 或 None。

7-4-2 RichTextBox

RichTextBox 控制項可以用來顯示、輸入與處理具有格式的文字，它的功能和 TextBox 控制項相同，但是多了顯示字型、色彩及連結、從檔案載入文字及內嵌影像、復原及取消復原編輯作業、尋找指定的字元等功能。

若要設定 RichTextBox 控制項的屬性，可以選取該控制項，屬性視窗就會列出其常用屬性供您查看或修改，基本上，它的屬性和 TextBox 控制項大致相同，比較特別的屬性則如下。

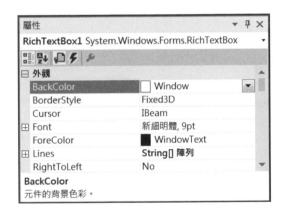

屬性	說明
AutoWordSelection	取得或設定 RichTextBox 是否啟用自動文字選取，預設值為 [False]。
BulletIndent	當文字套用項目符號樣式時，取得或設定用於 RichTextBox 內的縮排 (像素數)，預設值為 [0]，即沒有縮排。
DetectUrls	取得或設定 RichTextBox 是否自動將網址格式化，預設值為 [True]。
EnableAutoDragDrop	取得或設定是否啟用文字、影像或其它資料的拖曳功能，預設值為 [False]。
ShowSelectionMargin	取得或設定是否顯示選取範圍邊界，預設值為 [False]。
ZoomFactor	取得或設定 RichTextBox 目前的縮放層級，預設值為 [1]。

除了前面介紹的屬性，RichTextBox 控制項還提供很多格式化屬性，如下，這些屬性沒有列在屬性視窗，您只能在程式碼內做設定。

屬性	說明
SelectedText	取得或設定 RichTextBox 內被選取的文字。
SelectionAlignment	取得或設定套用於目前選取範圍或插入點的對齊方式，有 [Left]（靠左）、[Right]（靠右）、[Center]（置中）等設定值。
SelectionBullet	取得或設定項目符號樣式是否套用於目前選取範圍或插入點，預設值為 [False]。
SelectionCharOffset	取得或設定 RichTextBox 內的文字是否為上標或下標，設定值為 -2000 ~ 2000 的整數，0 為一般文字，大於 0 表示為上標，小於 0 表示為下標。
SelectionColor	取得或設定目前文字選取範圍或插入點的文字色彩。
SelectionFont	取得或設定目前文字選取範圍或插入點的文字字型。
SelectionIndent	取得或設定控制項左邊緣和文字左邊緣的間距（像素數），即左邊縮排。
SelectionHangingIndent	取得或設定段落第一行文字左邊緣和同一段落中後續幾行左邊緣的間距（像素數），即除了首行之外其它均縮排。
SelectionRightIndent	取得或設定控制項右邊緣和文字右邊緣的間距（像素數），即右邊縮排。
SelectionStart	取得或設定 RichTextBox 內被選取的文字起始位置。
SelectionLength	取得或設定 RichTextBox 內被選取的文字長度。
SelectionProtected	取得或設定目前文字選取範圍是否受到保護，預設值為 [False]。
SelectionType	取得 RichTextBox 內選取項目的類型。
SelectionTabs	取得或設定 RichTextBox 內絕對定位鍵駐點 (Tab Stop) 的位置。

隨堂練習

設定 RichTextBox 控制項的屬性，令它呈現如下結果，其中第一個 RichTextBox 控制項有設定項目符號且縮排 10 像素，而第二個 RichTextBox 控制項則設定除了首行之外的其它行均縮排 15 像素。

提示 <MyProj7-1>

```vb
Public Class Form1
    Private Sub RichTextBox1_Enter(sender As Object, e As EventArgs) _
        Handles RichTextBox1.Enter
        RichTextBox1.SelectionBullet = True
        RichTextBox1.BulletIndent = 10
    End Sub

    Private Sub RichTextBox2_Enter(sender As Object, e As EventArgs) _
        Handles RichTextBox2.Enter
        RichTextBox2.SelectionHangingIndent = 15
    End Sub
End Class
```

7-4-3 MaskedTextBox（遮罩文字方塊）

MaskedTextBox 控制項可以透過遮罩驗證使用者輸入的資料是否符合指定的規則，由於它的多數屬性和 TextBox 控制項相同，因此，我們僅針對比較特別的屬性列表說明。

屬性	說明
PromptChar	取得或設定提示使用者輸入資料的字元，預設值為 _ 。
AllowPromptAsInput	取得或設定使用者在輸入資料時，是否可以輸入 PromptChar 屬性設定的提示字元，預設值為 [True]。
AsciiOnly	取得或設定 MaskedTextBox 控制項是否只接受 ASCII 字元，預設值為 [False]，表示能夠輸入 ASCII 以外的字元。
BeepOnError	取得或設定是否在使用者輸入不合法的字元時發出系統嗶嗶聲，預設值為 [False]，表示不發出嗶嗶聲。
Mask	取得或設定所要使用的遮罩，其格式化字元如下： • 0：0-9 的單位數數字（必要項）。 • 9：數字或空格（選擇項）。 • #：數字或空格（選擇項），允許使用 + 和 −。 • L：英文字母 a-z 和 A-Z（必要項）。 • ?：英文字母 a-z 和 A-Z（選擇項）。 • &：字元（必要項）。 • C：字元（選擇項），任何非控制字元。 • a：英數字元（選擇項）。 • .：小數點預留位置。 • ,：千分位符號預留位置。 • :：時間分隔符號。 • /：日期分隔符號。 • $：貨幣符號。 • <：將之後的所有字元轉換成小寫。 • >：將之後的所有字元轉換成大寫。 • |：停用之前的 > 或 <。 • \：逸出字元，\\ 表示反斜線。

隨堂練習

設定 MaskedTextBox 控制項的屬性，令它呈現如下結果，使用者只能輸入西元年月日，否則會發出嗶嗶聲。

提示 <MyProj7-2>

❖ MaskedTextBox 控制項的 BeepOnError 屬性要設定為 [True]。

❖ 點取 Mask 屬性右邊的 […] 按鈕，然後在 [輸入遮罩] 對話方塊中選取 [西曆完整日期]，再按 [確定]。若要自訂遮罩方式，可以選取 [< 自訂 >]，然後自行輸入遮罩字串，例如 $999,999.00 表示 0-999999 的貨幣值 (包含千分位符號)；(99)-0000-0000 表示八碼地區的電話號碼，區碼為選擇項，若使用者不想輸入選擇性字元，可以輸入空格。

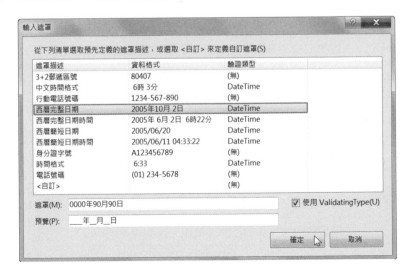

7-5 命令控制項

7-5-1 Button（按鈕）

Button 控制項可以用來執行、終止或中斷動作，當我們按一下按鈕時，會觸發 Click 事件，因此，若我們希望在按一下按鈕後，就執行某個動作，那麼可以將這個動作寫進按鈕的 Click 事件程序。

若要設定 Button 控制項的屬性，可以選取該控制項，屬性視窗就會列出其常用屬性供您查看或修改。由於 Button 控制項有不少屬性的意義和表單相同，因此，我們僅針對比較特別的屬性列表說明。

屬性	說明
FlatStyle	取得或設定 Button 的平面樣式外觀，有 [Flat] ⬚、[PopUp] ⬚、[Standard] ⬚、[System] ⬚ 等設定值。
UseMnemonic	取得或設定是否將 Text 屬性的 & 字元解譯為快速鍵的前置字元，預設值為 [True]。
Image	取得或設定 Button 所顯示的影像，預設值為 [無]。
ImageAlign	取得或設定 Button 的影像對齊方式，預設值為 [MiddleCenter]。
ImageIndex	取得或設定 Button 所顯示之影像的影像清單索引，預設值為 [無]。
ImageList	取得或設定 Button 所顯示之影像的影像清單，預設值為 [無]。
Text	取得或設定 Button 的文字。
TextAlign	取得或設定 Button 的文字對齊方式，預設值為 [MiddleCenter]。
DialogResult	取得或設定當按下 Button 時傳回父表單的值，有 [None]、[OK]、[Cancel]、[Abort]、[Retry]、[Ignore]、[Yes]、[No] 等設定值。
Enabled	取得或設定 Button 能否回應使用者互動，預設值為 [True]。
Visible	取得或設定是否顯示此控制項，預設值為 [True]。

隨堂練習

設定 Button 的屬性，令它呈現如下結果，其中第一個 Button 的背景色彩為 MistyRose、前景色彩為 Red、樣式為 PopUp、字型為新細明體 12pt，而第二個 Button 的樣式為 Flat、字型為標楷體 12pt。

注意

➤ 若要設定當使用者按下 [Enter] 鍵時，無論表單上哪個控制項取得焦點，都會按一下 [接受] 按鈕，那麼可以將表單的 AcceptButton 屬性設定為該按鈕的名稱。不過，有個例外是當取得焦點的控制項為另一個按鈕時，那麼按下 [Enter] 鍵將會是按下取得焦點的按鈕。

➤ 若要設定當使用者按下 [Esc] 鍵時，無論表單上哪個控制項取得焦點，都會按一下 [取消] 按鈕，那麼可以將表單的 CancelButton 屬性設定為該按鈕的名稱，此種按鈕通常可以透過程式設計成讓使用者快速結束作業，而不必做任何確認的動作。

➤ 若希望在使用者按下按鈕後，就執行某個動作，可以針對這個按鈕的 Click 事件撰寫處理程序，其步驟是先選取按鈕，接著在屬性視窗中點取 [事件] 按鈕，然後在 Click 事件按兩下，程式碼視窗就會自動出現諸如 Button1_Click 的程序，在此程序的主體撰寫欲執行的動作即可。

➤ 由於篇幅有限，所以本章只會條列控制項比較常用的屬性、方法與事件供您參考，若需要完整的說明，請自行查閱 MSDN 文件。

7-5-2 NotifyIcon（通知圖示）

NotifyIcon 控制項可以在工作列的通知區域顯示圖示，表示在背景執行或沒有使用者介面的處理緒，例如網路連線狀態。由於該控制項不是顯示在表單上，因此，當您在工具箱的 NotifyIcon 控制項按兩下時，它會出現在 Windows Forms 設計工具下方的匣中，若要設定其屬性，可以選取該控制項，屬性視窗就會列出其常用屬性供您查看或修改，比較重要的屬性如下。

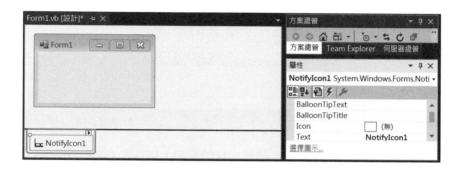

屬性	說明
Icon	設定 NotifyIcon 控制項的圖示 (副檔名須為 .ico)。
Text	設定 NotifyIcon 控制項的提示文字。
BalloonTipIcon	設定 NotifyIcon 控制項的氣球提示圖示。
BalloonTipText	設定 NotifyIcon 控制項的氣球提示文字。
BalloonTipTitle	設定 NotifyIcon 控制項的氣球提示標題。

以下圖為例，圖示為 Icon1.ico、提示文字為「我的防毒程式」，若要在按一下此圖示時執行某些動作，可以撰寫 Click 事件的處理程序。

▌**7-6** 文字顯示控制項

◉ **7-6-1 Label**（標籤）

Label 控制項可以用來顯示無法由使用者編輯的文字或影像，例如顯示文字要求使用者進行指定的動作。若要設定 Label 控制項的屬性，可以選取該控制項，屬性視窗就會列出其常用屬性供您查看或修改。由於 Label 控制項有不少屬性的意義和表單相同，因此，我們僅針對比較特別的屬性列表說明。

屬性	說明
BorderStyle	取得或設定 Label 的框線樣式，有 [None]（無）、[FixedSingle]（單線條）、[Fixed3D] (3D 線條)，預設值為 [None]。
FlatStyle	取得或設定 Label 的平面樣式外觀，有 [Flat]、[PopUp]、[Standard]、[System]，預設值為 [Standard]。
Image	取得或設定 Label 所顯示的影像，預設值為 [無]。
ImageAlign	取得或設定 Label 的影像對齊方式，預設值為 [MiddleCenter]。
ImageIndex	取得或設定 Label 所顯示之影像的影像清單索引，預設值為 [無]。
ImageList	取得或設定 Label 所顯示之影像的影像清單，預設值為 [無]。
Text	取得或設定 Label 的文字。
TextAlign	取得或設定 Label 的文字對齊方式，預設值為 [TopLeft]。
UseMnemonic	取得或設定是否將 Text 屬性的 & 字元解譯為快速鍵的前置字元，預設值為 [True]。
AutoSize	取得或設定 Label 是否自動調整大小以符合其內容，預設值為 [True]。
AutoEllipsis	取得或設定是否要在 AutoSize 屬性為 [False] 時以省略符號 … 表示還有其它標籤文字，預設值為 [False]。
Enabled	取得或設定 Label 能否回應使用者互動，預設值為 [True]。
Visible	取得或設定是否顯示控制項，預設值為 [True]。

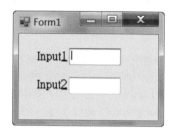

設定 Label 控制項與 TextBox 控制項的屬性，令它呈現如下結果，當使用者按下 [Alt] 鍵加上第一個 Label 控制項內有底線的字元 [1] 時，就會將焦點移至第一個 TextBox 控制項；同理，當使用者按下 [Alt] 鍵加上第二個 Label 控制項內有底線的字元 [2] 時，就會將焦點移至第二個 TextBox 控制項。

提示

❖ 兩個 Label 控制項的 UseMnemonic 屬性都必須設定為 [True]。

❖ 第一個 Label 控制項的 Text 屬性必須設定為 [Input&1]，第二個 Label 控制項的 Text 屬性必須設定為 [Input&2]，藉由 & 字元分別將字元 1 和字元 2 設定為快速鍵。

❖ 由於第一個 Label 控制項是要設定第一個 TextBox 控制項的快速鍵，因此，第一個 Label 控制項的 TabIndex 屬性必須比第一個 TextBox 控制項的 TabIndex 屬性小；同理，第二個 Label 控制項的 TabIndex 屬性也必須比第二個 TextBox 控制項的 TabIndex 屬性小；此處是將第一、二個 Label 控制項、第一、二個 TextBox 控制項的 TabIndex 屬性分別設定為 [0]、[2]、[1]、[3]。

7-6-2 LinkLabel（超連結標籤）

LinkLabel 控制項可以用來顯示超連結樣式的標籤文字，並設定當使用者按下 LinkLabel 控制項時，就執行指定的動作，例如開啟另一個表單或以瀏覽器開啟網址。

若要設定 LinkLabel 控制項的屬性，可以選取該控制項，屬性視窗就會列出其常用屬性供您查看或修改。由於 LinkLabel 控制項有諸多屬性的意義和 Label 控制項相同，因此，我們僅針對比較特別的屬性列表說明。

屬性	說明
ActiveLinkColor	取得或設定點按超連結時所顯示的色彩，預設值為紅色。
DiabledLinkColor	取得或設定停用之超連結的色彩，預設值為灰色。
LinkColor	取得或設定超連結的色彩，預設值為藍色。
LinkVisited	取得或設定是否將超連結顯示為已瀏覽，預設值為 [False]。
VisitedLinkColor	取得或設定已瀏覽之超連結的色彩，預設值為紫色。
LinkBehavior	取得或設定超連結的行為，有 [SystemDefault]（系統預設）、[AlwaysUnderline]（永遠顯示底線）、[HoverUnderline]（指標停留時才顯示底線）、[NeverUnderline]（永遠不顯示底線）。
LinkArea	取得或設定做為超連結的文字範圍，只要點取欄位右邊的 [...] 按鈕，然後在 [LinkArea 編輯器] 對話方塊中選取文字範圍即可。

隨堂練習

設計如下表單,當點取第一個「點取此處」超連結時,將會以預設的瀏覽器開啟 Yahoo! 奇摩網站 (https://tw.yahoo.com/),當點取第二個「點取此處」超連結時,將會開啟另一個表單。

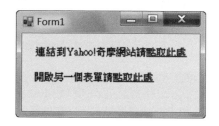

提示 <MyProj7-3>

```
Public Class Form1
    Private Sub LinkLabel1_LinkClicked(sender As Object, e As _
    LinkLabelLinkClickedEventArgs) Handles LinkLabel1.LinkClicked
        ' 將 LinkVisited 屬性設定為 True,令超連結變成已瀏覽的色彩
        LinkLabel1.LinkVisited = True
        ' 呼叫 Process.Start() 方法以預設的瀏覽器開啟指定的網址
        System.Diagnostics.Process.Start("https://tw.yahoo.com/")
    End Sub
    Private Sub LinkLabel2_LinkClicked(sender As Object, e As _
    LinkLabelLinkClickedEventArgs) Handles LinkLabel2.LinkClicked
        LinkLabel2.LinkVisited = True
        Dim Form2 As New Form                ' 建立另一個表單
        Form2.Show()                         ' 呼叫 Show() 方法顯示表單
    End Sub
End Class
```

7-7 影像控制項

7-7-1 PictureBox（影像方塊）

PictureBox 控制項可以用來顯示 BMP、GIF、JPEG、WMF、PNG 等格式的圖片，若要設定 PictureBox 控制項的屬性，可以選取該控制項，屬性視窗就會列出其常用屬性供您查看或修改，比較重要的屬性則如下。

屬性	說明
外觀	
BackColor	設定 PictureBox 的背景色彩。
BackgroundImage	設定 PictureBox 的背景影像。
BackgroundImageLayout	取得或設定 ImageLayout 列舉型別所定義的背景影像配置，有 [Center]（在控制項的用戶端矩形內影像靠中對齊）、[None]（影像靠左上對齊）、[Stretch]（展開影像）、[Tile]（並排顯示影像）、[Zoom]（放大影像）等設定值。
BorderStyle	取得或設定 PictureBox 的框線樣式，有 [None]（無）、[FixedSingle]、[Fixed3D]，預設值為 [None]。
Cursor	設定游標出現在 PictureBox 的樣式（預設值為 I）。
Image	取得或設定 PictureBox 所顯示的影像，預設值為 [無]。
UseWaitCursor	若要在影像方塊顯示等待指標，可以將此屬性設定為 [True]。
行為	
ContextMenuStrip	取得或設定與 PictureBox 關聯的快顯功能表，預設值為 [無]。
Enabled	取得或設定 PictureBox 能否回應使用者互動，預設值為 [True]。
SizeMode	取得或設定影像的顯示方式。
Visible	取得或設定是否顯示控制項，預設值為 [True]。

隨堂練習

設計如下表單，裡面有三個 PictureBox 控制項，當點取第一個 PictureBox 控制項時，會顯示第三個 PictureBox 控制項 (即小鳥圖片)；相反的，當點取第二個 PictureBox 控制項時，會隱藏第三個 PictureBox 控制項，這三個 PictureBox 控制項的 [image] 屬性為 img1.bmp、img2.bmp、img3.jpg。

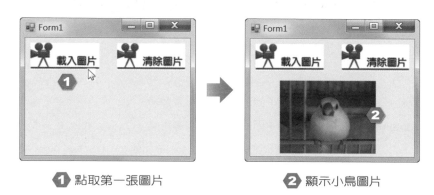

① 點取第一張圖片　　　　　　② 顯示小鳥圖片

提示 <MyProj7-4>

```
Public Class Form1
    Private Sub Form1_Load(sender As Object, e As EventArgs) Handles MyBase.Load
        PictureBox3.Visible = False            '當表單載入時先隱藏小鳥圖片
    End Sub


    Private Sub PictureBox1_Click(sender As Object, e As EventArgs) Handles PictureBox1.Click
        PictureBox3.Visible = True             '當點取此圖片時就顯示小鳥圖片
    End Sub


    Private Sub PictureBox2_Click(sender As Object, e As EventArgs) Handles PictureBox2.Click
        PictureBox3.Visible = False            '當點取此圖片時就隱藏小鳥圖片
    End Sub
End Class
```

7-7-2 ImageList（影像清單）

ImageList 控制項可以用來儲存影像清單，以便稍後經由其它控制項顯示，例如
ListView、ToolStrip、TreeView、TabControl、Button、CheckBox、RadioButton
和 Label 等控制項均能搭配 ImageList 控制項來儲存影像清單。若要設定
ImageList 控制項的屬性，可以選取該控制項，屬性視窗就會列出其常用屬
性供您查看或修改，比較重要的屬性則如下。

屬性	說明
外觀	
ColorDepth	取得或設定影像清單的色彩深度，即影像可用的色彩數，預設值為 [Depth8Bit]。
Images	取得或設定影像清單。
行為	
ImageSize	取得或設定影像清單中的影像大小，預設值為 [16, 16]，最大為 [256, 256]。
TransparentColor	取得或設定哪個色彩會被視為透明色彩，預設值為 [Transparent]。

現在，我們就來示範如何建立影像清單，請您也跟著一起做：

1. 新增一個名稱為 MyProj7-5 的 Windows Forms 應用程式。

2. 在工具箱的 [元件] 分類中找到 ImageList 控制項並按兩下，該控制項的
    圖示會出現在表單下方的匣中，請加以選取，然後依照下圖操作。

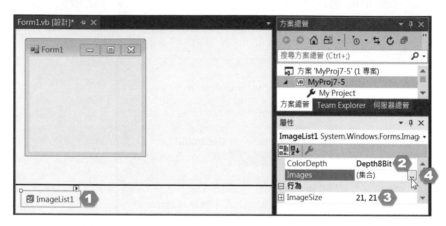

1 選取此控制項   3 設定圖示大小

2 設定色彩深度   4 點取此鈕

3. 出現 [影像集合編輯器] 對話方塊，請點取 [加入] 按鈕。

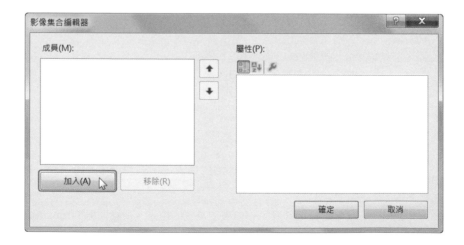

4. 選擇要做為影像清單的圖檔名稱，例如 icon1.bmp ~ icon5.bmp 等 5 張圖片，然後按 [開啟舊檔]。

5. [影像集合編輯器] 對話方塊中出現剛才選取的 5 張圖片，請按 [確定]。

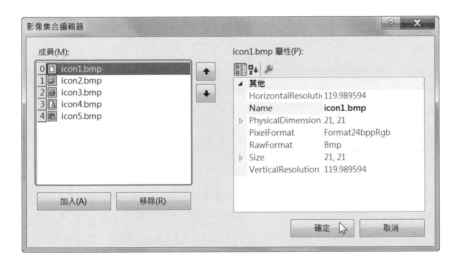

6. 影像清單建立完畢後，即可供 ListView、ToolStrip、TreeView、TabControl、Button、CheckBox、RadioButton、Label 等控制項使用。

7-8 清單控制項

7-8-1 CheckBox（核取方塊）

CheckBox 控制項可以用來在表單上插入核取方塊，它就像能夠複選的選擇題，允許使用者同時核取多個選項，我們通常會藉由核取方塊詢問使用者喜歡閱讀哪幾類書籍、喜歡從事哪幾類休閒活動等能夠複選的問題。若要設定 CheckBox 控制項的屬性，可以選取該控制項，屬性視窗就會列出其常用屬性供您查看或修改，比較重要的屬性則如下：

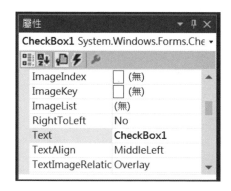

屬性	說明
Appearance	取得或設定 CheckBox 的外觀，有 [Normal] 和 [Button] 等設定值，預設值為 [Normal]。
CheckAlign	取得或設定 CheckBox 的對齊方式，預設值為 [MiddleLeft]。
Checked	取得或設定 CheckBox 是否已核取，預設值為 [False]。
CheckState	取得或設定 CheckBox 的核取狀態，有 [Unchecked]（未核取）、[Checked]（已核取）、[Indeterminate]（不確定）等設定值。
AutoCheck	取得或設定當按一下核取方塊時，Checked 屬性、CheckState 屬性及 CheckBox 的外觀是否會自動變更，預設值為 [True]。
ThreeState	取得或設定 CheckBox 是否允許三種狀態，預設值為 [False]，表示只有已核取及未核取兩種狀態，若設定為 [True]，表示有已核取、未核取及不確定三種狀態。

隨堂練習

設計如下表單，其中每個 CheckBox 控制項都是一張圖片，核取完畢後按下 [確定]，就會出現對話方塊顯示使用者核取哪些早餐種類。

① 核取早餐種類　　　② 按 [確定]　　　③ 顯示核取的早餐種類

提示 <MyProj7-6>

1. 設定早餐圖片的影像清單為 ImageList1 (menu1.bmp ～ menu5.bmp)。

2. 插入第一個核取方塊，然後清除 [Text] 屬性，將 [ImageList] 屬性設定為影像清單 ImageList1，將 [ImageIndex] 屬性設定為 0，就會顯示第一張圖片，其它核取方塊的設定方式請依此類推。

```
Private Sub Button1_Click(sender As Object, e As EventArgs) Handles Button1.Click
    Dim Prefer As String = " 您喜愛的早餐有 "
    If CheckBox1.Checked = True Then Prefer &= " 三明治 "
    If CheckBox2.Checked = True Then Prefer &= " 潛水艇 "
    If CheckBox3.Checked = True Then Prefer &= " 燒餅 "
    If CheckBox4.Checked = True Then Prefer &= " 飯糰 "
    If CheckBox5.Checked = True Then Prefer &= " 蘿蔔糕 "
    MsgBox(Prefer , , " 早餐問卷調查 ")
End Sub
```

7-8-2 RadioButton（選項按鈕）

RadioButton 控制項可以用來在表單上插入選項按鈕，它就像只能單選的選擇題，我們通常會藉由選項按鈕列出數個選項，以詢問使用者的最高學歷、已婚、未婚等只有一個答案的問題。

若要設定 RadioButton 控制項的屬性，可以選取該控制項，屬性視窗就會列出其常用屬性供您查看或修改。由於 RadioButton 控制項的屬性和 CheckBox 控制項大致相同，此處不再重複說明。

隨堂練習

將前一個隨堂練習的核取方塊改成只能單選的選項按鈕，令其執行結果如下（請使用 ImageList 控制項設定 RadioButton 控制項的圖片，圖檔為 menu1. bmp ~ menu5.bmp）。

❶ 核取早餐種類
❷ 按 [確定]
❸ 顯示核取的早餐種類

7-8-3 ListBox（清單方塊）

ListBox 控制項可以用來在表單上插入清單方塊，它允許使用者從清單中選擇一個或多個項目，我們通常會藉由清單方塊讓使用者選擇關於自己的興趣、年薪、最高學歷等資訊。

若要設定 ListBox 控制項的屬性，可以選取該控制項，屬性視窗就會列出其常用屬性供您查看或修改，比較特別的屬性則如下。

屬性	說明
ColumnWidth	取得或設定當 ListBox 以多欄形式顯示項目時，每欄資料的寬度，預設值為 [0]，表示使用預設的寬度。
HorizontalExtent	取得或設定 ListBox 的水平捲軸可以捲動的寬度，預設值為 [0]。
HorizontalScrollBar	取得或設定是否顯示水平捲軸，預設值為 [False]。欲顯示水平捲軸，必須將此屬性和 ScrollAlwaysVisible 屬性設定為 [True]。
IntegralHeight	取得或設定 ListBox 是否調整大小以顯示完整項目，預設值為 [True]。
MultiColumn	取得或設定 ListBox 是否以多欄形式顯示項目，預設值為 [False]。
ScrollAlwaysVisible	取得或設定是否永遠顯示垂直捲軸，預設值為 [False]。
SelectedIndex	取得或設定目前選取項目的索引，-1 表示沒有選取任何項目。
SelectedIndices	取得目前選取項目的索引集合。
SelectedItem	取得或設定目前選取項目。
SelectedItems	取得目前選取項目的集合。
SelectionMode	取得或設定選取項目的模式，預設值為 [One]。
Sorted	取得或設定項目是否依照字母順序排列，預設值為 [False]。

設計如下表單，清單方塊內有「博士」、「研究所」、「大專」、「高中」、「國中」、「國小」、「無」等項目，只允許單選。

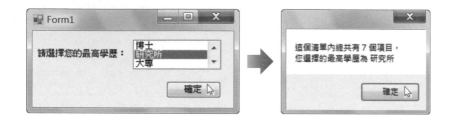

提示

您可以在屬性視窗的 Items 集合欄位新增或移除清單方塊內的項目，然後使用 Items.Count 和 SelectedItem 兩個屬性取得項目個數及被選取項目的值。

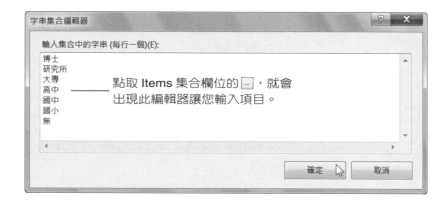

```
Private Sub Button1_Click(sender As Object, e As EventArgs) Handles Button1.Click
    MsgBox(" 這個清單內總共有 " & ListBox1.Items.Count & _
      " 個項目，" &vbNewLine & " 您選擇的最高學歷為 " & ListBox1.SelectedItem)
End Sub
```

隨堂練習

設計如下表單，清單方塊內有「釣魚」、「球類」、「閱讀」、「音樂」、「慢跑」、「登山」、「游泳」、「繪畫」等項目，允許複選。

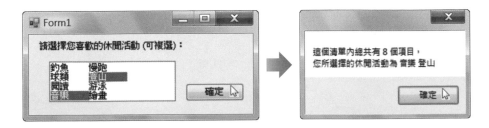

提示

❖ 在 Windows Forms 設計工具中，我們可以在屬性視窗的 Items 集合欄位新增或移除項目，而在程式碼檢視中，我們則可以透過 Items.Count 屬性取得 ListBox 控制項的項目個數，或透過 Items.Add()、Items.Insert()、Items.Clear()、Items.Remove() 等方法來新增、插入、清除或移除項目。

❖ 若要取得清單方塊的項目個數、被選取的項目個數、第 I + 1 個被選取項目的值、被選取項目的索引集合，可以使用 Items.Count、SelectedItems.Count、SelectedItems(I).ToString()、SelectedIndices 等屬性。

```
Private Sub Button1_Click(sender As Object, e As EventArgs) Handles Button1.Click
    Dim I As Integer, Msg As String
    Msg = " 這個清單內總共有 " & ListBox1.Items.Count & " 個項目，" & _
        vbNewLine & " 您所選擇的休閒活動為 "
    For I = 0 To ListBox1.SelectedItems.Count - 1
        Msg = Msg & ListBox1.SelectedItems(I).ToString() & " "
    Next
    MsgBox(Msg)
End Sub
```

7-8-4 CheckedListBox（核取清單方塊）

CheckedListBox 控制項其實就是結合了 CheckBox 和 ListBox 兩個控制項，此處不再重複說明，請您直接做個隨堂練習吧。

將前一個隨堂練習改成核取清單方塊，令其執行結果如下。

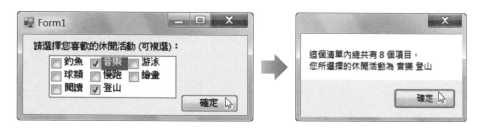

若要取得核取清單方塊的項目個數、被核取的項目個數、第 I + 1 個被核取項目的值、被核取項目的索引集合，可以使用 Items.Count、CheckedItems.Count、CheckedItems(I).ToString()、CheckedIndices 等屬性。

```
Private Sub Button1_Click(sender As Object, e As EventArgs) Handles Button1.Click
    Dim I As Integer, Msg As String
    Msg = " 這個清單內總共有 " & CheckedListBox1.Items.Count & " 個項目，" & _
        vbNewLine & " 您所選擇的休閒活動為 "
    For I = 0 To CheckedListBox1.CheckedItems.Count - 1
        Msg = Msg & CheckedListBox1.CheckedItems(I).ToString() & " "
    Next
    MsgBox(Msg)
End Sub
```

7-8-5 ComboBox（下拉式清單）

ComboBox 控制項可以用來在表單上插入下拉式清單，讓使用者從清單中選擇一個項目，其設定方式和 CheckBox、ListBox 等控制項相似，不同的是它和 TextBox 控制項一樣支援「自動完成」功能的屬性，其中 AutoCompleteMode 屬性用來設定自動完成功能如何套用到控制項，AutoCompleteSource 屬性用來設定自動完成功能的字串來源，AutoCompleteCustomSource 屬性用來設定自訂的自動完成功能。

設計一個表單，令其執行結果如下。

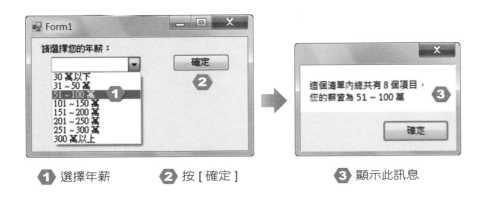

❶ 選擇年薪　　　❷ 按 [確定]　　　❸ 顯示此訊息

提示

```
Private Sub Button1_Click(sender As Object, e As EventArgs) Handles Button1.Click
    MsgBox(" 這個清單內總共有 " & ComboBox1.Items.Count & _
    " 個項目，" & vbNewLine & " 您的薪資為 " & ComboBox1.SelectedItem)
End Sub
```

7-8-6 DomainUpDown

DomainUpDown 控制項可以用來在表單上插入一個由上下箭頭來做選擇的清單，其設定方式和 CheckBox、ListBox、ComboBox 等控制項相似，此處不再重複說明，請您直接做個隨堂練習吧。

將前一個隨堂練習改成 DomainUpDown 控制項，令其執行結果如下。

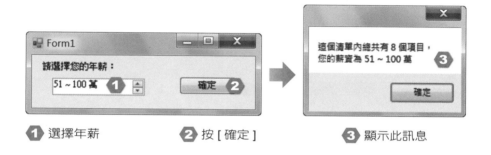

1 選擇年薪　　　　**2** 按 [確定]　　　　**3** 顯示此訊息

提示

若要取得項目個數、被選取項目的值及被選取項目的索引，可以使用 Items.Count、Items.SelectedItem、Items.SelectedIndex 等屬性。

```
Public Class Form1
    Private Sub Button1_Click(sender As Object, e As EventArgs) Handles Button1.Click
        MsgBox(" 這個清單內總共有 " & DomainUpDown1.Items.Count & _
        " 個項目，" & vbNewLine & " 您的薪資為 " & DomainUpDown1.SelectedItem)
    End Sub
End Class
```

🌐 7-8-7 NumericUpDown

NumericUpDown 控制項可以用來在表單上插入一個由上下箭頭來遞增或遞減數字的清單，其設定方式和 DomainUpDown 控制項相似，此處不再重複說明，請您直接做個隨堂練習吧。

⦀⦀隨堂練習

設計一個表單，令其執行結果如下，NumericUpDown 控制項的初始值為 20。

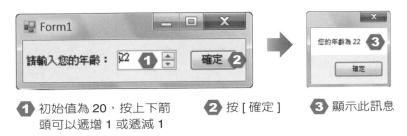

① 初始值為 20，按上下箭頭可以遞增 1 或遞減 1　　② 按 [確定]　　③ 顯示此訊息

提示

```
Private Sub Button1_Click(sender As Object, e As EventArgs) Handles Button1.Click
    MsgBox(" 您的年齡為 " & NumericUpDown1.Value)
End Sub
```

📚 備註

NumericUpDown 控制項有幾個實用的屬性，例如 DecimalPlaces 屬性可以設定小數點的位數，預設值為 [0]；ThousandsSeparator 屬性可以設定是否顯示千分位符號，預設值為 [False]；Increment 屬性可以設定按上下箭頭每次會遞增或遞減多少，預設值為 [1]；若要在程式碼內令 NumericUpDown 控制項遞增或遞減 Increment 屬性所設定的數量，可以呼叫 UpButton() 或 DownButton() 方法。

🕸 7-8-8 ListView（清單檢視）

ListView 控制項可以用來在表單上插入清單檢視，就像 Windows 檔案總管右窗格的使用者介面一樣，提供了大圖示、小圖示、清單、詳細資料、內容等檢視模式。

若要設定 ListView 控制項的屬性，可以選取該控制項，屬性視窗就會列出其常用屬性供您查看或修改。由於 ListView 控制項有諸多屬性的意義和前面介紹的控制項相同，因此，我們僅針對比較特別的屬性列表說明。

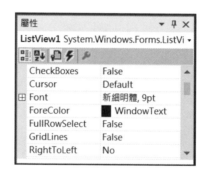

屬性	說明
CheckBoxes	取得或設定項目旁邊是否顯示核取方塊，預設值為 [False]。
CheckedIndices	取得選取項目的索引集合。
CheckedItems	取得選取項目的集合。
FullRowSelect	取得或設定按一下項目時是否會選取其所有子項目，預設值為 [False]。
GridLines	取得或設定項目與子項目的資料列和資料行之間是否顯示格線，預設值為 [False]。
View	取得或設定 ListView 的檢視模式，有 [LargeIcon]（大圖示）、[SmallIcon]（小圖示）、[List]（清單）、[Details]（詳細資料）、[Tile]（內容），預設值為 [LargeIcon]。
AutoArrange	取得或設定是否自動排列圖示，預設值為 [False]。

屬性	說明
Activation	取得或設定使用者必須採取何種動作才能開啟項目，有 [Standard]、[OneClick]（按一下）、[TwoClick]（按兩下）等設定值，預設值為 [Standard]。
AllowColumnReorder	取得或設定使用者是否可以拖曳資料行標題，將 ListView 內的資料行重新排列，預設值為 [False]。
Columns	取得 ListView 顯示的所有資料行標題集合。
HeaderStyle	取得或設定資料行行首的樣式，有 [None]、[Clickable]、[Nonclickable] 等設定值，預設值為 [Clickable]。
HideSelection	取得或設定當 ListView 失去焦點時，選取的項目是否仍反白顯示，預設值為 [True]。
HoverSelection	取得或設定當指標在項目上方停留數秒時，是否要自動選取項目，預設值為 [False]。
Items	取得所有項目的集合。
LabelEdit	取得或設定使用者是否能編輯項目的標籤，預設值為 [False]。
LabelWrap	取得或設定當項目顯示為圖示時，項目標籤是否要換行，預設值為 [True]。
LargeImageList	取得或設定顯示為大圖示時的影像清單 (ImageList)。
MultiSelect	取得或設定是否允許選取多個項目，預設值為 [True]。
Scrollable	取得或設定當沒有足夠空間來顯示所有項目時，是否要顯示捲軸，預設值為 [True]。
SmallImageList	取得或設定顯示為小圖示時的影像清單 (ImageList)。
Sorting	取得或設定項目的排序方式，有 [None]（無）、[Ascending]（遞增）、[Descending]（遞減），預設值為 [None]。
StateImageList	取得或設定清單檢視模式要額外顯示的影像清單，通常是出現在大圖示或小圖示的旁邊，用來表示其狀態。
OwnerDraw	取得或設定要由作業系統或您所提供的程式碼繪製 ListView，預設值為 [False]，表示要由作業系統繪製。
BackgroundImageTiled	取得或設定 ListView 的背景影像是否應該並排顯示，預設值為 [False]。

隨堂練習

設計一個 ListView 控制項，令其大圖示、小圖示、清單、詳細資料、內容等檢視模式如下。

提示 <MyProj7-7>

1. 設定大圖示與小圖示的影像清單為 ImageList1 (big1.bmp ～ big4.bmp)、
   ImageList2 (small1.bmp ～ small4.bmp)，然後將 ListView 控制項的
   LargeImageList 與 SmallImageList 屬性設定為 [ImageList1]、[ImageList2]。

2. 點取 Items 屬性欄位的 ⋯ 按鈕，然後加入如下的四個項目。

加入四個項目，ImageIndex 屬性為 0、1、2、3，Text 屬性為「資料夾」、「Word 文件」、「Excel 工作表」、「WinRAR 壓縮檔」。

3. 將 ListView 控制項的 View 屬性設定為 [LargeIcon]、[SmallIcon]、[List]、[Details]、[Title]，就可以在表單內看到大圖示、小圖示、清單、詳細資料或內容檢視模式，但詳細資料檢視模式的資料行標題仍是空白，請點取 Columns 屬性欄位的 [...] 按鈕，然後加入如下的三個資料行標題。

加入三個資料行標題，Text 屬性為「名稱」、「應用程式」、「副檔名 」，Width 屬性為 120、90、90。

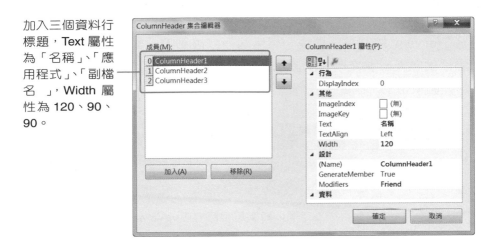

4. 最後要設定每個項目在詳細資料檢視模式中的資料行文字，請再度點取 Items 屬性欄位的 [...] 按鈕，從 [成員] 欄位選取第一個項目，然後點取 SubItems 屬性欄位的 [...] 按鈕，加入如下的兩個子項目，完畢後其它項目亦仿照此步驟設定其資料行文字。

加入兩個子項目，Text 屬性為「無」、「無」。

🌐 7-8-9 TreeView（樹狀檢視）

TreeView 控制項可以用來顯示節點的階層架構，就像 Windows 檔案總管的左窗格一樣，每個節點可能包含其它節點，稱為子節點 (child node)，而包含子節點的節點可以展開或摺疊顯示，稱為父節點 (parent node)。

若要設定 TreeView 控制項的屬性，可以選取該控制項，屬性視窗就會列出其常用屬性供您查看或修改。由於 TreeView 控制項有諸多屬性的意義和前面介紹的控制項相同，因此，我們僅針對比較特別的屬性列表說明。

屬性	說明
CheckBoxes	取得或設定項目旁邊是否要顯示核取方塊，預設值為 [False]。
ItemHeight	取得或設定每個樹狀節點的高度，預設值為 [14]。
FullRowSelect	取得或設定選取範圍是否跨過 TreeView 的寬度，預設值為 [False]。
HideSelection	取得或設定當 TreeView 失去焦點時，選取的樹狀節點是否仍以反白顯示，預設值為 [True]。
HotTracking	取得或設定當指標經過樹狀節點的標籤時，該標籤是否顯示成超連結的外觀，預設值為 [False]。
Indent	取得或設定每個子樹狀節點層的縮排間距，預設值為 [19]。
LabelEdit	取得或設定是否允許使用者編輯樹狀節點的標籤，預設值為 [False]。
Nodes	取得樹狀節點集合。
PathSeparator	取得或設定樹狀節點路徑使用的分隔符號，預設值為 \ 。
Scrollable	取得或設定當沒有足夠空間顯示所有樹狀節點時，是否要顯示捲軸，預設值為 [True]。
ShowLines	取得或設定是否顯示節點連接線，預設值為 [True]。
ShowPlusMinus	取得或設定包含子樹狀節點的樹狀節點旁邊是否顯示加號 (+) 和減號 (-) 按鈕，預設值為 [True]。

屬性	說明
ShowRootLines	取得或設定是否在位於 TreeView 根部的樹狀節點之間繪製線條，預設值為 [True]。
Sorted	取得或設定是否將樹狀節點加以排序，預設值為 [False]。
DrawMode	取得或設定繪製 TreeView 的模式，有 [Normal]（由作業系統繪製）、[OwnerDrawAll](手動繪製)、[OwnerDrawText](手動繪製標籤) 等設定值，預設值為 [Normal]。
ShowNodeToolTips	取得或設定當指標停留於 TreeNode 時是否顯示工具提示，預設值為 [False]。

設計如下的 TreeView 控制項。

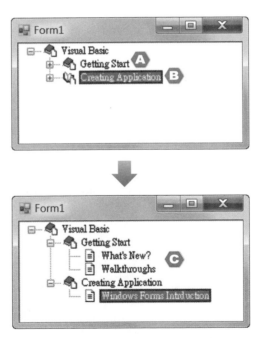

Ⓐ 沒有選取時會呈現闔起的圖示　　Ⓒ 全部展開的結果

Ⓑ 選取時會呈現打開的圖示

<MyProj7-8>

1. 插入 ImageList 控制項 (ImageList1) 並設定影像清單，圖檔為 tree1.bmp 🏠、tree2.bmp 📄、tree3.bmp 🐾，每張圖片的大小為 20×16。

2. 插入 TreeView 控制項並將 ImageList 屬性設定為 [ImageList1]。

3. 點取 Nodes 屬性欄位的 ⋯ 按鈕，然後依照下圖操作加入根節點。

① 點取此鈕 　② 輸入標籤 　③ 選擇圖示 　④ 選擇被選取時的圖示 　⑤ 出現結果

4. 依照下圖操作加入子節點。

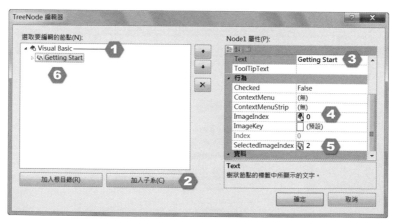

① 選取父節點 　　　③ 選取子節點並輸入標籤 　　⑤ 選擇被選取時的圖示

② 點取此鈕 　　　　④ 選擇圖示 　　　　　　　⑥ 出現結果

5. 依照下圖操作加入子節點，完畢後再仿照此步驟加入其他子節點。

①選取父節點　　③選取子節點並輸入標籤　　⑤選擇被選取時的圖示

②點取此鈕　　　④選擇圖示　　　　　　　　⑥出現結果

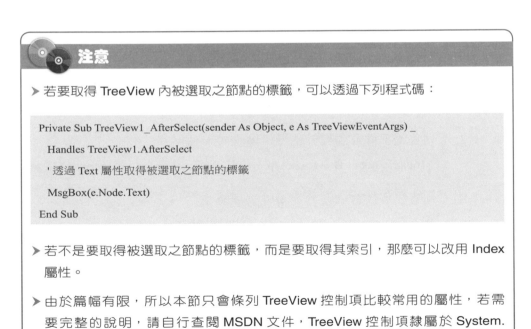

注意

➤若要取得 TreeView 內被選取之節點的標籤，可以透過下列程式碼：

```
Private Sub TreeView1_AfterSelect(sender As Object, e As TreeViewEventArgs) _
    Handles TreeView1.AfterSelect
    ' 透過 Text 屬性取得被選取之節點的標籤
    MsgBox(e.Node.Text)
End Sub
```

➤若不是要取得被選取之節點的標籤，而是要取得其索引，那麼可以改用 Index 屬性。

➤由於篇幅有限，所以本節只會條列 TreeView 控制項比較常用的屬性，若需要完整的說明，請自行查閱 MSDN 文件，TreeView 控制項隸屬於 System.Windows.Forms.TreeView 類別。

( ) 1. 我們可以使用下列哪個屬性設定表單的標題列文字？

    A. Cursor   B. Caption   C. Font   D. Text

( ) 2. 下列哪種表單的框線樣式不會在標題列顯示圖示？

    A. FixedSingle   B. None   C. Sizable   D. Fixed3D

( ) 3. 我們可以使用下列哪個屬性設定表單的透明度？

    A. ForeColor   B. Transparency   C. Opacity   D. AllowDrop

( ) 4. 在呼叫 Form 類別的 Close() 方法關閉表單時並不會觸發下列哪個事件？

    A. Deactivate   B. Load   C. Disposed   D. Closing

( ) 5. 若表單不是第一次顯示，下列哪個事件不會被觸發？

    A. VisibleChanged   B. Activated

    C. Load   D. HandleCreated

( ) 6. 下列哪個事件會觸發於完成拖曳控制項時？

    A. DragDrop   B. DragEnter   C. DragLeave   D. DragOver

( ) 7. 下列哪個事件會觸發於指標停留在控制項時？

    A. MouseWheel   B. MouseUp   C. MouseHover   D. MouseMove

( ) 8. 下列哪個事件會觸發於重繪控制項時？

    A. Paint   B. SizeChanged

    C. MouseHover   D. Resize

( ) 9. 我們可以使用下列哪個屬性將 TextBox 設定為多行文字方塊？

    A. ScrollBars   B. Text   C. Multiline   D. MaxLength

( ) 10. 我們可以使用下列哪個屬性在 RichTextBox 套用項目符號？

    A. DetectUrls   B. SelectionBullet

    C. ZoomFactor   D. BulletIndent

( )11.我們可以使用下列哪個控制項在工作列的狀態通知區域中顯示圖示？

　　A. NotifyIcon　　B. PictureBox　　C. StatusStrip　　D. ImageList

( )12.我們可以使用下列哪個屬性設定 TreeView 內每個樹狀節點的圖片？

　　A. DisplayStyle　B. ImageAlign　C. Text　　　　　D. ImageList

( )13.下列哪個控制項不允許複選？

　　A. CheckedBoxList　　　　　B. RadioButton

　　C. CheckBox　　　　　　　　D. ListBox

( )14.我們可以使用下列哪個屬性設定 CheckBox 為已被核取？

　　A. CheckAlign　　　　　　　B. AutoCheck

　　C. CheckState　　　　　　　D. Checked

( )15.我們可以使用下列哪個屬性取得 ListBox 內被選取項目的集合？

　　A. SelectionMode　　　　　　B. SelectedIndices

　　C. SelectedItems　　　　　　D. SelectedItem

( )16.我們可以使用下列哪個屬性設定在 NumericUpDown 按上下箭頭時每次會遞增或遞減多少數量？

　　A. Separator　　　　　　　　B. Increment

　　C. Count　　　　　　　　　　D. Hexadecimal

( )17.我們可以使用下列哪個控制項在表單上插入清單檢視？

　　A. ListView　　B. TreeView　　C. ComboBox　　D. ListBox

( )18.我們可以使用下列哪個屬性設定 TreeView 內每個樹狀節點的高度？

　　A. Nodes　　　B. PathSeparator C. ItemHeight　　D. HotTracking

( )19.當選取 ListBox 內的第一個項目時，SelectedIndex 屬性的值為何？

　　A. -1　　　　　B. 1　　　　　　C. 2　　　　　　D. 0

( )20.我們可以使用下列哪個屬性將 CheckedListBox 內的項目排序？

　　A. SelectionMode　　　　　　B. SelectedItem

　　C. Sorting　　　　　　　　　D. Sorted

二、練習題

1. 撰寫一個程式，令其執行結果如下。

1 輸入文字   3 按 [確定]
2 核取樣式   4 顯示設定結果

2. 撰寫一個程式，令其執行結果如下。

1 輸入姓名、選擇外送地區（大安區、文山區、
   中正區、松山區、信義區）及點餐資料

2 按 [確定]

3 顯示客戶姓名、外送地區及總金額

Chapter 8

Windows Forms
控制項 (二)

8-1 日期時間控制項

我們在第 7 章介紹了文字編輯控制項、命令控制項、文字顯示控制項、影像控制項及清單控制項，本章將繼續介紹其它實用的控制項。

8-1-1 DateTimePicker（日期時間選取器）

DateTimePicker 控制項可以用來選取日期時間，比較重要的屬性如下。

屬性	說明
Format	取得或設定日期時間的顯示格式，預設值為 [Long]。
ShowUpDown	取得或設定能否使用上下按鈕調整日期時間，預設值為 [False]。
MaxDate	取得或設定可選取的日期時間上限，預設值為 [9998/12/31]。
MinDate	取得或設定可選取的日期時間下限，預設值為 [1753/1/1]。
Value	取得或設定選取的日期時間。

隨堂練習

設計一個表單，令其執行結果如下 (提示：您可以使用 DateTimePicker 控制項的 CloseUp 事件和 Value 屬性，在選取日期完成後顯示結果)。
<MyProj8-1>

1 選取日期　　　　　　　2 顯示所選取的日期

8-1-2 MonthCalendar（月曆）

MonthCalendar 控制項可以用來檢視並選取日期，但和 DateTimePicker 控制項不同的是它可以用來選取一段日期範圍，而 DateTimePicker 控制項可以用來選取日期和時間，比較重要的屬性如下。

屬性	說明
CalendarDimentions	取得或設定所顯示月份的欄數和列數，預設值為 [1,1]，表示顯示一個月的月曆，而 [2,3] 表示顯示六個月的月曆。
TitleBackColor	取得或設定月曆標題區的背景色彩。
TitleForeColor	取得或設定月曆標題區的前景色彩。
TrailingForeColor	取得或設定非本月日期顯示的色彩。
FirstDayOfWeek	取得或設定月曆所顯示之一週的第一天，預設值為 [Default]，表示取決於作業系統的設定。
MaxDate	取得或設定可選取的日期上限，預設值為 [9998/12/31]。
MinDate	取得或設定可選取的日期下限，預設值為 [1753/1/1]。
MaxSelectionCount	取得或設定最多可選取的天數，預設值為 [7]。
ScrollChange	取得或設定按上個月或下個月按鈕要跳幾個月，預設值為 [0]。
SelectionEnd	取得或設定選取範圍的結束日期。
SelectionStart	取得或設定選取範圍的開始日期。
SelectionRange	取得或設定選取範圍。
ShowToday	取得或設定是否將 TodayDate 屬性設定的日期顯示在月曆下方，預設值為 [True]。
ShowTodayCircle	取得或設定是否要圈出今天日期，預設值為 [True]。
ShowWeekNumbers	取得或設定是否在每列日期左方顯示週數，預設值為 [False]。
TodayDate	取得或設定今天日期。

隨堂練習

設計一個表單，令其執行結果如下。

1 選取一段日期範圍

2 顯示所選取的日期範圍

提示 <MyProj8-2>

您可以使用 MonthCalendar 控制項的 DateSelected 事件和 SelectionStart、SelectionEnd 兩個屬性，在選取日期範圍完成後顯示結果。

```
Private Sub MonthCalendar1_DateSelected(sender As Object, e As DateRangeEventArgs) _
    Handles MonthCalendar1.DateSelected
    MessageBox.Show(" 您選取的日期範圍為 " & MonthCalendar1.SelectionStart & _
        " ~ " & MonthCalendar1.SelectionEnd)
End Sub
```

▌**8-2** 功能表、工具列與狀態列控制項

⬛ **8-2-1** MenuStrip（功能表）

MenuStrip 控制項可以用來在表單上建立功能表，如下：

 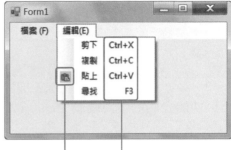

功能圖示　　　這些是快速鍵 (shortcut)

我們可以依照如下步驟建立這個功能表，請您也跟著一起做：

1. 在工具箱的 [功能表與工具列] 分類中找到 MenuStrip 控制項，然後按兩下，該控制項的圖示就會出現在表單下方的匣中。

2. 依照下圖操作輸入第一個功能表的文字。

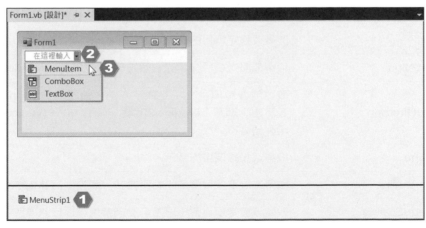

① 選取此圖示　　　② 點取此處　　　③ 選取 [MenuItem]

3. 功能表內隨即新增一個文字為 "ToolStripMenuItem1" 的項目，請選取該項目，然後在屬性視窗將其 [Text] 屬性設定為「檔案 (&F)」，其中 & 符號的作用是將後面的字元 F 設定為快速鍵，日後使用者只要按下 [Alt] + [F] 鍵，就可以開啟這個項目。

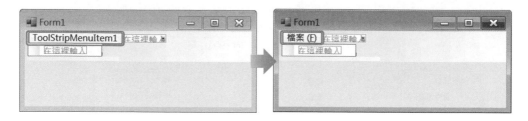

功能表內的項目屬於 ToolStripMenuItem 控制項，比較重要的屬性如下。

屬性	說明
Checked	取得或設定項目是否被核取，核取的項目會顯示 ✓ 或 • 符號，當項目有顯示圖示時，就不會顯示 ✓ 或 • 符號。
CheckState	取得或設定項目的核取狀態，[Unchecked] 表示未核取，[Checked] 表示已核取，功能文字前面會顯示 ✓ 符號，[Indeterminate] 表示不確定，功能文字前面會顯示 • 符號。
DisplayStyle	取得或設定功能項目顯示的樣式，[ImageAndText] 會顯示圖示及文字，[Image] 只顯示圖示，[Text] 只顯示文字，[None] 不顯示圖示及文字，預設值為 [ImageAndText]。
Text	取得或設定項目的文字。
TextAlign	取得或設定項目文字的對齊方式，預設值為 [MiddleCenter]。
TextDirection	取得或設定項目文字的顯示方向，預設值為 [Horizontal]，表示水平顯示，[Vertical90] 表示旋轉 90˚，[Vertical270] 表示旋轉 270˚。
Image	取得或設定項目的圖示。
ImageAlign	取得或設定項目圖示的對齊方式，預設值為 [MiddleCenter]。
ImageScaling	取得或設定項目圖示是否自動調整大小以放入項目中。

屬性	說明
ImageTransparentColor	取得或設定項目圖示的哪個色彩會被當作透明色彩。
ShortcutKeyDisplayString	取得或設定快速鍵文字，項目只有在 ShowShortcutKeys 屬性為 [True] 時會顯示快速鍵。若設定此屬性，項目顯示的快速鍵會以此屬性來表示，否則會顯示 ShortcutKeys 屬性設定的快速鍵。
AutoSize	取得或設定項目是否會視功能文字的長短自動調整其大小，預設值為 [True]。
AutoToolTip	取得或設定項目是否顯示工具提示，若要顯示工具提示，MenuStrip 控制項的 ShowItemToolTips 屬性須為 [True]。
CheckOnClick	取得或設定當按一下項目時，是否自動變更核取狀態，預設值為 [False]。
Enabled	取得或設定是否啟用項目，若要停用，可以設定為 [False]，項目即會以灰色字顯示且無法點按。
ToolTipText	取得或設定項目的提示文字，若沒有設定此屬性且 AutoToolTip 屬性為 [True]，Text 屬性設定的文字會成為工具提示，如欲顯示工具提示，MenuStrip 控制項的 ShowItemToolTips 屬性須設定為 [True]。
Visible	取得或設定是否顯示項目，若要隱藏，可以設定為 [False]。
ShortcutKeys	取得或設定項目的快速鍵組合，只要按下其快速鍵組合，即可執行該項目的功能。
ShowShortcutKeys	取得或設定項目是否顯示快速鍵組合，[False] 表示不顯示。請注意，若使用 ShortcutKeys 屬性設定快速鍵組合，但將 ShowShortcutKeys 屬性設定為 [False] 來隱藏快速鍵組合，快速鍵仍有效。
DropDownItems	取得或設定所有項目。

4. 輸入第一個功能表的第一個項目，然後輸入其子功能表的項目。

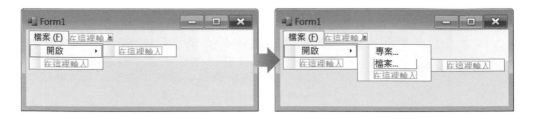

5. 在第一、二個主功能表內輸入如下項目，其中在「列印 (P)」項目上方有個分隔符號，您可以在此項目按一下滑鼠右鍵，然後選取 [插入] \ [Separator]；此外，「列印 (P)」、「預覽列印 (V)」、「貼上」等項目均有顯示圖示，其圖檔為 print.bmp、preview.bmp、paste.bmp；最後，依照下圖設定各個項目。

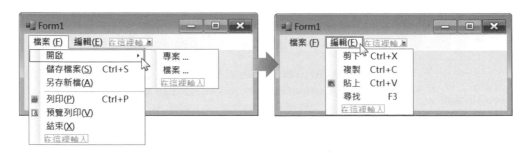

6. 功能表設定完畢後，您就可以針對各個項目撰寫對應的程式碼。

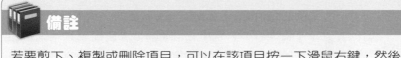

備註

若要剪下、複製或刪除項目，可以在該項目按一下滑鼠右鍵，然後選取 [剪下]、[複製] 或 [刪除]；若要在目前項目的上方插入新項目或分隔符號，可以在目前項目按一下滑鼠右鍵，然後選取 [插入]，並選擇要插入哪個項目；若要調整項目的順序，可以使用滑鼠拖曳；若要設定當使用者按一下某個項目時執行指定的動作，可以撰寫該項目的 Click 事件程序。

🌀 8-2-2 ContextMenuStrip（快顯功能表）

ContextMenuStrip 控制項可以用來在表單上建立快顯功能表，也就是當使用者在某個元件按一下滑鼠右鍵時所出現的功能表，裡面有與該元件關聯的命令，比方說，資料夾的快顯功能表內通常有開啟、檔案總管、重新命名、搜尋、剪下、複製、貼上等命令。

由於 ContextMenuStrip 控制項的建立方式和 MainMenuStrip 控制項相似，此處不再重複說明，要提醒您的是快顯功能表通常與按鈕、標籤、影像方塊、核取方塊、選項按鈕等元件連結在一起，因此，想要設定這些元件的快顯功能表，就是將其 ContextMenuStrip 屬性設定為事先建立的 ContextMenuStrip 控制項即可。

⬛ 隨堂練習

在表單上放置一個 PictureBox 控制項，令其快顯功能表如下，請使用您自己的圖檔或照片完成這個練習。 <MyProj8-3>

在圖片按一下滑鼠右鍵就會出現此快顯功能表

8-2-3 ToolStrip (工具列)

ToolStrip 控制項可以用來在表單上建立工具列,下圖為 Visual Studio 的工具列,使用者只要點取上面的工具鈕,就可以執行對應的功能。

由於 ToolStrip 控制項的建立方式和 MainMenuStrip 控制項相似,此處不再重複說明,我們直接來看個例子 <MyProj8-4>,請您也跟著一起做:

1. 在工具箱的 [功能表與工具列] 分類中找到 ToolStrip 控制項,然後按兩下,該控制項的圖示就會出現在表單下方的匣中。

2. 選取 ToolStrip 控制項的圖示,然後依照下圖操作,建立常用的工具鈕。

❶ 點取此鈕　　❷ 點取此項

3. 工具列自動建立了新增、開啟、儲存、列印、剪下、複製、貼上、說明等標準的工具鈕,若要刪除某個工具鈕,可以在該工具鈕按一下滑鼠右鍵,然後從快顯功能表中選取 [刪除]。

4. 假設我們希望在「列印」工具鈕前面加入「預覽列印」工具鈕，那麼可以點取 [加入 ToolStripButton] 清單鈕，然後選擇 [Button]。

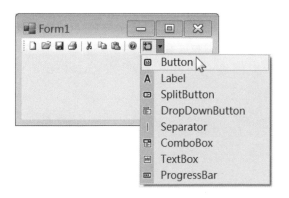

5. 選取步驟 4. 新增的工具鈕，接著點取 [Image] 欄位右邊的 [...] 按鈕，在 [選取資源] 對話方塊中匯入 preview.bmp，以設定工具鈕的圖示，然後將 [Text] 屬性設定為「預覽列印 (&V)」，再按住滑鼠左鍵將工具鈕拖曳到「列印」工具鈕的前面，得到如下結果：

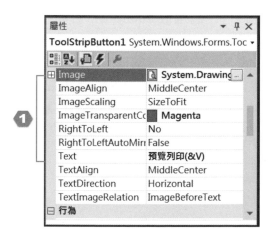

❶ 設定工具鈕的 Image 和 Text 屬性　　❷ 將工具鈕拖曳到此處

6. 工具列設定完畢後，您就可以針對各個工具鈕撰寫對應的程式碼。

8-2-4 StatusStrip（狀態列）

StatusStrip 控制項可以用來在表單上顯示狀態列，通常是位於視窗下方，例如 Microsoft Word 會在狀態列顯示頁面位置、章節位置、編輯模式等資訊。

我們可以依照如下步驟建立下圖的狀態列 <MyProj8-5>，請您也跟著一起做：

狀態列 —— 就緒　　滑鼠指標位置 (227, 37) —— 隨時顯示指標位置的 X、Y 座標

1. 首先，在工具箱的 [功能表與工具列] 分類中找到 StatusStrip 控制項，然後按兩下，該控制項的圖示就會出現在表單下方的匣中。

2. 接著，我們要在狀態列建立第一個狀態，請選取 StatusStrip 控制項，然後點按 [加入 ToolStripStatusLabel] 清單鈕，選取 [StatusLabel]。狀態列隨即新增一個文字為 "ToolStripStatusLabel1" 的狀態標籤，請選取該狀態標籤，然後在屬性視窗將其 [Text] 屬性設定為「就緒」，[TextAlign] 屬性設定為 [MiddleLeft]，[AutoSize] 屬性設定為 [False]，[Size] 屬性設定為 120, 23，[Image] 屬性設定為 print.bmp，得到如下結果。

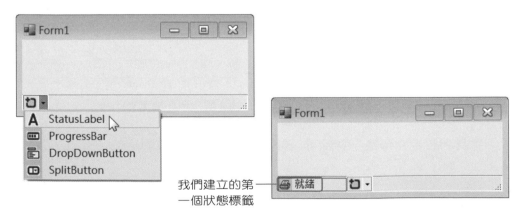

我們建立的第一個狀態標籤

狀態標籤屬於 StatusStripStatusLabel 控制項，比較重要的屬性如下。

屬性	說明
ActiveLinkColor	取得或設定點按超連結時顯示的色彩，預設值為紅色。
BorderSides	取得或設定哪個邊要顯示框線，預設值為 [None]。
BorderStyle	取得或設定框線樣式。
DisplayStyle	取得或設定狀態標籤的顯示樣式，預設值為 [ImageAndText]（顯示圖示及文字）。
Image	取得或設定狀態標籤的圖示。
ImageAlign	取得或設定狀態標籤圖示的對齊方式，預設值為 [MiddleCenter]。
ImageScaling	取得或設定狀態標籤圖示是否自動調整大小以放入標籤中，[SizeToFit] 表示自動調整大小。
ImageTransparentColor	取得或設定狀態標籤圖示的哪個色彩會被當作透明色彩。
LinkColor	取得或設定超連結的色彩，預設值為藍色。
LinkVisited	取得或設定是否將超連結顯示為已瀏覽，預設值為 [False]。
Spring	取得或設定當表單調整大小時，狀態標籤是否會自動填滿可用空間，預設值為 [False]。
Text	取得或設定狀態標籤的文字。
TextAlign	取得或設定狀態標籤文字的對齊方式，預設值為 [MiddleCenter]（水平垂直置中）。
TextDirection	取得或設定狀態標籤文字的顯示方向，預設值為 [Horizontal]，表示水平顯示，[Vertical90] 表示旋轉 90°，[Vertical270] 表示旋轉 270°。
AutoSize	取得或設定狀態標籤是否會視標籤文字的長短自動調整其大小，預設值為 [True]。
IsLink	取得或設定狀態標籤是否為超連結，預設值為 [False]。

屬性	說明
AutoToolTip	取得或設定狀態標籤是否顯示工具提示，若要顯示，StatusStrip 控制項的 ShowItemToolTips 屬性須為 [True]。
Enabled	取得或設定是否啟用狀態標籤，停用的話會以灰色字顯示。
VisitedLinkColor	取得或設定已瀏覽超連結的色彩，預設值為紫色。
LinkBehavior	取得或設定超連結的行為，有 [SystemDefault]（系統預設）、[AlwaysUnderline]（永遠顯示底線）、[HoverUnderline]（指標停留時才顯示底線）、[NeverUnderline]（永遠不顯示底線）。
ToolTipText	取得或設定狀態標籤的提示文字，若沒有設定此屬性且 AutoToolTip 為 [True]，那麼 Text 屬性設定的文字會成為工具提示。

3. 繼續，我們要在狀態列建立第二個狀態標籤，請選取 StatusStrip 控制項，然後點按 [加入 ToolStripStatusLabel] 清單鈕，選取 [StatusLabel]，建立如下的狀態標籤。

4. 由於我們希望在移動滑鼠時，第二個狀態標籤會顯示指標的 X、Y 座標，故針對表單的 MouseMove 事件撰寫如下的處理程序。

```
Private Sub Form1_MouseMove(sender As Object, e As MouseEventArgs) _
    Handles MyBase.MouseMove
    ToolStripStatusLabel2.Text = " 滑鼠指標位置 (" & e.X & ", " & e.Y & ")"
End Sub
```

8-3 容器控制項

8-3-1 GroupBox（群組方塊）

GroupBox 控制項可以用來在表單上插入群組方塊，以放置性質相似的表單欄位，比方說，我們可以將客戶的姓名、生日、性別、年齡等個人資料放置在一個群組方塊，然後將客戶希望購屋的區域、預算、屋齡等購屋需求放置在另一個群組方塊，如此一來，表單欄位便會依照性質放置，以利閱讀。由於 GroupBox 控制項的屬性和表單的屬性大同小異，此處不再重複說明，請您直接做個隨堂練習吧。

隨堂練習

設計如下表單，裡面有兩個 GroupBox 控制項，其標題分別為「個人資料」和「購屋需求」，GroupBox 控制項內又有 Label、RadioBox、TextBox、CheckBox、DateTimePicker、NumericUpDown、ComboBox 等控制項（提示：您可以使用 GroupBox 控制項的 Text 屬性設定其標題；預算欄位有四個選項，分別是「500 萬以下」、「501~1000 萬」、「1001~2000 萬」、「2000萬以上」）。

8-3-2 Panel（面板）

Panel 控制項的用途和 GroupBox 控制項一樣是將性質相似的表單欄位放置在一個群組，不同的是 Panel 控制項能夠擁有捲軸，只要將其 AutoScroll 屬性設定為 [True] 即可，下面是一個例子，請您試著動手做做看。

AutoScroll 屬性的值為 True，BorderStyle 屬性的值為
Fixed3D，亦可視實際情況設定背景色彩或背景圖片。

8-3-3 FlowLayoutPanel

FlowLayoutPanel 控制項的用途和 Panel 控制項一樣是將性質相似的表單欄位放置在一個群組，它們均能擁有捲軸，不同的是 FlowLayoutPanel 控制項可以藉由其 FlowDirection 屬性設定以水平或垂直的資料流動方向排列表單內容，下面是一個例子，請您試著動手做做看。

FlowDirection 屬性的值為 TopDown，BorderStyle 屬性值為
FixedSingle，亦可視實際情況設定背景色彩或背景圖片。

8-3-4 **TableLayoutPanel**

TableLayoutPanel 控制項是在格線中排列表單內容，其配置方式會在表單大小或內容大小變更時自動調整，下面是一個例子，請您試著動手做做看。

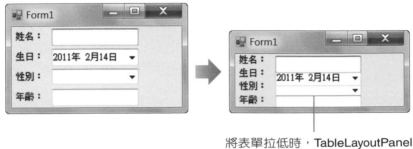

將表單拉低時，TableLayoutPanel
控制項會自動調整配置方式。

8-3-5 **SplitContainer**

SplitContainer 控制項包含兩個可移動的分隔列所分隔的面板，當指標移到分隔線時，指標的外觀會變成 ⬍，此時可以藉由拖曳分隔線重新分配分隔列的寬度或高度，下面是一個例子，請您試著動手做做看。

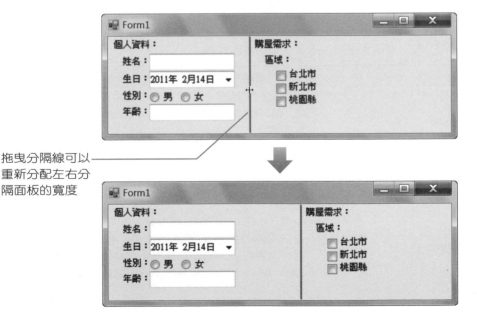

拖曳分隔線可以
重新分配左右分
隔面板的寬度

8-3-6 TabControl（索引標籤）

TabControl 控制項可以用來產生包含多個標籤頁的對話方塊，Windows 的顯示器內容表、檔案內容表或資料夾內容表都是包含多個標籤頁的對話方塊，比較重要的屬性如下。

屬性	說明
ImageList	取得或設定欲顯示在索引標籤的影像清單，預設值為 [無]。
Alignment	取得或設定索引標籤顯示的位置，[Top] 會顯示在 TabControl 的上方、[Bottom] 會顯示在 TabControl 下方、[Left] 會顯示在 TabControl 左方、[Right] 表示會在 TabControl 右方，預設值為 [Top]。
Appearance	取得或設定索引標籤的外觀。
ContextMenuStrip	取得或設定與 TabControl 關聯的快顯功能表，預設值為 [無]。
ItemSize	取得或設定索引標籤的大小。
Multiline	取得或設定能否顯示一列以上的索引標籤，預設值為 [False]。
ShowToolTips	取得或設定當指標移至索引標籤時，是否顯示提示文字，預設值為 [False]。
SizeMode	取得或設定調整索引標籤大小的方式，[Normal] 表示調整索引標籤的寬度，令它能夠顯示索引標籤的文字，但不會調整索引標籤的大小以填滿容器控制項的整個寬度；[FillToRight] 表示調整索引標籤的寬度，令它填滿容器控制項的整個寬度；[Fixed] 表示索引標籤的寬度均相同，預設值為 [Normal]。
TabCount	取得索引標籤的數目。
TabPages	取得 TabControl 的標籤頁集合，這是 TabControl 最重要的屬性，每個標籤頁都是一個 TabPage 物件，當使用者按一下索引標籤時，TabPage 物件就會產生 Click 事件，您可以視實際情況撰寫事件程序。

隨堂練習

設計如下表單，令其 TabControl 控制項包含 5 個標籤頁。

提示 <MyProj8-6>

您可以點取 TabPages 屬性欄位右邊的 ⋯ 按鈕來加入索引標籤，如下。

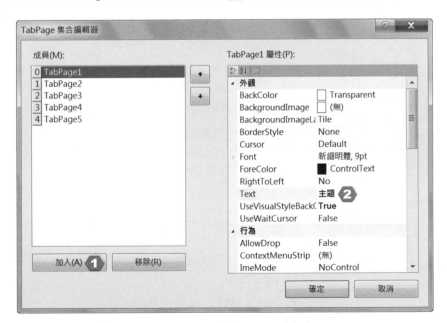

1️⃣ 按 [加入]　　2️⃣ 設定索引標籤的文字

▌8-4　對話方塊控制項

◉ 8-4-1　FontDialog（字型對話方塊）

FontDialog 控制項可以用來顯示字型對話方塊，讓使用者從中選取字型、大小或粗體、斜體等樣式、刪除線、底線等效果，其重要的屬性如下。

屬性	說明
AllowSimulations	取得或設定對話方塊是否允許繪圖裝置介面 (GDI，Graphics Device Interface) 字型模擬，預設值為 [True]。
AllowVectorFonts	取得或設定對話方塊是否允許選取向量字型，預設值為 [True]。
AllowVerticalFonts	取得或設定對話方塊能否同時顯示垂直和水平字型，或只顯示水平字型，預設值為 [True]。
Color	取得或設定選取的字型色彩，預設值為 [Black]。
Font	取得或設定選取的字型，預設值為 [新細明體，9pt]。
FontMustExist	取得或設定當使用者嘗試選取不存在的字型或樣式時，對話方塊是否指示錯誤情況，預設值為 [False]。
MaxSize	取得或設定使用者可以選取的最大點數，預設值為 [0]，表示可以將字型設到最大點數。
MinSize	取得或設定使用者可以選取的最小點數，預設值為 [0] ，表示可以將字型設到最小點數。
ScriptsOnly	取得或設定對話方塊是否排除所有非 OEM、Symbol 和 ANSI 字元集的字型，預設值為 [False]。
ShowApply	取得或設定對話方塊是否顯示 [套用] 按鈕，預設值為 [False]。
ShowColor	取得或設定對話方塊是否顯示色彩欄位，預設值為 [False]。
ShowEffects	取得或設定對話方塊是否顯示刪除線、底線等效果，預設值為 [True]。
ShowHelp	取得或設定對話方塊是否顯示 [說明] 按鈕，預設值為 [False]。

 隨堂練習

在表單上放置標籤、按鈕和字型對話方塊，令其執行結果如下。

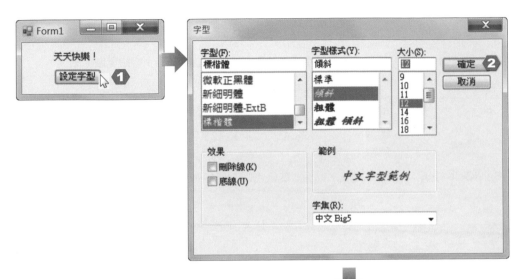

1 點取此鈕

2 設定為標楷體、傾斜、12pt，
然後按 [確定]。

3 成功套用字型樣式

提示 <MyProj8-7>

```
Private Sub Button1_Click(sender As Object, e As EventArgs) Handles Button1.Click
    ' 呼叫 ShowDialog() 方法顯示對話方塊
    FontDialog1.ShowDialog()
    ' 將標籤的字型設定為選取的字型
    Label1.Font = FontDialog1.Font
End Sub
```

8-4-2 ColorDialog (色彩對話方塊)

ColorDialog 控制項可以用來顯示色彩對話方塊,讓使用者從調色盤選取色彩或將自訂色彩加入調色盤,比較重要的屬性如下。

屬性	說明
AllowFullOpen	取得或設定使用者能否點取 [定義自訂色彩] 按鈕選取色彩。
AnyColor	取得或設定對話方塊是否顯示基本色彩的所有可用色彩。
Color	取得或設定使用者所選取的色彩,預設值為 [Black]。
FullOpen	取得或設定開啟對話方塊時能否看到用來建立自訂色彩的自訂色彩區域。
SolidColorOnly	取得或設定對話方塊是否限制使用者只能選取純色。

隨堂練習

在表單上放置標籤、按鈕和色彩對話方塊,令其執行結果如下。
<MyProj8-8>

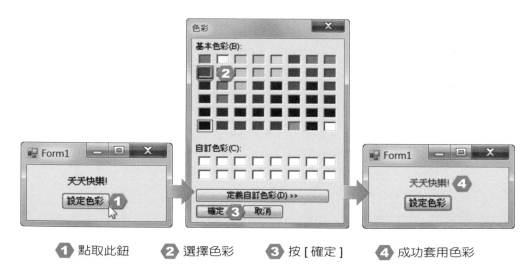

① 點取此鈕　② 選擇色彩　③ 按 [確定]　④ 成功套用色彩

8-4-3 SaveFileDialog（另存新檔對話方塊）

SaveFileDialog 控制項可以用來顯示另存新檔對話方塊，讓使用者從中選取要儲存的檔案，比較重要的屬性如下。

屬性	說明
AddExtension	取得或設定當使用者遺漏副檔名時，對話方塊是否自動加入副檔名，預設值為 [True]。
CheckFileExists	取得或設定當使用者指定不存在的檔名時，對話方塊是否顯示警告訊息，預設值為 [False]。
CheckPathExists	取得或設定當使用者指定不存在的路徑時，對話方塊是否顯示警告訊息，預設值為 [True]。
CreatePrompt	取得或設定當使用者指定不存在的檔案時，對話方塊是否提示使用者即將建立檔案，預設值為 [False]。
DefaultExt	取得或設定預設的副檔名。
DereferenceLinks	取得或設定對話方塊是傳回捷徑所參照的位置或捷徑的位置。
FileName	取得或設定對話方塊內被選取的檔案名稱，包含路徑。
FileNames	取得或設定對話方塊內被選取的所有檔案名稱，包含路徑。
Filter	取得或設定檔案名稱篩選字串，以決定出現在對話方塊內 [檔案類型] 或 [存檔類型] 欄位的選項，例如 "Word 文件 (*.docx)|*.docx| 網頁 (*.html; *.htm)|*.html;*.htm"。
FilterIndex	取得或設定對話方塊目前選取之篩選條件的索引。
InitialDirectory	取得或設定對話方塊所顯示的初始目錄，預設值為「我的文件」。
OverwritePrompt	取得或設定當使用者指定已存在的檔名時，是否顯示對話方塊警告使用者即將覆寫既有檔案，預設值為 [True]。
Title	取得或設定對話方塊的標題。
RestoreDirectory	取得或設定對話方塊是否在關閉前還原目前目錄。
ShowHelp	取得或設定是否在對話方塊內顯示 [說明] 按鈕。
ValidateNames	取得或設定對話方塊是否只接受有效的檔案名稱。

隨堂練習

設計一個表單,令其執行結果如下。

① 輸入文字　　　　　④ 選擇存檔類型 (這些類型是透過 Filter 屬性所建立)

② 按 [儲存檔案]　　⑤ 按 [存檔] 就會將輸入的文字以指定的檔名儲存

③ 輸入檔名

提示

1. 在表單上插入文字方塊、按鈕和 SaveFileDialog 控制項,然後將 SaveFileDialog 控制項的 [Filter] 屬性設定為 "Word 文件 (*.docx)|*.docx| 網頁 (*.html; *.htm)|*.html;*.htm| 純文字 (*.txt)|*.txt| 所有檔案 (*.*)|*.*",令其 [存檔類型] 欄位顯示四種檔案類型讓使用者選擇。

2. 撰寫下列程式碼，其中 SaveFileDialog1_FileOk() 事件程序會在使用者
   點取對話方塊的 [儲存] 按鈕時自動執行，而第 09 行會根據使用者輸入
   的檔案名稱及路徑建立並開啟文字檔。

   此例是在「我的文件」資料夾內建立並開啟 file1.txt 文字檔，然後將使
   用者在文字方塊內輸入的文字寫入此文字檔，若該檔案已經存在，就加
   以覆寫。有關檔案存取的方式，第 9 章有進一步的說明。

\MyProj8-9\Form1.vb

```
01:Public Class Form1
02:    Private Sub Button1_Click(sender As Object, e As EventArgs) Handles Button1.Click
03:        ' 呼叫此方法顯示另存新檔對話方塊
04:        SaveFileDialog1.ShowDialog()
05:    End Sub
06:
07:    Private Sub SaveFileDialog1_FileOk(sender As Object, _
        e As System.ComponentModel.CancelEventArgs) Handles SaveFileDialog1.FileOk
08:        ' 建立並開啟文字檔，然後將使用者輸入的文字寫入文字檔
09:        My.Computer.FileSystem.WriteAllText(SaveFileDialog1.FileName, _
            TextBox1.Text, False)
10:    End Sub
11:End Class
```

 備註

➤ 當使用者點取 [另存新檔] 對話方塊的 [儲存] 按鈕時，會產生 FileOk 事
  件，而當使用者點取 [另存新檔] 對話方塊的 [說明] 按鈕時，則會產生
  HelpRequest 事件。

➤ SaveFileDialog 類別提供了 OpenFile() 方法，可以開啟其 FileName 屬性指定
  的檔案，傳回值為 System.IO.Stream 物件。

8-4-4 OpenFileDialog（開啟舊檔對話方塊）

OpenFileDialog 控制項可以用來顯示開啟舊檔對話方塊，讓使用者從中選取要開啟的檔案，其屬性和 SaveFileDialog 控制項大致相同，此處不再重複說明。

設計一個表單，令其執行結果如下。

1️⃣ 點取此鈕

2️⃣ 選取檔案

3️⃣ 按 [開啟舊檔]

4️⃣ 以預設的應用程式開啟檔案

提示 <MyProj8-10>

撰寫下列程式碼，其中 OpenFileDialog1.ShowDialog() 方法會在使用者點取對話方塊的 [開啟舊檔] 按鈕時自動執行，而第 06 行會以預設的應用程式開啟使用者選取的檔案。

```
01:Public Class Form1
02:    Private Sub btnOpen_Click(sender As Object, e As EventArgs) Handles btnOpen.Click
03:        ' 呼叫此方法顯示開啟舊檔對話方塊
04:        OpenFileDialog1.ShowDialog()
05:        ' 以預設的應用程式開啟檔案
06:        System.Diagnostics.Process.Start(OpenFileDialog1.FileName)
07:    End Sub
08:End Class
```

8-4-5 FolderBrowserDialog（瀏覽資料夾對話方塊）

FolderBrowserDialog 控制項可以用來顯示瀏覽資料夾對話方塊，讓使用者從中選取瀏覽資料夾，其屬性和 SaveFileDialog 控制項大致相同，比較不同的屬性如下。

屬性	說明
Description	取得或設定對話方塊的描述文字。
RootFolder	取得或設定對話方塊顯示時，使用哪個資料夾做為根資料夾，預設值為 [Desktop] (桌面)。
SelectedPath	取得或設定使用者選取的資料夾路徑。
ShowNewFolderButton	取得或設定是否在對話方塊中顯示 [建立新資料夾] 按鈕，預設值為 [True]。

設計一個表單，令其執行結果如下。

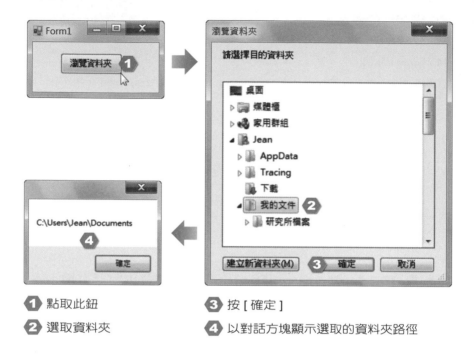

① 點取此鈕

② 選取資料夾

③ 按 [確定]

④ 以對話方塊顯示選取的資料夾路徑

提示 <MyProj8-11>

```
Public Class Form1
    Private Sub btnFolder_Click(sender As Object, e As EventArgs) Handles btnFolder.Click
        ' 呼叫此方法顯示瀏覽資料夾對話方塊
        FolderBrowserDialog1.ShowDialog()
        ' 以對話方塊顯示選取的資料夾路徑
        MessageBox.Show(FolderBrowserDialog1.SelectedPath)
    End Sub
End Class
```

8-5　其它控制項

8-5-1　ProgressBar（進度列）

ProgressBar 控制項可以在一個水平列中顯示適當的矩形數目指示處理序 (process) 的進度，當處理序完成時，水平列會被填滿。

ProgressBar 控制項通常用來讓使用者瞭解完成長時間處理序所需等待的時間，例如讀寫大型檔案，比較重要的屬性如下。

屬性	說明
MarqueeAnimationSpeed	取得或設定跑馬燈移動的速度（以毫秒為單位），此屬性只有在 [Style] 屬性為 [Marquee] 時有效。
Maximum	取得或設定範圍的最大值，預設值為 [100]。
Minimum	取得或設定範圍的最小值，預設值為 [0]。
Step	取得或設定當呼叫 PerformStep() 方法更新進度列時，目前位置的增量，預設值為 [10]。
Style	取得或設定進度列表示進度所用的方式，當進度列是以跑馬燈形式呈現時，不可以使用 ProgressBar 控制項的 PerformStep() 方法。
Value	取得或設定進度列的目前位置。

8-5-2　Timer（計時器）

Timer 控制項是一個定期引發事件的元件，也就是所謂的計時器，間隔長短取決於其 Interval 屬性，以毫秒為單位，1000 毫秒等於 1 秒，一旦啟動這個元件 (Enabled 屬性設定為 True)，每個間隔都會引發 Tick 事件，而我們就是要在 Tick 事件程序內加入所要執行的程式碼。

此外，Timer 控制項還有下列兩個重要的方法：

❖ Start()：啟動計時器。

❖ Stop()：停止計時器。

設計如下表單，進度列的最大值為 100、最小值為 0，每隔 1 秒鐘會自動增量 5，因而多顯示一個藍色矩形，直到藍色矩形填滿整個進度列。

![Form1 視窗，顯示「資料處理中，請稍候...」文字及進度列 20%]

提示 <MyProj8-12>

為了完成此練習，我們必須使用 Timer 控制項，令它每隔 0.2 秒鐘觸發一次 Tick 事件，也就是將 Timer 控制項的 [Enabled] 屬性設定為 True，[Interval] 屬性設定為 200（毫秒），然後針對 Timer 控制項的 Tick 事件撰寫如下的處理程序：

```
Private Sub Timer1_Tick(sender As Object, e As EventArgs) Handles Timer1.Tick
    ProgressBar1.PerformStep()
    Label2.Text = ProgressBar1.Value.ToString() & "%"
End Sub
```

8-5-3 TrackBar (滑動軸)

TrackBar 控制項是用來以視覺方式調整數字設定，由縮圖 (滑動軸) 與刻度標記所組成，縮圖指的是可以調整的部分，其位置對應了 Value 屬性，而刻度標記指的是有著固定間距的視覺指示器。由於 Trackbar 控制項有諸多屬性的意義和表單相同，因此，我們僅針對比較特別的屬性列表說明。

屬性	說明
Orientation	取得或設定 TrackBar 的顯示方向，預設值為 [Horizontal] (水平)。
LargeChange	取得或設定當使用者以 [PageUp]、[PageDown] 鍵在 TrackBar 做大距離移動時，Value 屬性增加或減少的數值，預設值為 [5]。
SmallChange	取得或設定當使用者以左右鍵在 TrackBar 做小距離移動時，Value 屬性增加或減少的數值，預設值為 [1]。
TickFrequency	取得或設定 TrackBar 上描繪的刻度間距，預設值為 [1]。
TickStyle	取得或設定刻度標記在 TrackBar 上的顯示方式。
Maximum	取得或設定 TrackBar 可使用的刻度標記上限，預設值為 [10]。
Minimum	取得或設定 TrackBar 可使用的刻度標記下限，預設值為 [0]。
Value	取得或設定 TrackBar 上滑動軸的目前位置，預設值為 [0]。

隨堂練習

設計一個表單，令其執行結果如下，一旦調整滑動軸，就會顯示滑動軸的位置 (提示：您可以使用 TrackBar 的 Scroll 事件完成此練習)。<MyProj8-13>

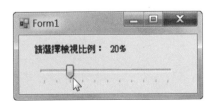

8-6　GDI+ 繪圖

GDI+ 是 GDI (Graphics Device Interface) 的新版，可以讓使用者建立圖形、繪製線條、形狀、文字，並將圖形影像當作物件管理。

GDI+ 的基本繪圖功能是存放在 System.Drawing 命名空間，部分成員和 Win32 GDI 函式相似，而進階繪圖功能則是存放在 System.Drawing.Drawing2D、System.Drawing.Imaging 和 System.Drawing.Text 命名空間。

諸如 Bitmap (點陣圖)、Brush (筆刷)、Brushes、SolidBrush、Font、Graphics (GDI+ 繪圖介面)、Icon (圖示)、Image (影像)、Pen (畫筆)、Pens、Region、SystemBrushes、SystemColors、SystemPens、SystemIcons 等類別及 Color、Point、Rectangle、Size 等結構均隸屬於 System.Drawing 命名空間。

🔘 8-6-1　建立 Graphics 物件

在使用 GDI+ 繪製線條、形狀、文字，並將圖形影像當作物件管理之前，您必須先建立 Graphics 物件，這個物件代表的是 GDI+ 的繪圖介面，就像畫布一樣。建立 Graphics 物件的方式有下列兩種：

❖　從表單或控制項的 Paint 事件程序的 PaintEventArgs 參數取得 Graphics
　　物件的參考，例如在下面的程式碼中，表單 Form1 的 Paint 事件程序的
　　PaintEventArgs 參數叫做 e，而我們就是從這個參數取得 Graphics 物件
　　的參考：

```
Private Sub Form1_Paint(sender As Object, e As PaintEventArgs) Handles MyBase.Paint
    Dim MyGraphics As Graphics
    MyGraphics = e.Graphics
    '接下來可以撰寫進行繪圖的程式碼
End Sub
```

先選取表單，接著在屬性視窗點取 [事件] 按鈕，然後在 [Paint] 事件按兩下，就會自動在程式碼視窗插入此事件程序。

❖ 使用 CreateGraphics() 方法建立 Graphics 物件，如下：

```
Private Sub Form1_Paint(sender As Object, e As PaintEventArgs) Handles MyBase.Paint
    Dim MyGraphics As Graphics
    MyGraphics = Me.CreateGraphics()
    '接下來可以撰寫進行繪圖的程式碼
End Sub
```

8-6-2 建立色彩、畫筆與筆刷

成功建立 Graphics 物件後，我們還要定義用來繪圖的色彩、畫筆與筆刷，才能進一步繪製線條、形狀、文字與圖形。

建立色彩

系統預設的色彩是由 System.Drawing.Color 結構所提供，包括 Black、Red、Green、Blue、Pink、White 等數十種色彩，只要在程式碼視窗輸入 Color. 或 System.Drawing.Color.，就會自動出現清單供您選擇。若要自訂色彩，可以使用 Color.FromArgb() 方法指定色彩中紅、綠、藍三色的濃度，例如：

```
Dim MyColor As Color = Color.FromArgb(0, 255, 0)          '此色彩為綠色
```

備註

➤ Color.FromArgb() 方法的三個參數必須介於 0 ~ 255 之間，其中 0 表示缺少該色彩，255 表示最多該色彩，故 Color.FromArgb(0, 0, 0) 為黑色，而 Color.FromArgb(255, 255, 255) 為白色。

➤ Color.FromArgb() 方法也可以指定透明度，例如 Dim MyColor As Color = Color.FromArgb(127, 255, 0, 0) 會建立紅色且約 50% 透明的色彩，其中第一個參數為透明度，值必須介於 0 ~ 255 之間。

建立畫筆

畫筆是隸屬於 System.Drawing.Pen 類別的物件，可以用來繪製線條和勾畫形狀，其宣告方式如下，建構函式的參數有兩個，分別為畫筆的色彩及寬度 (以像素為單位，若省略不寫，表示為 1 像素)：

```
Dim MyPen As New Pen(Color.Black, 5)
```

建立筆刷

筆刷是隸屬於 System.Drawing.Brush 類別的物件，可以用來填滿形狀或繪製文字，其類型如下：

筆刷	說明
SolidBrush	這是最簡單的筆刷形式，用來繪製純色，例如 Dim MyBrush As New SolidBrush(Color.Red) 是將筆刷設定為紅色。
HatchBrush	與 SolidBrush 相似，但可以選擇預設圖樣進行繪製，例如 Dim MyBrush As New HatchBrush(HatchStyle.Plaid, Color.Red, Color.Blue) 是將筆刷設定為格子圖樣，前景色彩為紅色，背景色彩為藍色。HatchBrush 隸屬於 System.Drawing.Drawing2D 命名空間，使用前須以 Imports 陳述式匯入此命名空間。
TextureBrush	使用紋理 (圖片) 進行繪製，例如 Dim MyBrush As New TextureBrush(New Bitmap("D:\img1.bmp"))。
LinearGradientBrush	使用雙色漸層進行繪製，例如 Dim MyBrush As New LinearGradientBrush(ClientRectangle, Color.Red, Color.Yellow, LinearGradientMode.Vertical) 是將筆刷設定為以垂直方向從紅色逐漸混成黃色的漸層。LinearGradientBrush 隸屬於 System.Drawing.Drawing2D 命名空間，使用前須以 Imports 陳述式匯入此命名空間。
PathGradientBrush	使用複雜的混色漸層進行繪製。

📇 8-6-3 繪製線條與形狀

我們可以使用 System.Drawing.Graphics 類別所提供的方法繪製線條與形狀，不過，在列出常用的方法之前，我們先來介紹 Point 結構和 Rectangle 結構，這兩個結構均隸屬於 System.Drawing 命名空間，可以用來存放多個點的座標及矩形的座標，其宣告方式如下：

```
Dim MyPoint() As Point = {New Point(x1, y1), New Point(x2, y2), New Point(x3, y3)...}
Dim MyRec As New Rectangle(x, y, w, h)      'x, y 為左上角座標；w 為寬度, h 為高度
```

方法	說明
DrawBezier (pen, pt1, pt2, pt3, pt4)	以 pen 畫筆繪製由 pt1、pt2、pt3、pt4 四個點所構成的貝茲曲線。
DrawCurve (pen, points)	以 pen 畫筆繪製由 points 陣列指定的點所構成的曲線。
DrawClosedCurve (pen, points)	以 pen 畫筆繪製由 points 陣列指定的點所構成的封閉曲線。
DrawEllipse (pen, x, y, width, height)	以 pen 畫筆從座標 x、y 處繪製寬度為 width、高度為 height 的橢圓形，若寬度和高度相同，表示為圓形。
DrawLine (pen, x1, y1, x2, y2)	以 pen 畫筆繪製從座標 x1、y1 到座標 x2、y2 的直線。
DrawPolygon (pen, points)	以 pen 畫筆繪製由 points 陣列指定的點所構成的多邊形。
DrawRectangle (pen, x, y, width, height)	以 pen 畫筆從座標 x、y 處繪製寬度為 width、高度為 height 的矩形，若寬度和高度相同，表示為正方形。
DrawArc (pen, x, y, width, height, startAngle, sweepAngle)	以 pen 畫筆從座標 x、y 處繪製寬度為 width、高度為 height 的圓弧，而且要開始繪製的角度為 startAngle（相對於 X 軸）、要經過的角度為 sweepAngle（順時針方向），負數表示為逆時針方向。

方法	說明
DrawPie(*pen*, *x*, *y*, *width*, *height*, *startAngle*, *sweepAngle*)	以 *pen* 畫筆從座標 *x*、*y* 處繪製寬度為 *width*、高度為 *height* 的派形,而且要開始繪製的角度為 *startAngle*(相對於 X 軸)、要經過的角度為 *sweepAngle*(順時針方向),這個方法的參數和 DrawArc() 方法相同。
FillClosedCurve (*brush*, *points*)	以 *brush* 筆刷填滿由 *points* 陣列指定的點所構成的封閉曲線。
FillEllipse (*brush*, *x*, *y*, *width*, *height*)	以 *brush* 筆刷從座標 *x*、*y* 處填滿寬度為 *width*、高度為 *height* 的橢圓形。
FillPie (*brush*, *x*, *y*, *width*, *height*, *startAngle*, *sweepAngle*)	以 *brush* 筆刷從座標 *x*、*y* 處填滿寬度為 *width*、高度為 *height* 的派形,而且要開始繪製的角度為 *startAngle*(相對於 X 軸)、要經過的角度為 *sweepAngle*(順時針方向)。
FillPolygon(*brush*, *points*)	以 *brush* 筆刷填滿由 *points* 陣列指定的點所構成的多邊形。
FillRectangle (*brush*, *x*, *y*, *width*, *height*)	以 *brush* 筆刷從座標 *x*、*y* 處填滿寬度為 *width*、高度為 *height* 的矩形,若寬度和高度相同,表示為正方形。
ResetTransform()	還原以 RotateTransform()、ScaleTransform()、TranslateTransform() 等方法所做過的變形設定。
RotateTransform(*angle*)	將繪圖的角度旋轉 *angle* 度。
ScaleTransform(*sw*, *sh*)	將繪圖的寬度縮放比例設定為 *sw* 高度縮放比例設定為 *sh*。
TranslateTransform (*dx*, *dy*)	將繪圖的座標向右位移 *dx* 點及向下位移 *dy* 點,若為負數,表示為反方向。
Clear(*color*)	清除整個繪圖介面並使用指定的背景色彩 *color* 加以填滿。
Dispose()	釋放這個 Graphics 物件佔用的資源。
Save()	儲存這個 Graphics 物件的目前狀態。

備註

我們可以將繪製線條與形狀的步驟做個總結:首先,建立 Graphices 物件;接著,定義用來繪圖的色彩、畫筆與筆刷;最後,呼叫 Graphics 物件提供的方法進行繪圖,例如 DrawLine() 可以繪製線條、FillPolygon() 可以填滿多邊形。

隨堂練習

(1) 依照指示在表單上繪製如下的線條或形狀，裡面定義了三種畫筆，色彩
分別為 Red、Blue、Green，寬度分別為 1、3、5 個像素。

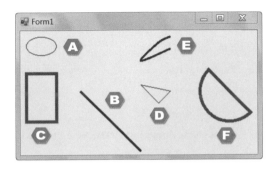

Ⓐ 畫筆 1、座標為 (10,10)、寬度為 50、高度為 30 的橢圓

Ⓑ 畫筆 2、連接座標為 (100, 100)、(200,200) 的直線

Ⓒ 畫筆 3、左上角座標為 (10,70)、寬度為 50、高度為 80 的矩形

Ⓓ 畫筆 1、連接座標為 (250,100)、(230,120)、(200,90) 的多邊形

Ⓔ 畫筆 2、座標為 (250,10)、(230, 20)、(200, 50)、(250,30) 的曲線

Ⓕ 畫筆 3、座標為 (300,50)、寬度高度為 50、開始角度為 45、經過角度為 180 的派形

(2) 依照指示將前一個隨堂練習的封閉圖形填滿色彩。

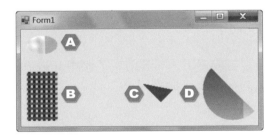

Ⓐ 以紋理筆刷進行繪製，圖檔為 bg2.bmp

Ⓑ 筆刷為格子圖樣，前景色彩為黃色，背景色彩為藍色

Ⓒ 筆刷為紅色

Ⓓ 筆刷為垂直方向從紅色逐漸混成黃色的漸層

(1)

\<MyProj8-14\>

```vb
Public Class Form1
    Private Sub Form1_Paint(sender As Object, e As PaintEventArgs) Handles MyBase.Paint
        Dim MyGraphics As Graphics = e.Graphics          '第一個步驟要建立 Graphics 物件
        Dim MyPen1 As New Pen(Color.Red, 1)              '第二個步驟要定義畫筆
        Dim MyPen2 As New Pen(Color.Blue, 3)
        Dim MyPen3 As New Pen(Color.Green, 5)
        Dim MyPoint1() As Point = {New Point(250, 100), New Point(230, 120), _
            New Point(200, 90)}
        Dim MyPoint2() As Point = {New Point(250, 10), New Point(230, 20), _
            New Point(200, 50), New Point(250, 30)}
        MyGraphics.DrawEllipse(MyPen1, 10, 10, 50, 30)          '繪製橢圓
        MyGraphics.DrawLine(MyPen2, 100, 100, 200, 200)         '繪製直線
        MyGraphics.DrawRectangle(MyPen3, 10, 70, 50, 80)        '繪製矩形
        MyGraphics.DrawPolygon(MyPen1, MyPoint1)                '繪製多邊形
        MyGraphics.DrawCurve(MyPen2, MyPoint2)                  '繪製曲線
        MyGraphics.DrawPie(MyPen3, 300, 50, 100, 100, 45, 180)  '繪製派形
    End Sub
End Class
```

(2) 這四個筆刷可以宣告成如下，同時別忘了使用 Imports 陳述式匯入 System.
Drawing.Drawing2D 命名空間。

\<MyProj8-14a\>

```vb
Dim MyBrush1 As New SolidBrush(Color.Red)
Dim MyBrush2 As New HatchBrush(HatchStyle.Plaid, Color.Yellow, Color.Blue)
Dim MyBrush3 As New TextureBrush(New Bitmap("D:\bg2.bmp"))              此路徑請
Dim MyBrush4 As New LinearGradientBrush(ClientRectangle, Color.Red, _   依照實際
    Color.Yellow, LinearGradientMode.Vertical)                         情況指定
```

隨堂練習

依照指示在表單上繪製如下圖形，前者是繪製 10 個圓形，每個圓形之間位移 10 像素，後者是繪製 36 個矩形，每個矩形之間旋轉 10 度。

提示

\<MyProj8-15\>

```
Private Sub Form1_Paint(sender As Object, e As PaintEventArgs) Handles Me.Paint
    Dim MyGraphics As Graphics = e.Graphics
    Dim MyPen As New Pen(Color.Black, 1), I As Integer
    For I = 1 To 10
        MyGraphics.DrawEllipse(MyPen, 10, 10, 80, 80)
        MyGraphics.TranslateTransform(10, 0)
    Next
    MyGraphics.ResetTransform()
    MyGraphics.TranslateTransform(300, 100)
    For I = 1 To 36
        MyGraphics.DrawRectangle(MyPen, 10, 10, 50, 50)
        MyGraphics.RotateTransform(10)
    Next
End Sub
```

8-6-4 繪製文字

您可以依照如下步驟繪製文字：

1. 建立 Graphices 物件。

2. 建立用來繪製文字的筆刷。

3. 建立用來繪製文字的字型，例如下面的敘述是建立一個隸屬於 System. Drawing.Font 類別的物件，其字型為標楷體、大小為 20 點、樣式為斜體。除了斜體，您也可以設定粗體、一般、刪除線、底線等樣式。

```
Dim MyFont As New Font(" 標楷體 ", 20, FontStyle.Italic)
```

4. 呼叫 Graphics 物件提供的 DrawString() 方法繪製文字，例如下面的敘述是以 MyFont 字型和 MyBrush 筆刷從座標 (10,10) 繪製文字。

```
MyGraphics.DrawString("Visual Basic 程式設計 ", MyFont, MyBrush, 10, 10)
```

將前面的步驟整合在一起，就可以得到如下結果 <MyProj8-16>：

```
Imports System.Drawing.Drawing2D
Public Class Form1
    Private Sub Form1_Paint(sender As Object, e As PaintEventArgs) Handles Me.Paint
        Dim MyGraphics As Graphics = e.Graphics
        Dim MyBrush As New LinearGradientBrush(ClientRectangle, Color.Red, _
            Color.Yellow, LinearGradientMode.Horizontal)
        Dim MyFont As New Font(" 標楷體 ", 20, FontStyle.Italic)
        MyGraphics.DrawString("Visual Basic 程式設計 ", MyFont, MyBrush, 10, 10)
    End Sub
End Class
```

8-6-5 顯示影像

您可以依照如下步驟顯示影像：

1. 建立 Graphices 物件。

2. 建立用來表示欲顯示之影像的物件，例如下面的敘述是建立一個隸屬於 System.Drawing.Bitmap 類別的物件，且參數為影像的路徑及檔名：

```
Dim MyBitmap As New Bitmap("D:\img3.jpg")
```

3. 呼叫 Graphics 物件提供的 DrawImage() 方法繪製圖形，例如下面的敘述是從座標 (10, 10) 顯示 MyBitmap 物件指定的影像：

```
MyGraphics.DrawImage(MyBitmap, 10, 10)
```

將前面的步驟整合在一起，就可以得到如下結果：

```
Public Class Form1
    Private Sub Form1_Paint(sender As Object, e As PaintEventArgs) Handles Me.Paint
        Dim MyGraphics As Graphics = e.Graphics          ─── 此路徑請依照實際情況指定
        Dim MyBitmap As New Bitmap("D:\ img3.jpg")
        MyGraphics.DrawImage(MyBitmap, 10, 10)
    End Sub
End Class
```

註：若要將 Bitmap 物件存檔，可以呼叫 Bitmap.Save(filename) 方法，參數 filename 為存檔路徑及名稱。

8-7 列印支援

為了讓您瞭解 Windows Forms 的列印支援，我們直接來看個例子，在這個例子中，使用者可以在文字方塊內輸入文字，然後點取 [預覽列印] 按鈕進行預覽，或點取 [列印] 按鈕進行列印。

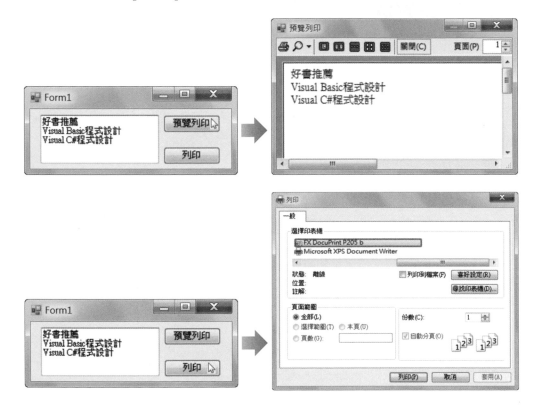

現在，請您跟著我們一起做 <MyProj8-17>：

1. 在表單上放置一個空白文字方塊 TextBox1 與兩個按鈕，Button1 的文字為「預覽列印」、Button2 的文字為「列印」。

2. 從工具箱的 [列印] 分類中找到 PrintDocument、PrintPreviewDialog、PrintDialog 等三個控制項，然後各自按兩下，這三個控制項的圖示就會出現在表單下方的匣中，其中 PrintDocument1 用來表示欲進行列印的文件，PrintPreviewDialog1 用來顯示預覽列印對話方塊，PrintDialog1 用來顯示列印對話方塊。

3. 將 PrintPreviewDialog1 和 PrintDialog1 兩個控制項的 [Document] 屬性設定為 PrintDocument1，表示欲進行預覽及列印的文件為 PrintDocument1。

4. 在程式碼視窗撰寫 PrintDocument1 的 PrintPage 事件程序，裡面包括建立 Graphics 物件、筆刷物件 MyBrush、字型物件 MyFont，然後呼叫 DrawString() 方法以 MyFont 字型及 MyBrush 筆刷從座標 (10,10) 繪製使用者在文字方塊內所輸入的文字。

```
Private Sub PrintDocument1_PrintPage(sender As Object, _
    e As Printing.PrintPageEventArgs) Handles PrintDocument1.PrintPage
    Dim MyGraphics As Graphics = e.Graphics
    Dim MyBrush As New SolidBrush(Color.Black)
    Dim MyFont As New Font(" 新細明體 ", 12)
    MyGraphics.DrawString(TextBox1.Text, MyFont, MyBrush, 10, 10)
End Sub
```

5. 在程式碼視窗撰寫 [預覽列印] 按鈕 (Button1) 的 Click 事件程序，令使用者一點取此鈕，就顯示 [預覽列印] 對話方塊。

```
Private Sub Button1_Click(sender As Object, e As EventArgs) Handles Button1.Click
    PrintPreviewDialog1.ShowDialog()
End Sub
```

6. 在程式碼視窗撰寫 [列印] 按鈕 (Button2) 的 Click 事件程序，令使用者一點取此鈕，就顯示 [列印] 對話方塊，同時取得 [列印] 對話方塊傳回的結果，若是按下 [列印] (傳回值為 DialogResult.OK)，就呼叫 PrintDocument1 物件提供的 Print() 方法在印表機列印出文件。

```
Private Sub Button2_Click(sender As Object, e As EventArgs) Handles Button2.Click
    Dim Result As DialogResult = PrintDialog1.ShowDialog()
    If (Result = Windows.Forms.DialogResult.OK) Then
        PrintDocument1.Print()
    End If
End Sub
```

 注意

若要在完成列印後顯示對話方塊告知使用者，那麼可以撰寫 PrintDocument1 的 EndPrint 事件程序，下面是一個例子，其中 PrintDocument1.DocumentName 指的是 PrintDocument1 的 DocumentName 屬性，您可以在屬性視窗中做設定：

```
Private Sub PrintDocument1_EndPrint(sender As Object, _
    e As Printing.PrintEventArgs) Handles PrintDocument1.EndPrint
    MsgBox(PrintDocument1.DocumentName & " 已經完成列印 ")
End Sub
```

一、選擇題

(　　) 1. 我們可以使用下列哪個屬性將 MenuStrip 內某個項目設定為停用？

    A. Shortcut　　　　　　　　B. Enabled

    C. Checked　　　　　　　　D. Visible

(　　) 2. 我們可以使用下列哪個控制項設定滑鼠右鍵快顯功能表？

    A. ContextMenuStrip　　　　　B. MenuStrip

    C. Menu　　　　　　　　　　D. ComboBox

(　　) 3. 我們可以使用下列哪個屬性設定字型對話方塊中使用者可以選取的最大點數？

    A. Color　　　　　　　　　B. Font

    C. MaxSize　　　　　　　　D. MinSize

(　　) 4. 我們可以使用下列哪個屬性取得 TrackBar 上滑動軸的目前位置？

    A. TickFrequency　　　　　　B. Value

    C. Minimum　　　　　　　　D. LargeChange

(　　) 5. 我們可以使用下列哪個控制項讓使用者從日期時間清單選取日期？

    A. Panel　　　　B. GroupBox　　　　C. TrackBar　　　　D. DateTimePicker

(　　) 6. 我們可以使用下列哪個控制項在一個水平列顯示適當的矩形數目來指示處理序的進度？

    A. Timer　　　　B. ProgressBar　　　C. TrackBar　　　　D. StatusBar

(　　) 7. 我們可以使用下列哪個屬性設定當使用者在開啟舊檔對話方塊中遺漏副檔名時，是否自動加入檔案的副檔名？

    A. AddExtension　B. DefaultExt　　　C. FileName　　　D. Title

(　　) 8. 若要使用雙色漸層進行繪圖，可以選擇下列哪種筆刷？

    A. HatchBrush　　　　　　　B. TextureBrush

    C. LinearGradientBrush　　　　D. PathGradientBrush

( ) 9. 我們可以使用下列哪個方法繪製曲線？

    A. DrawArc()   B. DrawBezier()

    C. DrawEllipse()   D. DrawCurve()

( )10. 我們可以使用下列哪個方法將繪圖的角度加以旋轉？

    A. RotateTransform()   B. ResetTransform()

    C. ScaleTransform()   D. TranslateTransform()

二、練習題

1. 撰寫一個程式，令表單中的女孩由左向右跑，若超出表單的範圍，就由左重新跑起。

提示 <MyProj8-18>

❖ 在表單設計模式下插入如下的三個 PictureBox 控制項：

Ⓐ PictureBox3   Ⓑ PictureBox1   Ⓒ PictureBox2
                  (run1.bmp)   (run2.bmp)

❖ 在表單上插入一個 Timer 控制項，將其 Enabled 屬性設定為 True，Interval 屬性設定為 200（若要跑快一點，可以設定小一點的值）。

❖ 撰寫下列程式碼：

```
Public Class Form1
    Dim Which_Picture As Integer = 1                ' 這個變數用來記錄要顯示哪張圖片

    Private Sub Form1_Load(sender As Object, e As EventArgs) Handles MyBase.Load
        PictureBox1.Visible = False                 ' 不顯示 PictureBox1
        PictureBox2.Visible = False                 ' 不顯示 PictureBox2
        PictureBox3.Location = New Point(10, 10)     ' 設定 PictureBox3 的起始位置
    End Sub

    Private Sub Timer1_Tick(sender As Object, e As EventArgs) Handles Timer1.Tick
        If Which_Picture = 1 Then                   ' 若要顯示第一張圖片
            PictureBox3.Image = PictureBox1.Image
            Which_Picture = 2
        Else                                        ' 若要顯示第二張圖片
            PictureBox3.Image = PictureBox2.Image
            Which_Picture = 1
        End If
        ' 若 PictureBox3 的 X 座標小於表單寬度
        If PictureBox3.Location.X < Me.Width Then
            ' 設定新位置
            PictureBox3.Location = New Point(PictureBox3.Location.X + 20, 10)
        Else
            ' 設定由左重新跑起
            PictureBox3.Location = New Point(10, 10)
        End If
    End Sub
End Class
```

2. 根據方程式 $Y = 1/200X^2$ 繪製如下的拋物線，其中 X 為整數且大於等於 -200，小於等於 200。

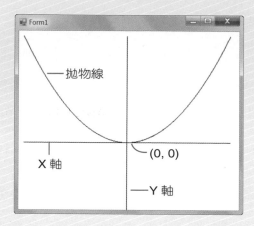

提示

<\MyProj8-19>

```
Private Sub Form1_Paint(sender As Object, e As PaintEventArgs) Handles Me.Paint
    Dim MyGraphics As Graphics
    Dim MyPen As New Pen(Color.Black, 1), I As Integer
    Dim X1, Y1, X2, Y2 As Single
    MyGraphics = e.Graphics
    MyGraphics.DrawLine(MyPen, 10, 210, 410, 210)        ' 繪製 X 軸，X 座標平移 210 像素
    MyGraphics.DrawLine(MyPen, 210, 10, 210, 410)        ' 繪製 Y 軸，Y 座標平移 210 像素
    X1 = -200
    Y1 = 1 / 200 * (X1 ^ 2)
    For I = -199 To 200
        X2 = I
        Y2 = 1 / 200 * (X2 ^ 2)
        MyGraphics.DrawLine(MyPen, X1 + 210, -Y1 + 210, X2 + 210, -Y2 + 210)
        X1 = X2                                繪製拋物線時 X、Y 座標
        Y1 = Y2                                各自平移 210 像素
    Next
End Sub
```

Chapter **9**

檔案存取

9-1 存取檔案、資料夾與磁碟的相關資訊

在本節中,我們將告訴您如何使用 My.Computer.FileSystem 物件所提供的方法存取檔案、資料夾與磁碟的相關資訊。

9-1-1 存取檔案的相關資訊

我們可以使用 My.Computer.FileSystem 物件的 GetFileInfo(*file*) 方法存取檔案的相關資訊,字串參數 *file* 是檔案名稱,傳回值是一個 FileInfo 物件 (隸屬於 System.IO 命名空間),裡面包含檔案的屬性、建立時間、父資料夾、是否存在、副檔名、完整路徑、上次存取時間、上次寫入時間、大小等資訊,FileInfo 物件比較重要的屬性如下。

屬性	說明
Attributes	取得或設定檔案的屬性,傳回值為 FileAttributes 列舉型別,比較重要的成員如下: • Archive:檔案的封存狀態。 • Compressed:檔案已經壓縮。 • Directory:檔案為資料夾。 • Encrypted:檔案的資料已經加密。 • Hidden:檔案是隱藏的,不會顯示在一般資料夾清單。 • Normal:檔案沒有其它屬性設定。 • Offline:檔案為離線狀態,無法立即使用檔案的資料。 • ReadOnly:檔案是唯讀的。 • System:檔案是系統檔案。 • Temporary:檔案是暫存的。
CreationTime	取得或設定檔案的建立時間,傳回值為 Date 型別。
Directory	取得檔案的父資料夾,傳回值為 DirectoryInfo 物件。
DirectoryName	取得檔案的父資料夾名稱,傳回值為字串。
Exists	取得布林值,用來判斷檔案是否存在,True 表示是,False 表示否。

屬性	說明
Extension	取得檔案的副檔名，傳回值為字串。
FullName	取得檔案的完整路徑，傳回值為字串。
IsReadOnly	取得或設定檔案是否為唯讀，**True** 表示是，**False** 表示否。
LastAccessTime	取得或設定檔案的上次存取時間，傳回值為 **Date** 型別。
LastWriteTime	取得或設定檔案的上次寫入時間，傳回值為 **Date** 型別。
Length	取得檔案的大小 (以位元組為單位)，傳回值為 **Long** 型別。
Name	取得檔案的名稱，傳回值為字串。

下面是一個例子，它會顯示 C:\Windows\write.exe 檔案的建立時間、副檔名及大小。

\MyProj9-1\Module1.vb

```
Module Module1
    Sub Main()
        Dim getInfo As System.IO.FileInfo
        getInfo = My.Computer.FileSystem.GetFileInfo("C:\Windows\write.exe")
        MsgBox(" 這個檔案的建立時間為 " & getInfo.CreationTime & Chr(10) & _
               " 這個檔案的副檔名為 " & getInfo.Extension & Chr(10) & _
               " 這個檔案的大小為 " & getInfo.Length & " 位元組 ")
    End Sub
End Module
```

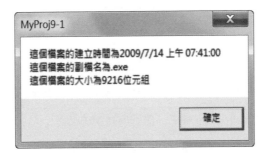

> **注意**

➤ 若要透過 My 物件存取電腦資源，那麼專案類型必須為 Windows 應用程式或主控台應用程式，不能是空專案。

➤ 在存取檔案與資料夾時，下列幾種情況會導致錯誤：

- 檔案為 Nothing 或不存在 (ArgumentNullException)。
- 使用者的存取權限不夠 (SecurityException)。
- 路徑名稱錯誤，例如長度為零、包含無效字元、只包含空白字元或裝置路徑 (開頭為 \\.\) (ArgumentException)。
- 路徑名稱中間包含冒號或無效格式 (NotSupportedException)。
- 路徑超過系統定義的最大長度 (PathTooLongException)。

9-1-2 存取資料夾的相關資訊

我們可以使用 My.Computer.FileSystem 物件的 GetDirectoryInfo(dir) 方法存取資料夾的相關資訊，字串參數 dir 是資料夾名稱，傳回值是一個 DirectoryInfo 物件 (隸屬於 System.IO 命名空間)，裡面包含資料夾的建立時間、父資料夾、根資料夾、是否存在、屬性、上次存取時間、上次寫入時間等資訊，DirectoryInfo 物件比較重要的屬性如下。

屬性	說明
Attributes	取得或設定資料夾的屬性，傳回值為 FileAttributes 列舉型別，前一節有介紹過比較重要的成員。
CreationTime	取得或設定資料夾的建立時間，傳回值為 Date 型別。
Exists	取得布林值，用來判斷資料夾是否存在，True 表示是，False 表示否。
Extension	取得資料夾的副檔名，傳回值為字串。
FullName	取得資料夾的完整路徑，傳回值為字串。

屬性	說明
LastAccessTime	取得或設定資料夾的上次存取時間，傳回值為 Date 型別。
LastWriteTime	取得或設定資料夾的上次寫入時間，傳回值為 Date 型別。
Name	取得資料夾的名稱，傳回值為字串。
Parent	取得資料夾的父資料夾，傳回值為 DirectoryInfo 物件。
Root	取得資料夾的根資料夾，傳回值為 DirectoryInfo 物件。

下面是一個例子，它會檢查 C:\Windows 資料夾是否唯讀。

\MyProj9-2\Module1.vb

```
Module Module1
   Sub Main()
      Dim getInfo As System.IO.DirectoryInfo
      getInfo = My.Computer.FileSystem.GctDirectoryInfo("C:\Windows")
      If (getInfo.Attributes And System.IO.FileAttributes.ReadOnly) > 0 Then
         MsgBox("C:\Windows 是唯讀的 ")
      Else
         MsgBox("C:\Windows 不是唯讀的 ")
      End If
   End Sub
End Module
```

🌐 9-1-3 存取磁碟的相關資訊

我們可以使用 My.Computer.FileSystem 物件的 GetDriveInfo(*drive*) 方法存取磁碟的相關資訊，字串參數 *drive* 是磁碟名稱，傳回值是一個 DriveInfo 物件 (隸屬於 System.IO 命名空間)，裡面包含磁碟的可用空間、檔案系統、類型、全部空間大小、可用空間總量、根資料夾、標籤等資訊，DriveInfo 物件比較重要的屬性如下。

屬性	說明
AvailableFreeSpace	取得磁碟的可用空間 (以位元組為單位)。
DriveFormat	取得磁碟的檔案系統，例如 NTFS、FAT32，傳回值為字串。
DriveType	取得磁碟的類型，傳回值為 DriveType 列舉型別，比較重要的成員如下： • Unknown (0)：無法判斷磁碟的類型。 • CDRom (1)：磁碟為 CD-ROM。 • DVDRom (2)：磁碟為 DVD-ROM。 • Fixed (3)：磁碟為硬碟 (包括抽取式硬碟)。 • RamDisk (4)：磁碟為本機電腦的一個隨機存取記憶體 (RAM) 區塊，其運作方式如同磁碟。 • Remote (5)：網路磁碟 (包括網路上共用的磁碟)。 • Removable (6)：磁碟為抽取式媒體。
RootDirectory	取得磁碟的根資料夾，傳回值為 DirectoryInfo 物件。
TotalFreeSpace	取得磁碟的可用空間總量 (以位元組為單位)。
TotalSize	取得磁碟的全部空間大小 (以位元組為單位)。
VolumeLabel	取得或設定磁碟的標籤，傳回值為字串。
註：若要取得 Windows 系統資料夾的路徑，可以透過 System.Environment.SystemDirectory 屬性，例如在 Windows 7 作業系統下，System.Environment.SystemDirectory 屬性將傳回 "C:\WINDOWS\System32"。	

下面是一個例子，它會取得 C: 磁碟的相關資訊，包括標籤、類型、全部空間及檔案系統，其中類型的傳回值為 3，表示為 DriveType 列舉型別的 Fixed 成員，也就是硬碟 (包括抽取式硬碟)。

\MyProj9-3\Module1.vb

```
Module Module1
    Sub Main()
        Dim getInfo As System.IO.DriveInfo
        getInfo = My.Computer.FileSystem.GetDriveInfo("C:\")
        MsgBox("C: 磁碟的標籤為 " & getInfo.VolumeLabel & Chr(10) & _
                "C: 磁碟的類型為 " & getInfo.DriveType & Chr(10) & _
                "C: 磁碟的全部空間為 " & getInfo.TotalSize & Chr(10) & _
                "C: 磁碟的檔案系統為 " & getInfo.DriveFormat)
    End Sub
End Module
```

9-2 建立、刪除、搬移、複製、重新命名檔案與資料夾

在本節中,我們將說明如何取得資料夾內的子資料夾集合及檔案集合、建立、刪除、搬移、複製、重新命名檔案與資料夾。

9-2-1 取得資料夾內的子資料夾集合

我們可以使用 My.Computer.FileSystem 物件的 GetDirectories(*dir*) 方法取得資料夾內的子資料夾集合,字串參數 *dir* 是資料夾名稱,傳回值是一個唯讀的字串集合。舉例來說,假設要取得 C:\Img 資料夾內的子資料夾集合,並將各個子資料夾的名稱顯示在輸出視窗,可以寫成如下:

```
For Each DirName As String In My.Computer.FileSystem.GetDirectories("C:\Img")
    Console.WriteLine(DirName)
Next
```

若要在輸出視窗顯示 C:\Img 資料夾內的子資料夾個數,可以透過子資料夾集合的 Count 屬性,例如:

```
Console.WriteLine(My.Computer.FileSystem.GetDirectories("C:\Img").Count)
```

GetDirectories() 方法還有下列語法,其中參數 *dir* 是資料夾名稱,參數 *searchType* 用來指定是否搜尋子資料夾 (預設值 SearchTopLevelOnly 表示否,SearchAllSubDirectories 表示是),參數 *wildcards* 用來指定資料夾名稱所包含的字元 (可以使用萬用字元 *):

```
GetDirectories(dir As String, searchType As SearchOption, wildcards As String())
```

例如下面的敘述是取得 C:\Img 資料夾及其子資料內名稱以 t 結尾的子資料夾集合:

```
My.Computer.FileSystem.GetDirectories("C:\Img", FileIO.SearchOption.SearchAllSubDirectories, "*t")
```

📀 9-2-2 取得資料夾內的檔案集合

我們可以使用 My.Computer.FileSystem 物件的 GetFiles(*dir*) 方法取得資料夾內的檔案集合，字串參數 *dir* 是資料夾名稱，傳回值是一個唯讀的字串集合。舉例來說，假設要取得 C:\Img 資料夾內的檔案集合，並將各個檔案的名稱顯示在輸出視窗，可以寫成如下：

```
For Each file As String In My.Computer.FileSystem.GetFiles("C:\Img")
    Console.WriteLine(file)
Next
```

若要在輸出視窗顯示 C:\Img 資料夾內的檔案個數，可以透過檔案集合的 Count 屬性，例如：

```
Console.WriteLine(My.Computer.FileSystem.GetFiles("C:\Img").Count)
```

GetFiles() 方法還有下列語法，其中參數 *dir* 是資料夾名稱，參數 *searchType* 用來指定是否搜尋子資料夾 (預設值 SearchTopLevelOnly 表示否，SearchAllSubDirectories 表示是)，參數 *wildcards* 用來指定檔案名稱所包含的字元 (可以使用萬用字元 *)：

```
GetFiles(dir As String, searchType As SearchOption, wildcards As String())
```

例如下面的敘述是取得 C:\Img 資料夾內副檔名為 .gif 的檔案集合：

```
My.Computer.FileSystem.GetFiles("C:\Img", _
    FileIO.SearchOption.SearchTopLevelOnly, "*.gif")
```

請注意，在呼叫 GetDirectories()、GetFiles() 方法時，若第一個參數指定的資料夾不存在，則會產生 DirectoryNotFoundException；若第一個參數指定的資料夾為既有的檔案，則會產生 IOException。

9-2-3 建立檔案

我們可以使用 System.IO.File 類別的 Create(*file*) 方法建立檔案，字串參數 *file* 是檔案名稱，若該檔案存在且不是唯讀，則會將它覆寫，若該路徑是唯讀，則會產生 IOException，傳回值是一個 FileStream 物件 (隸屬於 System. IO 命名空間)，例如下面的敘述是在 D:\ 建立空白的 test.txt 檔案：

```
Dim file As System.IO.FileStream = System.IO.File.Create("D:\test.txt")
```

Create() 方法還有下列語法，其中參數 *file* 是檔案路徑及名稱，參數 *bufferSize* 用來指定緩衝區大小，參數 *options* 用來指定如何建立及覆寫檔案的選項，參數 *fs* 用來指定檔案的存取控制和稽核安全性：

```
Create(file As String, bufferSize As Integer)
Create(file As String, bufferSize As Integer, options As FileOptions)
Create(file As String, bufferSize As Integer, options As FileOptions, fs As FileSecurity)
```

9-2-4 刪除檔案

我們可以使用 My.Computer.FileSystem 物件的 DeleteFile() 方法刪除檔案，其語法如下，參數 *file* 是欲刪除的檔案，參數 *showUI* 是顯示進度及錯誤對話方塊 (FileIO.UIOption.AllDialogs) 或只顯示錯誤對話方塊 (FileIO.UIOption. OnlyErrorDialogs)，參數 *recycle* 是永久刪除檔案 (FileIO.RecycleOption. DeletePermanently) 或將檔案傳送到資源回收筒 (FileIO.RecycleOption. SendToRecycleBin)，參數 *onUserCancel* 是當使用者取消刪除檔案時不做任何動作 (FileIO.UICancelOption.DoNothing) 或產生例外 (FileIO.UICancelOption. ThrowException)：

```
DeleteFile(file As String)
DeleteFile(file As String, showUI As UIOption, recycle As RecycleOption)
DeleteFile(file As String, showUI As UIOption, recycle As RecycleOption, onUserCancel As UICancelOption)
```

例如下面的敍述是刪除 D:\test.txt 檔案 (若檔案不存在，則會產生 FileNotFoundException；若檔案正在使用中，則會產生 IOException)：

```
My.Computer.FileSystem.DeleteFile("D:\test.txt")
```

例如下面的敍述是刪除 D:\test.txt 檔案並詢問使用者是否確定要刪除：

```
My.Computer.FileSystem.DeleteFile("D:\test.txt", FileIO.UIOption.AllDialogs, _
    FileIO.RecycleOption.DeletePermanently, FileIO.UICancelOption.DoNothing)
```

例如下面的敍述是刪除「我的文件」資料夾內的所有檔案：

```
For Each foundFile As String In My.Computer.FileSystem.GetFiles( _
    My.Computer.FileSystem.SpecialDirectories.MyDocuments, _
        FileIO.SearchOption.SearchAllSubDirectories, "*.*")
    My.Computer.FileSystem.DeleteFile(foundFile, FileIO.UIOption.AllDialogs, _
        FileIO.RecycleOption.DeletePermanently)
Next
```

My.Computer.FileSystem.SpecialDirectories.MyDocuments 屬性指的就是「我的文件」資料夾。事實上，我們還可以透過 My.Computer. FileSystem. SpecialDirectories 屬性存取本機電腦上的常用路徑，如下：

屬性	說明
CurrentUserApplicationData	指向目前使用者的「Application Data」資料夾的路徑。
桌面	指向「桌面」資料夾的路徑。
MyDocuments	指向「我的文件」資料夾的路徑。
MyMusic	指向「我的音樂」資料夾的路徑。
MyPictures	指向「我的圖片」資料夾的路徑。
程式	指向「程式集」資料夾的路徑。
Temp	指向「Temp」資料夾的路徑。

9-2-5 搬移檔案

我們可以使用 My.Computer.FileSystem 物件的 MoveFile() 方法搬移檔案,其語法如下,參數 *source* 是來源檔案,參數 *dest* 是目的檔案 (若目的資料夾不存在,則會加以建立),參數 *overwrite* 是當目的檔案存在時是否加以覆寫 (預設值為 False),參數 *showUI* 是顯示進度及錯誤對話方塊 (FileIO.UIOption. AllDialogs) 或只顯示錯誤對話方塊 (FileIO.UIOption. OnlyErrorDialogs),參數 *onUserCancel* 是當使用者取消搬移檔案時不做任何動作 (FileIO.UICancelOption. DoNothing) 或產生例外 (FileIO.UICancelOption. ThrowException):

MoveFile(*source* As String, *dest* As String)
MoveFile(*source* As String, *dest* As String, *overwrite* As Boolean)
MoveFile(*source* As String, *dest* As String, *showUI* As UIOption)
MoveFile(*source* As String, *dest* As String, *showUI* As UIOption, *onUserCancel* As UICancelOption)

例如下面的敘述是將 D:\Dir1 資料夾內的 test.txt 檔案搬移到 D:\Dir2 資料夾:

My.Computer.FileSystem.MoveFile("D:\Dir1\test.txt", "D:\Dir2\test.txt")

例如下面的敘述是將 D:\Dir1 資料夾內的 test.txt 檔案搬移到 D:\Dir2 資料夾,並重新命名為 test2.txt (若目的檔案已經存在且參數 *overwrite* 為 False,或目的檔案正在使用中,則會產生 IOException):

My.Computer.FileSystem.MoveFile("D:\Dir1\test.txt", "D:\Dir2\test2.txt")

例如下面的敘述是將 D:\Dir1 資料夾內的所有檔案搬移到 D:\Dir2 資料夾:

```
For Each foundFile As String In My.Computer.FileSystem.GetFiles("D:\Dir1", _
    FileIO.SearchOption.SearchAllSubDirectories, "*.*")
    Dim foundFileInfo As New System.IO.FileInfo(foundFile)
    My.Computer.FileSystem.MoveFile(foundFile, "D:\Dir2" & foundFileInfo.Name)
Next
```

🔲 9-2-6 複製檔案

我們可以使用 My.Computer.FileSystem 物件的 CopyFile() 方法複製檔案，其語法如下，參數 *source* 是來源檔案，參數 *dest* 是目的檔案 (若目的資料夾不存在，則會加以建立)，參數 *overwrite* 是當目的檔案存在時是否加以覆寫 (預設值為 False)，參數 *showUI* 是顯示進度及錯誤對話方塊 (FileIO.UIOption.AllDialogs) 或只顯示錯誤對話方塊 (FileIO.UIOption.OnlyErrorDialogs)，參數 *onUserCancel* 是當使用者取消複製檔案時不做任何動作 (FileIO.UICancelOption.DoNothing) 或產生例外 (FileIO.UICancelOption.ThrowException)：

```
CopyFile(source As String, dest As String)
CopyFile(source As String, dest As String, overwrite As Boolean)
CopyFile(source As String, dest As String, showUI As UIOption)
CopyFile(source As String, dest As String, showUI As UIOption, onUserCancel As UICancelOption)
```

例如下面的敘述是將 D:\Dir1 資料夾內的 test.txt 檔案複製到相同資料夾，並重新命名為 test2.txt：

```
My.Computer.FileSystem.CopyFile("D:\Dir1\test.txt", "D:\Dir1\test2.txt")
```

例如下面的敘述是將 D:\Dir1 資料夾內的 test.txt 檔案複製到 D:\Dir2 資料夾，並重新命名為 test2.txt，若目的檔案已經存在，則會加以覆寫：

```
My.Computer.FileSystem.CopyFile("D:\Dir1\test.txt", "D:\Dir2\test2.txt", True)
```

例如下面的敘述是將 D:\Dir1 資料夾內的 .txt 檔案複製到 D:\Dir2 資料夾：

```
For Each foundFile As String In My.Computer.FileSystem.GetFiles("D:\Dir1", _
    FileIO.SearchOption.SearchTopLevelOnly, "*.txt")
    My.Computer.FileSystem.CopyFile(foundFile, "D:\Dir2" & foundFile)
Next
```

9-2-7 重新命名檔案

我們可以使用 My.Computer.FileSystem 物件的 RenameFile(*file, newname*) 方法將檔案重新命名，字串參數 *file* 是欲重新命名的檔案，參數 *newname* 是新的檔案名稱，例如下面的敘述是將 D:\test.txt 檔案重新命名為 test2.txt：

```
My.Computer.FileSystem.RenameFile("D:\test.txt", "test2.txt")
```

9-2-8 重新命名資料夾

我們可以使用 My.Computer.FileSystem 物件的 RenameDirectory(*dir, newname*) 方法將資料夾重新命名，字串參數 *dir* 是欲重新命名的資料夾，參數 *newname* 是新的資料夾名稱，例如下面的敘述是將 D:\Dir1 資料夾重新命名為 Dir2：

```
My.Computer.FileSystem. RenameDirectory("D:\Dir1", "Dir2")
```

9-2-9 建立資料夾

我們可以使用 My.Computer.FileSystem 物件的 CreateDirectory(*dir*) 方法建立資料夾，字串參數 *dir* 是資料夾名稱，例如下面的敘述是在 D: 建立 Dir1 資料夾：

```
My.Computer.FileSystem.CreateDirectory("D:\Dir1")
```

9-2-10 刪除資料夾

我們可以使用 My.Computer.FileSystem 物件的 DeleteDirectory() 方法刪除資料夾，其語法如下：

```
DeleteDirectory(dir As String, onDirectoryNotEmpty As DeleteDirectoryOption)
DeleteDirectory(dir As String, showUI As UIOption, recycle As RecycleOption)
DeleteDirectory(dir As String, showUI As UIOption, recycle As RecycleOption, onUserCancel As UICancelOption)
```

參數 *dir* 是欲刪除的資料夾，參數 *onDirectoryNotEmpty* 是刪除資料夾及其內容 (FileIO.DeleteDirectoryOption.DeleteAllContents) 或只刪除空白資料夾 (FileIO.DeleteDirectoryOption.ThrowIfDirectoryNonEmpty)，參數 *showUI* 是顯示進度及錯誤對話方塊 (FileIO.UIOption.AllDialogs) 或只顯示錯誤對話方塊 (FileIO.UIOption.OnlyErrorDialogs)，參數 *recycle* 是永久刪除檔案 (FileIO.RecycleOption.DeletePermanently) 或將檔案傳送到資源回收筒 (FileIO.RecycleOption.SendToRecycleBin)，參數 *onUserCancel* 是當使用者取消刪除資料夾時不做任何動作 (FileIO.UICancelOption.DoNothing) 或產生例外 (FileIO.UICancelOption.ThrowException)。

例如下面的敘述是刪除 D:\Dir1 資料夾及其內容 (若該資料夾為檔案或不存在，則會產生 DirectoryNotFoundException；若該資料夾或其子資料夾內的檔案正在使用中，則會產生 IOException)：

```
My.Computer.FileSystem.DeleteDirectory("D:\Dir1", _
    FileIO.DeleteDirectoryOption.DeleteAllContents)
```

例如下面的敘述是只有在 D:\Dir1 為空白資料夾時，才會將它刪除，否則會產生例外：

```
My.Computer.FileSystem.DeleteDirectory("D:\Dir1", _
    FileIO.DeleteDirectoryOption.ThrowIfDirectoryNonEmpty)
```

例如下面的敘述是刪除 D:\Dir1 資料夾並詢問使用者是否確定要刪除：

```
My.Computer.FileSystem.DeleteDirectory("D:\Dir1", FileIO.UIOption.AllDialogs, _
    FileIO.RecycleOption.DeletePermanently, FileIO.UICancelOption.DoNothing)
```

例如下面的敘述是刪除 D:\Dir1 資料夾並將它傳送到資源回收筒：

```
My.Computer.FileSystem.DeleteDirectory("D:\Dir1", FileIO.UIOption.AllDialogs, _
    FileIO.RecycleOption.SendToRecycleBin)
```

9-2-11 搬移資料夾

我們可以使用 My.Computer.FileSystem 物件的 MoveDirectory() 方法搬移資料夾，其語法如下，參數 source 是來源資料夾，參數 dest 是目的資料夾 (若目的資料夾不存在，則會加以建立)，參數 overwrite 是當目的資料夾存在時是否加以覆寫 (預設值為 False)，參數 showUI 是顯示進度及錯誤對話方塊 (FileIO.UIOption.AllDialogs) 或只顯示錯誤對話方塊 (FileIO.UIOption.OnlyErrorDialogs)，參數 onUserCancel 是當使用者取消搬移資料夾時不做任何動作 (FileIO.UICancelOption.DoNothing) 或產生例外 (FileIO.UICancelOption.ThrowException)：

```
MoveDirectory(source As String, dest As String)
MoveDirectory(source As String, dest As String, overwrite As Boolean)
MoveDirectory(source As String, dest As String, showUI As UIOption)
MoveDirectory(source As String, dest As String, showUI As UIOption, onUserCancel As UICancelOption)
```

例如下面的敘述是將 D:\Dir1 資料夾搬移到 D:\Dir2 資料夾，若 D:\Dir2 資料夾不存在，則會加以建立：

```
My.Computer.FileSystem. MoveDirectory("D:\Dir1", "D:\Dir2")
```

例如下面的敘述是將 D:\Dir1 資料夾搬移到 D:\Dir2 資料夾，若 D:\Dir2 資料夾已經存在，則會加以覆寫 (若目的資料夾已經存在且參數 overwrite 為 False，或來源資料夾與目的資料夾相同，則會產生 IOException)：

```
My.Computer.FileSystem. MoveDirectory("D:\Dir1", "D:\Dir2", True)
```

例如下面的敘述是將 D:\Dir1 資料夾內的所有檔案搬移到 D:\Dir2 資料夾：

```
For Each foundFile As String In My.Computer.FileSystem.GetFiles("D:\Dir1", _
    FileIO.SearchOption.SearchAllSubDirectories, "*.*")
    My.Computer.FileSystem.MoveFile(foundFile, "D:\Dir2")
Next
```

9-2-12 複製資料夾

我們可以使用 My.Computer.FileSystem 物件的 CopyDirectory() 方法複製資料夾，其語法如下，參數 *source* 是來源資料夾，參數 *dest* 是目的資料夾，參數 *overwrite* 是當目的資料夾存在時是否加以覆寫 (預設值為 False)，參數 *showUI* 是顯示進度及錯誤對話方塊 (FileIO.UIOption.AllDialogs) 或只顯示錯誤對話方塊 (FileIO.UIOption.OnlyErrorDialogs)，參數 *onUserCancel* 是當使用者取消複製資料夾時不做任何動作 (FileIO.UICancelOption.DoNothing) 或產生例外 (FileIO.UICancelOption.ThrowException)：

```
CopyDirectory(source As String, dest As String)
CopyDirectory(source As String, dest As String, overwrite As Boolean)
CopyDirectory(source As String, dest As String, showUI As UIOption)
CopyDirectory(source As String, dest As String, showUI As UIOption, onUserCancel As UICancelOption)
```

CopyDirectory() 方法會複製資料夾的內容及資料夾的本身，若目的資料夾不存在，則會加以建立；若目的資料夾內已經有相同名稱的資料夾，且將參數 *overwrite* 設定為 False，則會合併這兩個資料夾的內容，例如下面的敘述是將 D:\Dir1 資料夾複製到 D:\Dir2 資料夾，並覆寫既有的檔案 (若來源資料夾是根資料夾、檔案或和目的資料夾相同，則會產生 IOException)：

```
My.Computer.FileSystem.CopyDirectory("D:\Dir1", "D:\Dir2", True)
```

備註

My.Computer.FileSystem 物件還提供下列幾個方法可以用來剖析路徑：

➤ GetParentPath(*path*)：取得字串參數 *path* 的父路徑。

➤ CombinePath(*path1*, *path2*)：取得字串參數 *path1* 和 path2 合併後的路徑。

➤ GetFileInfo(*file*)：取得代表參數 *file* 指定之檔案的 FileInfo 物件，然後透過其 Name 和 DirectoryName 兩個屬性取得檔案名稱及其父資料夾名稱。

9-3 讀取檔案

在本節中，我們將說明如何使用 My.Computer.FileSystem 物件所提供的方法讀取文字檔、以符號分隔的文字檔、具有固定寬度的文字檔及二進位檔。

9-3-1 讀取文字檔

我們可以使用 My.Computer.FileSystem 物件的 ReadAllText(*file*) 或 ReadAllText(*file, encoding*) 方法讀取文字檔的所有內容，參數 *file* 是文字檔，參數 *encoding* 是文字檔的編碼方式 (預設值為 UTF-8)。若檔案正在使用中、發生 I/O 錯誤、指定無效路徑或檔案不存在，則會產生例外。

舉例來說，假設 D:\Poetry1.txt 文字檔的編碼方式為 Unicode，那麼我們可以撰寫下列程式碼讀取它的所有內容並顯示在對話方塊。

D:\Poetry1.txt

向晚意不適
驅車登古原
夕陽無限好
只是近黃昏

> 只要在記事本的 [另存新檔] 對話方塊中，將 [編碼] 欄位設定為 Unicode，就可以將文字檔的編碼方式指定為 Unicode。

\MyProj9-4\Module1.vb

```vb
Module Module1
    Sub Main()
        Dim content As String = My.Computer.FileSystem.ReadAllText("D:\Poetry1.txt", _
            System.Text.Encoding.Unicode)
        MsgBox(content)
    End Sub
End Module
```

我們也可以使用 My.Computer.FileSystem 物件的 OpenTextFileReader(*file*) 或
OpenTextFileReader(*file, encoding*) 方法開啟代表文字檔的連續字元讀取器
TextReader 物件，然後使用 While 迴圈呼叫 TextReader 物件的 ReadLine()
方法從目前指標處讀取一行並將指標移到下一行，直到讀取完畢，此時
ReadLine() 方法會傳回 Nothing，再呼叫 TextReader 物件的 Close() 方法關
閉 TextReader 物件並釋放資源，因此，前面的例子可以改寫成如下：

```
Module Module1
  Sub Main()
    Dim textreader As System.IO.StreamReader = _
      My.Computer.FileSystem.OpenTextFileReader("D:Poetry1.txt", _
      System.Text.Encoding.Unicode)
                                          開啟 TextReader 物件
    Dim content As String = ""
    Dim aLine As String = textreader.ReadLine() ——— 從 TextReader 物件讀取一行
    While Not (aLine Is Nothing)
      content = content & aLine & Chr(10)
      aLine = textreader.ReadLine()
    End While
    textreader.Close() ——— 關閉 TextReader 物件並釋放資源
    MsgBox(content)
  End Sub
End Module
```

備註

TextReader 物件還有下列幾個實用的方法：

➤ ReadToEnd()：從目前指標處讀取至檔案尾端。

➤ Read()：從目前指標處讀取一個字元的內碼並將指標移到下一個字元，由於是
傳回字元的內碼，故須搭配 ChrW() 函式，才能傳回正確的字元。

➤ Read(*charArray, index, count*)：從指標處讀取參數 *count* 指定的字元數，然後
存放在參數 *charArray* 指定之字元陣列內索引為參數 *index* 處。

9-3-2 讀取以符號分隔的文字檔

我們可以透過 TextFieldParser 物件讀取以符號分隔的文字檔 (例如記錄檔)，舉例來說，假設 D:\Poetry2.txt 是一個以逗號分隔的文字檔，那麼我們可以撰寫下列程式碼讀取它的所有內容並顯示在對話方塊。

D:\Poetry2.txt

鳳凰臺上鳳凰遊 , 鳳去臺空江自流
吳宮花草埋幽徑 , 晉代衣冠成古邱
三山半落青又外 , 二水中分白鷺洲
總為浮雲能蔽日 , 長安不見使人愁

這是一個以逗號分隔的文字檔 (編碼方式為 Unicode)，裡面有四個文字行，每行各有兩個欄位。

\MyProj9-5\Module1.vb

```
Module Module1
  Sub Main()
                                          1. 建立文字檔的 TextFieldParser 物件
    Using textparser As New Microsoft.VisualBasic.FileIO.TextFieldParser("D:\Poetry2.txt")
      textparser.TextFieldType = FileIO.FieldType.Delimited
      textparser.SetDelimiters(",")       2. 將分隔符號設定為逗號

      Dim content As String = ""

      While Not textparser.EndOfData      檢查是否抵達檔案結尾
        Try
          Dim row As String() = textparser.ReadFields()
          For Each field As String In row     讀取目前文字行的所有欄位
            content = content & field & Chr(10)
          Next
        Catch ex As Microsoft.VisualBasic.FileIO.MalformedLineException
          MsgBox(" 無法使用指定的格式剖析文字檔 ")
        End Try
      End While

      MsgBox(content)
    End Using
  End Sub
End Module
```

3. 以行為單位，一一剖析每行的各個欄位，然後將資料存放在變數 content。

一旦碰到無法剖析的欄位，會捕捉到 MalformedLineException，而顯示錯誤訊息。

這個例子的執行結果如下。

TextFieldParser 物件提供了數個實用的屬性與方法，如下。

屬性與方法	說明
TextFieldType	取得或設定欲剖析之文字檔是以符號分隔 (FileIO.FieldType.Delimited，預設值)，還是具有固定寬度 (FileIO.FieldType.FixedWidth)。
EndOfData	取得是否抵達檔案結尾，True 表示是，False 表示否。
ErrorLine	取得導致 MalformedLineException 的文字行，預設值為 ""。
ErrorLineNumber	取得導致 MalformedLineException 的行號，預設值為 -1。
LineNumber	取得目前行號，若沒有可用字元，就傳回 -1。
FieldWidths	取得或設定具有固定寬度之文字檔的寬度 (Integer() 型別)。
SetDelimiters(*delimiters* As String())	設定分隔符號，例如 SetDelimiters(",") 是將分隔符號設定為逗號。
ReadFields() As String()	讀取目前文字行的所有欄位並以字串陣列傳回，然後將指標移到下一行。
SetFieldWidths(*widths* As Integer())	設定具有固定寬度之文字檔的寬度。
ReadLine() As String	讀取目前文字行並以字串傳回，然後將指標移到下一行。

9-3-3 讀取具有固定寬度的文字檔

我們可以透過 TextFieldParser 物件讀取具有固定寬度的文字檔，舉例來說，假設 D:\Sample.txt 是一個具有固定寬度的文字檔，那麼我們可以撰寫下列程式碼讀取它的所有內容並顯示在對話方塊。

D:\Sample.txt

123456789
ABCDEFGHIJKLM

} 裡面有兩個文字行，每行各有四個欄位，寬度分別為 2、3、-1 個字元 (-1 表示可變動)。

\MyProj9-6\Module1.vb

```
Module Module1
    Sub Main()
        Using textparser As New Microsoft.VisualBasic.FileIO.TextFieldParser("D:\Sample.txt")
            textparser.TextFieldType = FileIO.FieldType.FixedWidth
            textparser.SetFieldWidths(2, 3, -1)
            Dim content As String = ""
            While Not textparser.EndOfData
                Try
                    Dim row As String() = textparser.ReadFields()
                    For Each field As String In row
                        content = content & field & Chr(10)
                    Next
                Catch ex As Microsoft.VisualBasic.FileIO.MalformedLineException
                    MsgBox(" 無法使用指定的格式剖析文字檔 ")
                End Try
            End While
            MsgBox(content)
        End Using
    End Sub
End Module
```

1. 建立文字檔的 TextFieldParser 物件

2. 設定固定寬度

檢查是否抵達檔案結尾

讀取目前文字行的所有欄位

3. 以行為單位，剖析每行的各個欄位，然後將資料存放在變數 content。

一旦碰到無法剖析的欄位，會捕捉到 MalformedLineException，而顯示錯誤訊息。

這個例子的執行結果如下。

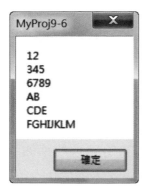

這個例子和前一節的例子其實是大同小異，差別在於下面三行程式碼。提醒您，若有欄位無法使用指定的格式剖析，則會產生 MalformedLineException。

```
Using textparser As New Microsoft.VisualBasic.FileIO.TextFieldParser("D:\Sample.txt")
textparser.TextFieldType = FileIO.FieldType.FixedWidth
textparser.SetFieldWidths(2, 3, -1)
```

9-3-4 讀取二進位檔

我們可以使用 My.Computer.FileSystem 物件的 ReadAllBytes(file) 方法讀取二進位檔的所有內容，參數 file 是二進位檔，這個方法會先開啟二進位檔，將所有內容讀入位元組陣列 (Byte() 型別)，然後關閉二進位檔。若檔案正在使用中或發生 I/O 錯誤，則會產生 IOException；若為無效路徑，則會產生 ArgumentException；若檔案不存在，則會產生 FileNotFoundException。

例如下面的敘述是讀取二進位檔 D:\picture.jpg 的所有內容，然後將這些內容存放在位元組陣列變數 content：

```
Dim content As Byte() = My.Computer.FileSystem.ReadAllBytes("D:\picture.jpg")
```

9-4 寫入檔案

在本節中,我們將說明如何使用 My.Computer.FileSystem 物件所提供的方法寫入文字檔及二進位檔。

9-4-1 寫入文字檔

我們可以使用 My.Computer.FileSystem 物件的 WriteAllText(*file*, *text*, *append*) 或 WriteAllText(*file*, *text*, *append*, *encoding*) 方法將文字寫入文字檔,參數 *file* 是文字檔,參數 *text* 是欲寫入的文字,參數 *append* 用來指定是否將文字附加至檔案 (True 表示附加至檔案,False 表示覆寫至檔案),參數 *encoding* 是文字檔的編碼方式 (預設值為 UTF-8)。

例如下面的敘述是將 "Hello World!" 字串覆寫至 D:\hello.txt 檔案,若路徑有效但檔案不存在,則會加以建立;若檔案正在使用中、磁碟已滿或發生 I/O 錯誤,則會產生 IOException;若為無效路徑,則會產生 ArgumentException 或 DirectoryNotFoundException。

```
My.Computer.FileSystem.WriteAllText("D:\hello.txt", "Hello World!", False)
```

我們也可以使用 My.Computer.FileSystem 物件的 OpenTextFileWriter(*file*, *append*) 或 OpenTextFileReader(*file*, *append*, *encoding*) 方法開啟代表文字檔的連續字元寫入器 TextWriter 物件,然後呼叫 TextWriter 物件的 WriteLine() 方法一次寫入一行,直到寫入完畢,再呼叫 TextWriter 物件的 Close() 方法關閉 TextWriter 物件並釋放資源,例如下面的敘述是在 D:\test.txt 檔案寫入字串:

```
Dim streamwriter As System.IO.StreamWriter = _
    My.Computer.FileSystem.OpenTextFileWriter("D:\test.txt", True)
streamwriter.WriteLine(" 白日依山盡 ")
streamwriter.Close()
```

True 表示覆寫至檔案

9-4-2 寫入二進位檔

我們可以使用 My.Computer.FileSystem 物件的 WriteAllBytes(*file, data, append*) 方法將資料寫入文字檔，參數 *file* 是二進位檔，參數 *data* 是欲寫入的資料 (Byte() 型別)，參數 *append* 用來指定是否將資料附加至檔案 (True 表示附加至檔案，False 表示覆寫至檔案)。

例如下面的敘述是將變數 myData 指定的位元組陣列附加至 D:\picture.jpg 二進位檔。若路徑有效但檔案不存在，則會加以建立；若檔案正在使用中、磁碟已滿或發生 I/O 錯誤，則會產生 IOException；若為無效路徑，則會產生 ArgumentException 或 DirectoryNotFoundException。

```
My.Computer.FileSystem.WriteAllBytes("D:\picture.jpg", myData, True)
```

隨堂練習

(1) 撰寫一個程式，令它使用 My.Computer.FileSystem 物件的 WriteAllText() 方法在 Poetry3.txt 檔案內寫入如下文字，編碼方式為 Unicode。

```
登高 ( 杜甫著 )
風急天高猿嘯哀，渚清沙白鳥飛迴。
無邊落木蕭蕭下，不盡長江滾滾來。
萬里悲秋常作客，百年多病獨登臺。
艱難苦恨繁霜鬢，潦倒新停濁酒杯。
```

(2) 承上題，但這次改用 TextWriter 物件的 WriteLine() 方法完成相同任務。

(3) 撰寫一個程式，令它使用 My.Computer.FileSystem 物件的 ReadAllText() 方法讀取 Poetry3.txt 檔案的所有內容並顯示在對話方塊。

(4) 承上題，但這次改用 TextReader 物件的 ReadLine() 方法完成相同任務。

一、選擇題

( ) 1. 我們可以使用 My.Computer.FileSystem 物件的哪個方法取得檔案的相關資訊？

A. GetFileInfo()　　　　　　B. GetDirectoryInfo()

C. GetDriveInfo()　　　　　　D. GetFiles()

( ) 2. 我們可以使用 My.Computer.FileSystem 物件的哪個方法取得磁碟的相關資訊？

A. GetFileInfo()　　　　　　B. GetDirectoryInfo()

C. GetDriveInfo()　　　　　　D. GetFiles()

( ) 3. 我們可以使用 FileInfo 物件的哪個屬性判斷檔案是否存在？

A. Directory　　　　　　　　B. IsReadOnly

C. Exists　　　　　　　　　　D. Extension

( ) 4. 我們可以使用 FileInfo 物件的哪個屬性取得檔案的大小？

A. Length　　　　　　　　　　B. CreationTime

C. Extension　　　　　　　　D. Size

( ) 5. 在存取檔案與資料夾時，下列哪種情況會產生 SecurityException：

A. 檔案為 Nothing 或不存在

B. 使用者的存取權限不夠

C. 路徑名稱包含無效字元

D. 路徑名稱中間包含冒號

( ) 6. 我們可以使用 DirectoryInfo 物件的哪個屬性取得資料夾的上次存取時間？

A. CreationTime

B. LastAccessTime

C. LastWriteTime

D. Attributes

( )7. 我們可以使用 DirectoryInfo 物件的哪個屬性取得磁碟的檔案系統？

    A. DriveFormat

    B. DriveType

    C. RootDirectory

    D. TotalFreeSpace

( )8. 我們可以使用下列哪個方法建立檔案？

    A. System.IO.File.Create()

    B. My.Computer.FileSystem.DeleteFile()

    C. My.Computer.FileSystem.MoveFile()

    D. My.Computer.FileSystem.CopyFile()

( )9. 我們可以使用下列哪個方法讀取以逗號分隔的文字檔？

    A. ReadAllText()

    B. TextFieldParser 物件的 ReadFields() 方法

    C. ReadAllBytes()

    D. TextFieldParser 物件的 SetDelimiters() 方法

( )10. 當我們將文字寫入文字檔時，若磁碟已滿，則會產生哪種例外？

    A. DirectoryNotFoundException

    B. FileNotFoundException

    C. IOException

    D. ArgumentException

二、練習題

1. 撰寫一個程式，令它在輸出視窗中顯示 C:\WINDOWS 資料夾內所有子資料夾的名稱。

2. 撰寫一個程式，令它在對話方塊中顯示 C: 磁碟的檔案系統、全部空間大小、可用空間大小、標籤等資訊。

3. 撰寫一個程式，令它開啟 Sample1.txt 檔案 (位於本書範例程式的 Samples 資料夾，編碼方式為 ASCII)，然後讀取檔案內容，轉換成大寫字母，再寫入另一個新的文字檔 Sample2.txt。

Five-character-regular-verse

STOPPING AT A FRIEND'S FARM-HOUSE

Author:Meng Haoran

Preparing me chicken and rice, old friend,

You entertain me at your farm.

We watch the green trees that circle your village

And the pale blue of outlying mountains.

We open your window over garden and field,

To talk mulberry and hemp with our cups in our hands.

...Wait till the Mountain Holiday --

I am coming again in chrysanthemum time.

4. 撰寫一個程式，令它在桌面上建立一個名稱為 Poetry4.txt 的文字檔，然後將如下內容寫入該文字檔，並指定編碼方式為 Unicode，注意詩句之間以半形逗號隔開 (,)。

人之初,性本善,性相近,習相遠
苟不教,性乃遷,教之道,貴以專
昔孟母,擇鄰處,子不學,斷機杼
竇燕山,有義方,教五子,名俱揚
養不教,父之過,教不嚴,師之惰
子不學,非所宜,幼不學,老何為

5. 承上題，撰寫一個程式，令它讀取以逗號分隔的文字檔 Poetry4.txt，然後在對話方塊中顯示所有內容，而且詩句之間不要有間隔。

Part 3

資料庫篇

Chapter 10

建立資料庫
與 SQL 查詢

10-1 認識資料庫

資料庫 (database) 是一組相關資料的集合，這些資料之間可能具有某些關聯，允許使用者從不同的觀點來加以存取，例如學校的選課系統、公司的進銷存系統、圖書館的圖書目錄、醫療院所的病歷系統、銀行的存款帳號等。

目前常見的資料庫模式為關聯式資料庫 (relational database)，也就是資料庫裡面包含數個資料表，而且資料表之間會有共通的欄位，使資料表之間產生關聯。舉例來說，假設關聯式資料庫裡面有下列四個資料表，名稱分別為「學生資料」、「國文成績」、「數學成績」、「英文成績」，其中「座號」欄位為共通的欄位。

座號	姓名	生日	通訊地址
1	小丸子	1994/01/01	台北市羅斯福路一段 9 號 9 樓
2	花輪	1995/05/06	台北市師大路 20 號 3 樓
3	藤木	1994/12/20	台北市溫州街 42 巷 7 號之 1
4	小玉	1995/03/17	台北市龍泉街 3 巷 12 弄 28 號
5	丸尾	1994/08/11	台北市金門街 100 號 5 樓
6	永澤	1994/10/22	台北市和平東路二段 85 巷 109 號 15 樓之 3

座號	國文分數
1	80
2	95
3	88
4	98
5	93
6	81

座號	數學分數
1	75
2	100
3	90
4	92
5	97
6	92

座號	英文分數
1	82
2	97
3	85
4	88
5	100
6	94

有了這些資料表，我們就可以使用資料庫管理系統 (DBMS，DataBase Management System) 進行各項查詢，例如座號為 5 的學生叫做什麼、國文考幾分、英文分數高於 90 的有哪幾位學生、將數學分數由高到低排列等。

此外，透過共通欄位可以產生如下資料，即結合「學生資料」、「國文成績」、「數學成績」、「英文成績」四個資料表產生「總分」資料。

座號	姓名	總分	通訊地址
1	小丸子	237	台北市羅斯福路一段 9 號 9 樓
2	花輪	292	台北市師大路 20 號 3 樓
3	藤木	263	台北市溫州街 42 巷 7 號之 1
4	小玉	278	台北市龍泉街 3 巷 12 弄 28 號
5	丸尾	290	台北市金門街 100 號 5 樓
6	永澤	267	台北市和平東路二段 85 巷 109 號 15 樓之 3

最後，我們來介紹幾個資料庫的術語。以下圖的 SQL Server 資料庫為例，裡面總共有 10 筆資料，每一筆資料都稱為一筆記錄 (record)，而在同一筆記錄 (同一列) 中，又包含「學號」、「姓名」、「國文」、「數學」、「英文」等 5 個欄位 (column)，我們將這些記錄的組合稱為資料表 (table)，而數個性質雷同的資料表集合起來則稱為資料庫 (database)。

Ⓐ 資料表名稱　　Ⓑ 5 個欄位組成一筆記錄　　Ⓒ 10 筆記錄組成一個資料表

10-2 建立 SQL Server 資料庫

在安裝 Visual Studio 時，預設會一併安裝 SQL Server Express，這是微軟資料庫管理系統 SQL Server 的精簡版，資料庫大小上限為 10GB，可以免費使用，適合學習、開發與強化桌面、網路及小型伺服器應用程式。本書範例程式均使用 SQL Server Express 從事資料庫設計，若要從事商業用途，可以購買功能更強大的 SQL Server 標準版或企業版。

建立 SQL Server 資料庫的步驟分為幾個階段，一開始是建立資料庫，接著是根據要輸入的資料性質，新增資料表並設定資料表的欄位名稱與資料型別，最後才是輸入資料表的資料，下面是一個例子。

建立資料庫

1. 啟動 Visual Studio，選取 [檢視] \ [伺服器總管]，然後在伺服器總管的 [資料連接] 按一下滑鼠右鍵，從快顯功能表中選取 [加入連接]。

2. 若螢幕上出現 [加入連接] 對話方塊，請按 [變更]，此時會出現 [選擇資料來源] 對話方塊，請依照下圖操作。

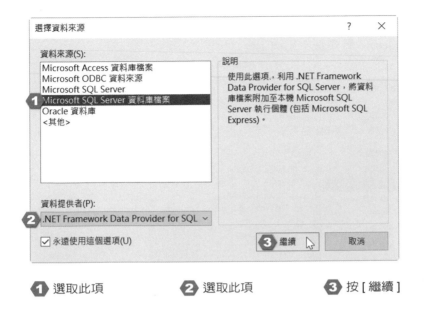

1 選取此項　　　　2 選取此項　　　　3 按 [繼續]

3. 出現 [加入連接] 對話方塊，請按 [瀏覽] 來選擇資料庫檔案的路徑及檔名。

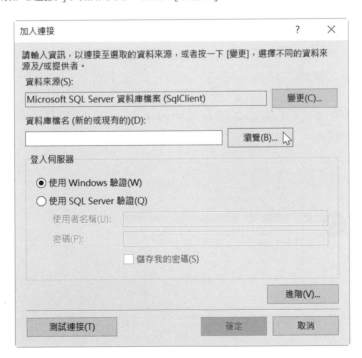

4. 選擇資料庫檔案的儲存位置，接著在 [檔案名稱] 欄位輸入檔名 (此例為 Grades)，然後按 [開啟]。

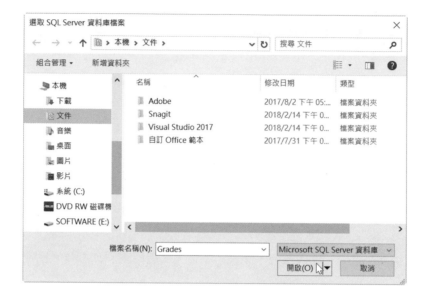

5. 回到 [加入連接] 對話方塊，[資料庫檔名 (新的或現有的)] 欄位會自動填入剛才選擇的路徑及檔名，請按 [確定]。

6. 由於指定的資料庫檔案不存在，Visual Stuio 會詢問是否要建立該資料庫檔案，請按 [是]。

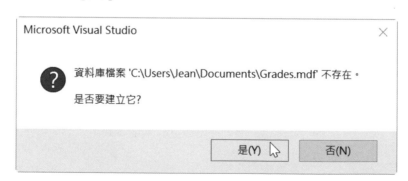

7. 伺服器總管中出現剛才建立的資料庫檔案 Grades.mdf，按一下前面的三角形圖示加以展開，即可看到如下結果。

新增資料表並設定資料表的欄位名稱與資料型別

1. 在資料庫檔案 Grades.mdf 的 [資料表] 按一下滑鼠右鍵，從快顯功能表中選取 [加入新的資料表]。

2. 出現如下畫面供您新增資料表的欄位，請在 [名稱] 欄位輸入資料表的第一個欄位名稱 (此例為「學號」)，然後在 [資料型別] 欄位的下拉式清單中選取這個欄位的資料型別 (此例為「nvarchar(50)」)，並取消 [允許 Null] 選項，表示這個欄位一定要輸入，不能空白。

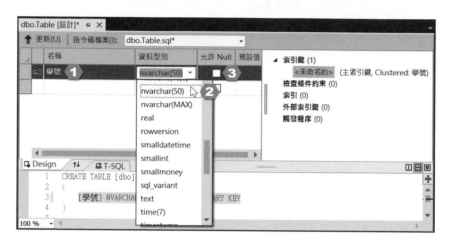

① 輸入欄位名稱　　　② 選擇資料型別　　　③ 取消此項

3. 輸入如下圖的 5 個欄位，並設定資料型別、長度及是否允許 Null，接著在 [T-SQL] 標籤頁中將資料表名稱改為「成績單」，然後按 [更新]。

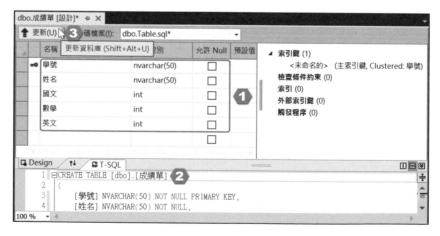

① 輸入 5 個欄位　　② 將資料表名稱改為「成績單」　　③ 按 [更新]

請注意,「學號」欄位的左側有一個鑰匙符號,表示「學號」欄位為主索引鍵。對於資料表的欄位,我們可以找出一個最具代表性,且資料不會重複的欄位做為「主索引鍵」,例如學號、帳號、身分證字號等。

在設計關聯式資料庫時,每個資料表都必須設定主索引鍵,以做為不同資料表之間的關聯欄位。若要移除主索引鍵,可以在該欄位按一下滑鼠右鍵,然後選取 [移除主索引鍵],如下圖;相反的,若要設定主索引鍵,可以在該欄位按一下滑鼠右鍵,然後選取 [設定主索引鍵],該欄位的左側就會出現一個鑰匙符號。

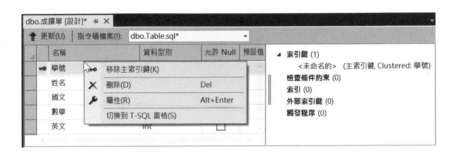

4. 出現如下視窗,說明即將要執行哪些更新動作,請按 [更新資料庫]。

5. 開始更新資料庫,當顯示「更新已順利完成」時,表示成功建立資料表。

輸入資料表的資料

1. 在伺服器總管中找到「成績單」資料表，然後按一下滑鼠右鍵，選取 [顯示資料表資料]。若找不到該資料表，可以點取左上角的 [重新整理] 按鈕。

2. 輸入如下圖的 10 筆記錄，輸入的過程會自動存檔。

學號	姓名	國文	數學	英文
A01	王大明	88	96	92
A02	陳小新	95	89	99
A03	小紅豆	80	86	89
A04	章小倩	85	91	93
A05	李青青	90	96	80
A06	孫小美	80	77	82
A07	黃小雅	100	98	95
A08	張美麗	79	87	86
A09	林娟娟	75	73	79
A10	林小鳳	78	83	84
NULL	NULL	NULL	NULL	NULL

▌10-3 在 Visual Studio 連接 SQL Server 資料庫

除了自己動手建立 <Grades.mdf> 資料庫，本書範例程式的 \Samples 資料夾內有本書使用的資料庫檔案，您也可以依照如下步驟，在 Visual Studio 連接 SQL Server 資料庫：

1. 將資料庫檔案 Grades.mdf 和交易記錄檔案 Grades_log.ldf 複製到硬碟，例如 D:\，然後取消其唯讀屬性。

2. 依照第 10-2 節建立資料庫的步驟 1. ~ 5. 操作，只要在進行到步驟 5. 時，將 [資料庫檔名 (新的或現有的)] 欄位設定為資料庫檔案的路徑及檔名，例如 D:\Grades.mdf，就會在 Visual Stuio 加入資料連接，而不會詢問是否要建立新資料庫。

❶ 輸入資料庫檔案的路徑及檔名
❷ 按 [確定]

10-4 SQL 語法

SQL (Structured Query Language，結構化查詢語言) 是一個完整的資料庫語言，諸如 SQL Server、Oracle、Access、MySQL 等關聯式資料庫均支援 SQL，並相容於美國國家標準局所發行的 ANSI SQL-92 標準。此外，不同的廠商亦提供專屬的 SQL 擴展語言，例如 Microsoft SQL Server 所使用的 T-SQL (Transact-SQL)、Oracle 所使用的 PL/SQL。

SQL 包含下列三個部分：

❖ 資料定義語言 (DDL，Data Definition Language)：用來定義資料庫、資料表、索引、預存程序、函數等資料庫的物件，常用的指令如下：

 ● Create：建立資料庫的物件。

 ● Alter：變更資料庫的物件。

 ● Drop：刪除資料庫的物件。

❖ 資料處理語言 (DML，Data Manipulation Language)：用來處理資料庫的資料，常用的指令如下：

 ● Insert：新增資料。

 ● Update：更新資料。

 ● Delete：刪除資料。

 ● Select：選取資料。

❖ 資料控制語言 (DCL，Data Control Language)：用來控制資料庫的存取，常用的指令如下：

 ● Grant：賦予使用者的使用權限。

 ● Revoke：取消使用者的使用權限。

 ● Commit：完成交易。

 ● Rollback：因為交易異常，而將已變動的資料回轉到交易尚未開始前的狀態。

在接下來的小節中，我們會為您介紹 Insert、Update、Delete、Select 等指令，這些指令都是很基礎的 SQL 語法，純粹是要讓您對 SQL 語法有初步的認識。若您想學習更多 SQL 語法，可以參考資料庫專書，例如 Ramez Elmasri 的 Database Systems 一書。

在介紹這些指令之前，我們先以 <Grades.mdf> 資料庫的「成績單」資料表為例，示範如何執行 SQL 查詢：

1. 啟動 Visual Studio，然後依照第 10-3 節的說明，在 Visual Studio 加入資料連接，連接到現有的資料庫檔案 Grades.mdf。

2. 首先，在伺服器總管中找到「成績單」資料表，然後按一下滑鼠右鍵，選取 [新增查詢]；接著，輸入 SQL 查詢，例如下面的命令是從「成績單」資料表選取所有欄位；最後，點取 [執行] 按鈕，查詢結果就會出現在視窗的下半部。

Select * From 成績單

❶ 在「成績單」資料表按一下滑鼠右鍵，選取 [新增查詢]
❷ 輸入 SQL 查詢　　❸ 按 [執行]　　❹ 出現查詢結果

10-4-1 Select 指令（選取資料）

Select 指令可以用來從資料表選取資料，其語法如下，SQL 關鍵字沒有英文字母大小寫之分，而且可以寫成多行或一行：

Select 欄位名稱
From 資料表名稱
[Where 搜尋子句]
[Order By 排序子句 {Asc|Desc}]

以前面的「成績單」資料表為例，我們可以舉出一些 SQL 查詢：

❖ 從「成績單」資料表選取所有欄位，其中星號 (*) 表示所有欄位，不過，建議少用星號，因為實際的資料庫往往比較龐大，會影響執行效能：

Select * From 成績單

❖ 從「成績單」資料表選取「姓名」、「英文」和「國文」三個欄位：

Select 姓名 , 英文 , 國文 From 成績單

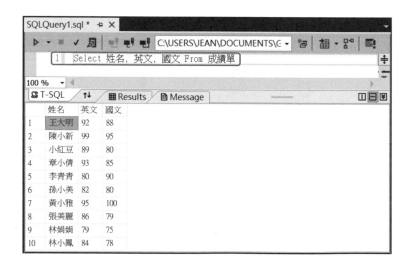

❖ 從「成績單」資料表選取「姓名」和「英文」兩個欄位，然後將欄位更名為「名字」與「外文」：

Select 姓名 As 名字 , 英文 As 外文 From 成績單

❖ 從「成績單」資料表選取「姓名」欄位，同時將「國文」、「數學」、「英文」三個欄位相加後的分數產生為「期中考總分」欄位：

Select 姓名 , 國文 + 數學 + 英文 As 期中考總分 From 成績單

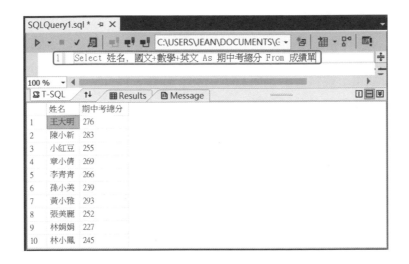

Select … From … Where … (篩選)

Select … From … 的篩選範圍涵蓋整個資料表的資料，但有時我們可能會需要將篩選範圍限制在符合某些條件的資料，例如所有「國文」分數大於 90 之資料的「姓名」和「數學」兩個欄位，此時，我們可以加上 Where 子句設定篩選範圍，例如：

Select 姓名 , 數學 From 成績單 Where 國文 > 90

Where 子句可以包含任何邏輯運算，只要傳回值為 True 或 False 即可。

以下為 SQL 所支援的比較運算子和邏輯運算子。

比較運算子	說明	邏輯運算子	說明
=	等於	And	若運算元均為 True，就傳回 True，否則傳回 False。
<	小於		
>	大於	Or	若任一運算元為 True，就傳回 True，否則傳回 False。
< =	小於等於		
> =	大於等於	Not	若運算元為 True，就傳回 False，否則傳回 True。
! =	不等於		
< >			

❖ 從「成績單」資料表篩選所有「國文」分數大於 90 或「數學」分數大於 90 之資料的「姓名」、「國文」和「數學」三個欄位：

Select 姓名 , 國文 , 數學 From 成績單 Where 國文 > 90 Or 數學 > 90

❖ 從「成績單」資料表篩選所有「國文」分數小於 90 且「數學」分數大於 90，或「國文」分數小於 90 且「英文」分數大於 90 之資料的所有欄位：

Select * From 成績單 Where 國文 < 90 And (數學 > 90 Or 英文 > 90)

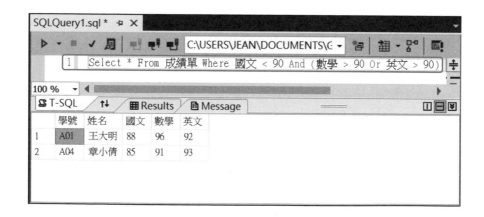

除了前述的比較運算子和邏輯運算子，SQL 亦支援 Like 運算子，這個運算子接受以下的萬用字元。

萬用字元	說明
%	任何長度的字串 (包括 0)。
_(底線)	任何一個字元。
[ ](中括號)	某個範圍內的一個字元。

❖ 從「成績單」資料表篩選所有「姓名」以「林」開頭之資料的所有欄位，請注意，字串的前後要加上單引號 (')：

Select * From 成績單 Where 姓名 Like ' 林 %'

❖ 從「成績單」資料表篩選所有「姓名」是「X 小美」之資料的所有欄位，X 代表任一字元：

Select * From 成績單 Where 姓名 Like '_ 小美 '

❖ 從「成績單」資料表篩選所有「姓名」以 a、b、c、d、e、f 等字母為首，後面為 ean 之資料的所有欄位：

Select * From 成績單 Where 姓名 Like '[a - f]ean'

❖ 從「成績單」資料表篩選所有「姓名」以 d、f、l、p、r、t 等字母為首，後面為 ean 之資料的所有欄位：

Select * From 成績單 Where 姓名 Like '[dflprt]ean'

❖ 從「成績單」資料表篩選所有「姓名」以「林」開頭之資料的「姓名」和「數學」兩個欄位，請注意，字串的前後要加上單引號 (')：

Select 姓名 , 數學 From 成績單 Where 姓名 Like ' 林 %'

Where 條件子句亦接受如下句型：

❖ 我們可以在 Where 條件子句中加入函式，以下面的 SQL 查詢為例，它會篩選「姓名」欄位第一個字為「林」之資料的所有欄位：

Select * From 成績單 Where Substring(姓名 , 1, 1) = ' 林 '

❖ 我們可以在 Where 條件子句中加入 Is Null 或 Is Not Null 判斷空白欄位，以下面的 SQL 查詢為例，它會篩選所有「數學」欄位為空白且「國文」欄位為非空白之資料的所有欄位：

Select * From 成績單 Where 數學 Is Null And 國文 Is Not Null

❖ 我們可以在 Where 條件子句中加入 In 判斷欄位資料的範圍，以下面的 SQL 查詢為例，它會篩選所有「國文」欄位為 80、85 或 88 之資料的所有欄位：

Select * From 成績單 Where 國文 In (80, 85, 88)

❖ 我們可以在 Where 條件子句中加入 Between 限制篩選範圍，以下面的 SQL 查詢為例，它會篩選所有「數學」欄位在 80 ~ 90 (包含 80 和 90) 之資料的所有欄位：

Select * From 成績單 Where 數學 Between 80 And 90

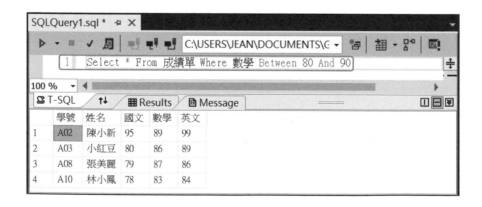

Select … From … Order By … (排序)

有時我們需要將篩選出來的資料依照遞增或遞減順序進行排序,假設要依照「國文」分數由低到高的遞增順序進行排序,那麼必須加上 Order By 排序子句:

```
Select * From 成績單 Order By 國文 Asc
```

由於 Order By 排序子句預設的排序方式為遞增,因此,Asc 可以省略,若要改為由高到低的遞減順序,就要改寫成如下:

```
Select * From 成績單 Order By 國文 Desc
```

事實上,我們也可以根據不只一個欄位來進行排序,舉例來說,假設要先依照「國文」分數的高低進行遞減排序,再依照「數學」分數的高低進行遞減排序,那麼可以寫成如下:

```
Select * From 成績單 Order By 國文 Desc, 數學 Desc
```

Select Top … (設定最多傳回筆數)

有時符合查詢條件的資料可能有很多筆,但我們並不需要看到全部的資料,只是想看看前幾筆資料。舉例來說,假設我們希望「成績單」資料表的資料依照「國文」分數由高到低來排序,但只要看看前 5 名,那麼可以加上 Top 子句設定最多傳回筆數:

```
Select Top 5 * From 成績單 Order By 國文 Desc
```

Top 子句還支援另一種語法,例如:

```
Select Top 50 Percent * From 成績單 Order By 國文 Desc
```

這表示最多傳回筆數為符合查詢條件之所有筆數的百分之五十,關鍵字 Percent 所代表的就是百分比。

撰寫一個 SQL 查詢，令它從 <Grades.mdf> 資料庫的「成績單」資料表篩選所有欄位，接著將「國文」、「數學」、「英文」等三個欄位的分數相加，進而產生「期中考總分」欄位，然後只篩選前 6 名，並依照「期中考總分」欄位由高到低進行排序。

解答

這個 SQL 查詢如下：

```
Select Top 6 學號, 姓名, 國文, 數學, 英文, 國文 + 數學 + 英文 As 期中考總分
    From 成績單 Order By 期中考總分 Desc
```

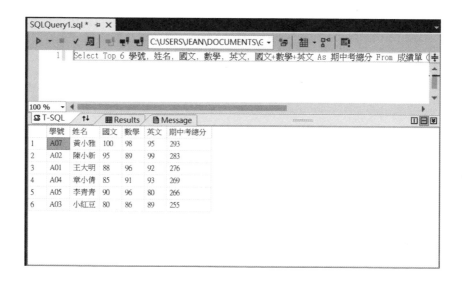

🔅 10-4-2 Insert 指令（新增資料）

Insert 指令可以用來在資料表新增資料，其語法如下：

Insert Into 資料表名稱 (欄位 1, 欄位 2, 欄位 3…) Values (資料 1, 資料 2, 資料 3…)

舉例來說，假設要在「成績單」資料表加入一筆新的資料，欄位內容為 'A11'、'Jean'、88、95、92，可以寫成如下 (請注意，若要在資料型別為 nvarchar 的欄位輸入中文，例如 ' 小丸子 '，必須在資料前面加上 N，也就是 N' 小丸子 '，才不會因為編碼問題出現錯誤)：

Insert Into 成績單 (學號 , 姓名 , 國文 , 數學 , 英文) Values ('A11', 'Jean', 88, 95, 92)

我們可以查詢所有欄位來確認資料已經新增成功，如下圖。

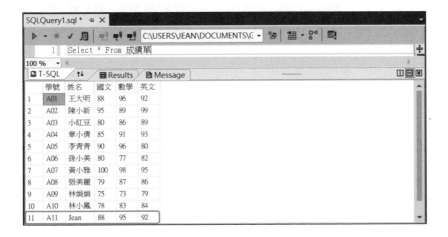

10-4-3 Update 指令（更新資料）

Update 指令可以用來在資料表更新資料，其語法如下：

> Update 資料表名稱 Set 欄位 1= 資料 1, 欄位 2= 資料 2… Where 條件

舉例來說，假設要將「成績單」資料表內學號為 'A11' 之資料的「姓名」欄位更新為 'David'、「英文」欄位更新為 100，可以寫成如下 (請注意，若要在資料型別為 nvarchar 的欄位輸入中文，例如 ' 小丸子 '，必須在資料前面加上 N，也就是 N' 小丸子 '，才不會因為編碼問題出現錯誤)：

> Update 成績單 Set 姓名 ='David', 英文 =100 Where 學號 ='A11'

我們可以查詢所有欄位來確認資料已經更新成功，如下圖。

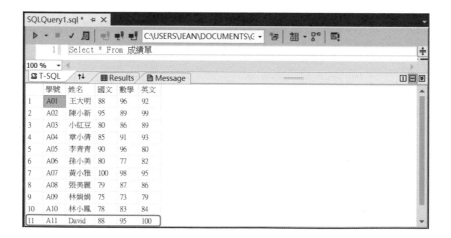

10-4-4 Delete 指令（刪除資料）

Delete 指令可以用來在資料表刪除資料，其語法如下：

Delete From 資料表名稱 Where 條件

舉例來說，假設要刪除「成績單」資料表內學號為 'A11' 之資料，可以寫成如下：

Delete From 成績單 Where 學號 ='A11'

我們可以查詢所有欄位來確認資料已經刪除成功，如下圖。

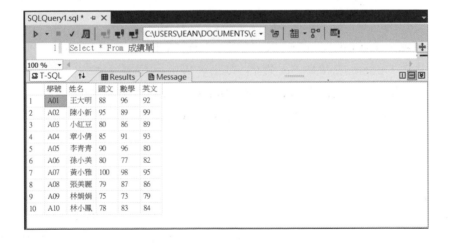

一、選擇題

( ) 1. 在設計關聯式資料庫時，下列何者比較適合用來做為資料表的主索引鍵？

    A. 員工編號　　　B. 名字　　　　　C. 性別　　　　　D. 職稱

( ) 2. 下列哪個 SQL 指令可以用來篩選資料？

    A. Insert　　　　B. Update　　　C. Delete　　　D. Select

( ) 3. Select 指令的哪個子句可以用來進行排序？

    A. From　　　　B. Where　　　C. Order By　　D. Like

( ) 4. 下列哪個 SQL 查詢可以從「成績單」資料表篩選所有姓「林」的資料？

    A. Select * From 成績單 Where 姓名 Like ' 林 %'

    B. Select * From 成績單 Where 姓名 Like ' 林 _'

    C. Select * From 成績單 Where 姓名 Like '[林]XX'

    D. Select * From 成績單 Where 姓名 Is ' 林 %'

( ) 5. 下列哪個 SQL 查詢可以將「成績單」資料表內學號為 'A01' 之資料的「姓名」欄位更新為 'Jerry'？

    A. Insert Into 成績單 Set 姓名 ='Jerry' Where 學號 ='A01'

    B. Update 成績單 Set 姓名 ='Jerry' Where 學號 ='A01'

    C. Update 成績單 Into 姓名 ='Jerry' Where 學號 ='A01'

    D. Update 成績單 Set 姓名 ='Jerry' Where 學號 ='A%'

二、練習題

撰寫一個 SQL 查詢，令它從 <Grades.mdf> 資料庫的「成績單」資料表篩選「姓名」、「國文」、「英文」三個欄位，接著將「國文」、「英文」兩個欄位的分數相加，進而產生「語文能力」欄位，然後將語文能力在 170 分以上者依照「國文」分數由高到低顯示出來。

Chapter 11

資料庫存取

▌11-1 Windows 應用程式存取資料庫的方式

Windows 應用程式是透過 ADO.NET (ActiveX Data Objects.NET) 存取資料庫，如下圖，而 ADO.NET 是 .NET 平台下的資料存取技術，可以用來存取資料庫、資料倉儲、XML 資料、文字檔等資料。

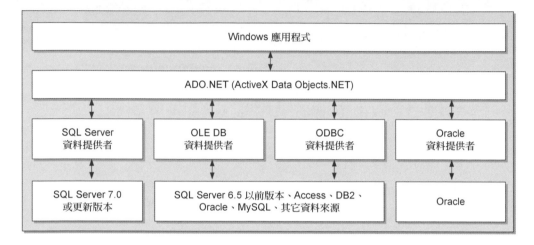

ADO.NET 內建下列四種資料提供者 (data provider)，負責連接資料庫、執行命令和讀取結果。原則上，SQL Server 7.0 或更新版本資料庫請使用 SQL Server 資料提供者，Oracle 資料庫請使用 Oracle 資料提供者，其它資料來源請盡可能使用 OLE DB 資料提供者，最後才使用 ODBC 資料提供者：

❖ SQL Server 資料提供者：用來存取 SQL Server 7.0 或更新版本資料庫，相關類別庫位於 System.Data.SqlClient 命名空間。

❖ OLE DB 資料提供者：用來存取 Access、SQL Server 6.5 或以前版本、Oracle 資料庫或 Excel，相關類別庫位於 System.Data.OleDb 命名空間。

❖ ODBC 資料提供者：用來存取 Access、SQL Server 6.5 或以前版本、Oracle、MySQL、dBase 等，相關類別庫位於 System.Data.Odbc 命名空間。

❖ Oracle 資料提供者：用來存取 Oracle 資料庫，相關類別庫位於 System.Data.OracleClient 命名空間。

■11-2 ADO.NET 的架構

ADO.NET 是以 XML 為核心，完全支援 XML，能夠輕鬆與 XML 相容應用程式溝通。ADO.NET 提供所有 .NET Framework 資料提供者一個共同的介面，方便連接、擷取、處理及更新資料，資料來源可以包括資料庫、資料倉儲、XML 資料、文字檔等。ADO.NET 的架構如下圖，包含兩個主要成員：

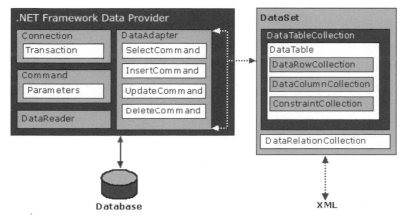

(圖片來源：MSDN 文件)

❖ .NET Framework 資料提供者：ADO.NET 內建 SQL Server 資料提供者、OLE DB 資料提供者、ODBC 資料提供者和 Oracle 資料提供者，用來存取資料來源。無論哪種 .NET Framework 資料提供者，都有下列幾個核心物件。

物件	說明
Connection	用來建立資料連接。
Command	用來執行 SQL 命令並傳回結果。
DataReader	用來讀取資料。
DataAdapter	用來執行 SQL 命令，將傳回結果放入 DataSet 物件，亦可將 DataSet 物件中的資料更新回資料來源。

❖ DataSet 物件：您可以將 DataSet 物件 (資料集) 想像成位於記憶體的資料庫，架構類似實體資料庫，可以包含一個或以上的 DataTable 物件 (資料表)，而 DataTable 物件可以來自資料庫、XML 資料或文字檔。

11-3 使用 DataReader 物件存取資料庫

當使用 DataReader 物件存取資料來源時，資料連接必須維持連線的狀態，從頭到尾依序讀取資料，而且會鎖定資料來源，其它人無法同時存取。優點是一次讀取一筆資料，佔用的記憶體較小，程式的效率較佳；缺點則是無法隨機讀取資料，也無法寫入資料，而且使用者必須爭奪資料來源。

DataReader 物件的結構如下圖，包含記錄和欄位，並有一個指標指向目前所在的記錄，當建立 DataReader 物件時，指標位於第 1 筆記錄的前方，當執行 DataReader 物件的 Read() 方法時，指標會移往下一筆記錄。

DataReader 物件的結構					
	欄位 1	欄位 2	欄位 3	……	欄位 Y
第 1 筆記錄	第 1 筆記錄第 1 欄	第 1 筆記錄第 2 欄	第 1 筆記錄第 3 欄	……	第 1 筆記錄第 Y 欄
第 2 筆記錄	第 2 筆記錄第 1 欄	第 2 筆記錄第 2 欄	第 2 筆記錄第 3 欄	……	第 2 筆記錄第 Y 欄
第 3 筆記錄	第 3 筆記錄第 1 欄	第 3 筆記錄第 2 欄	第 3 筆記錄第 3 欄	……	第 3 筆記錄第 Y 欄
第 4 筆記錄	第 4 筆記錄第 1 欄	第 4 筆記錄第 2 欄	第 4 筆記錄第 3 欄	……	第 4 筆記錄第 Y 欄
第 X 筆記錄	第 X 筆記錄第 1 欄	第 X 筆記錄第 2 欄	第 X 筆記錄第 3 欄	……	第 X 筆記錄第 Y 欄

（指標指向第 1 筆記錄的前方）

無論使用哪種資料提供者存取資料來源，其步驟均如下，只是使用的物件不同。SQL Server 7.0 或更新版本資料庫是使用 SqlConnection、SqlCommand、SqlDataReader 物件；OLE DB 相容資料庫、SQL Server 6.5 或以前版本資料庫是使用 OleDbConnection、OleDbCommand、OleDbDataReader 物件；ODBC 資料來源是使用 OdbcConnection、OdbcCommand、OdbcDataReader 物件；Oracle 資料庫是使用 OracleConnection、OracleCommand、OracleDataReader 物件。本書範例程式是使用 SQL Server 資料庫，所以在接下來的小節中，我們會詳細介紹 SqlConnection、SqlCommand、SqlDataReader 物件：

1. 建立資料連接。

2. 執行 SQL 命令並傳回結果。

3. 讀取資料。

請注意，由於 Visual Studio 工具箱的 [資料] 分類預設不會顯示 [SqlConnection]、[SqlCommand] 和 [SqlDataAdapter] 等項目，因此，在存取資料庫之前，請先依照下圖操作，加入這三個項目。

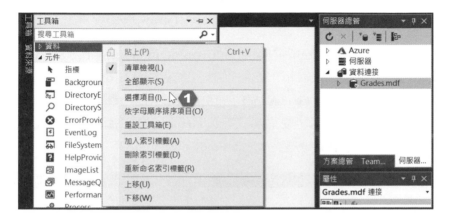

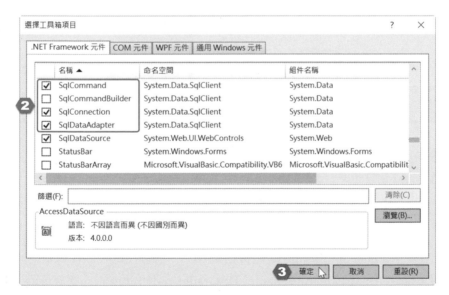

❶ 在工具箱的 [資料] 分類按一下滑鼠右鍵，選取 [選擇項目]

❷ 核取 [SqlConnection]、[SqlCommand] 和 [SqlDataAdapter]

❸ 按 [確定]

11-3-1 使用 SqlConnection 物件建立資料連接

我們可以使用 SqlConnection 物件建立 SQL Server 資料連接,步驟如下:

1. 新增一個名稱為 MyProj11-1 的 Windows Forms 應用程式。

2. 在工具箱的 [資料] 分類中找到 [SqlConnection] 並按兩下,SqlConnection 物件的圖示會出現在表單下方的匣中,然後點取 [ConnectionString] 屬性的清單按鈕,選取「Grades.mdf」,這個屬性用來指定要開啟哪個資料庫及如何開啟資料庫。若清單中找不到 Grades.mdf,請依照第 10-3 節的指示操作,連接至隨書光碟的 Grades.mdf。

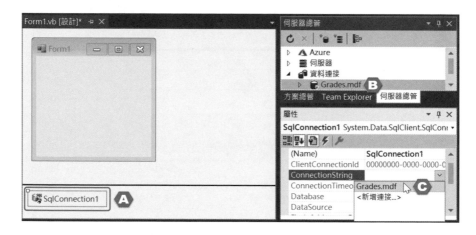

Ⓐ SqlConnection 物件的圖示出現在此

Ⓑ 點取 [資料連接] 旁邊的倒三角形符號,會顯示所有資料連接,此例有第 10-3 節所連接的 Grades.mdf

Ⓒ 將 [ConnectionString] 屬性設定為「Grades.mdf」

此時,[ConnectionString] 屬性會自動填入 "Data Source=(LocalDB)\MSSQLLocalDB;AttachDbFilename=D:\Grades.mdf;Integrated Security=True;Connect Timeout=30",這是用來連接資料庫的連接字串,其中 AttachDbFilename 參數用來設定資料庫檔案位置,請根據實際情況做設定,而 Connect Timeout 參數用來設定 SqlConnection 物件連接 SQL Server 資料庫的逾期時間,以秒數為單位。

SqlConnection 物件常用的屬性與方法

❖ ConnectionString：用來取得或設定連接字串，常用的參數如下，參數與
參數之間以分號隔開。

參數	說明
Connect Timeout、Connection Timeout	設定 SqlConnection 物件連接 SQL Server 資料庫的逾期時間，預設值為 15 秒。
Data Source、Addr、Address、Server、Network Address	設定欲連接的 SQL Server 伺服器名稱、IP 位址或具名執行個體名稱。
Initial Catalog、Database	設定欲連接的資料庫名稱。
Integrated Security、Trusted_Connection	設定是否使用信任連線，預設值為 False。
AttachDbFilename	設定開啟資料連接時，欲動態附加到 SQL Server 伺服器的資料庫檔案位置。
Password、Pwd	設定登入 SQL Server 的密碼，在不使用信任連線時才要設定。
User ID	設定登入 SQL Server 的帳號，在不使用信任連線時才要設定。
User Instance	指定附加資料庫的方式，預設值為 False。
Packet Size	設定用來與 SQL Server 溝通的封包大小，預設值為 8000Bytes，有效值為 512 ~ 32767。

❖ ConnectionTimeout：取得 SqlConnection 物件連接 SQL Server 資料庫的
逾期時間，預設值為 15 秒。若逾時無法連接資料來源，就傳回失敗。

❖ DataSource：取得資料來源的完整路徑與檔名。

❖ State：取得資料來源的連接狀態。

❖ Open()：開啟資料連接。

❖ Close()：關閉資料連接。

11-3-2 使用 SqlCommand 物件執行 SQL 命令

在建立資料連接後，我們可以使用 SqlCommand 物件對 SQL Server 資料庫執行 SQL 命令，步驟如下：

1. 在工具箱的 [資料] 分類中找到 [SqlCommand] 並按兩下，SqlCommand 物件的圖示會出現在表單下方的匣中，然後將 [CommandType] 屬性設定為 [Text]，表示要執行 SQL 命令，[Connection] 屬性設定為前一節建立的 SqlConnection 物件，表示 SqlCommand 物件要對 sqlConnection1 資料連接執行 SQL 命令。

2. 點取 [CommandText] 屬性右方的按鈕，在如下對話方塊中選取要存取的資料表，此例為「成績單」，然後按 [加入]，再按 [關閉]。

3. 出現 [查詢產生器] 對話方塊，裡面有「成績單」資料表，請核取欲顯
    示的欄位，此例是核取 [* (所有資料行)] (資料行為欄位，資料列為記
    錄)，SQL 命令區會自動產生 SQL 命令，請按 [確定]。

4. 回到 Visual Studio 後，SqlCommand 物件的 [CommandText] 屬性會自動
    填入 "SELECT 成績單 .* FROM 成績單 "，這是 SqlCommand 物件即將
    執行的 SQL 命令，表示從「成績單」資料表選取所有欄位。

備註

若您本身相當熟悉 SQL 命令，或者，您已經學會我們在第 10-4 節所介紹的 SQL
語法，那麼您也可以直接在 SqlCommand 物件的 [CommandText] 屬性輸入欲執
行的 SQL 命令，不需要再透過 [查詢產生器] 建立 SQL 命令。

SqlCommand 物件常用的屬性與方法

❖ CommandText="…"：取得或設定欲執行的 SQL 命令或預存程序，當呼叫 ExecuteNonQuery() 或 ExecuteReader() 方法時，SqlCommand 物件會執行 CommandText 屬性指定的內容。

❖ CommandTimeout=*n*：取得或設定 SqlCommand 物件的逾期時間，單位為秒數，*n* 為 0 表示無限制。在預設的情況下，若 SqlCommand 物件無法在 30 秒內執行 CommandText 屬性指定的內容，就傳回失敗。

❖ CommandType="{StoredProcedure|TableDirect|Text}"：取得或設定如何解釋 CommandText 屬性所代表的意義 (預存程序、資料表或 SQL 命令)。

❖ Connection=…：取得或設定 SqlCommand 物件所要使用的資料連接。

❖ Parameters：取得 ParameterCollection 集合，以傳遞參數給 SQL 命令或預存程序。

❖ ExecuteNonQuery()：執行 CommandText 屬性指定的內容，並傳回被影響的資料列數目，只有 Insert、Update、Delete 三種 SQL 陳述式會傳回被影響的資料列數目，其它 SQL 陳述式 (例如 Select) 的傳回值一定是 -1。

❖ ExecuteReader()：執行 CommandText 屬性指定的內容，通常用來執行 Select 陳述式，傳回值為 SqlDataReader 物件。

⏺ 11-3-3 使用 SqlDataReader 物件讀取資料

我們可以透過 SqlCommand 物件的 ExecuteReader() 方法建立 SqlDataReader 物件，例如下面的敘述是將 ExecuteReader() 方法傳回的 SqlDataReader 物件指派給變數 sqlDataReader1，之後就可以透過這個變數讀取資料：

```
Dim sqlDataReader1 As SqlDataReader = sqlCommand1.ExecuteReader()
```

SqlDataReader 物件常用的屬性與方法

❖ FieldCount：取得執行結果所包含的欄位數目。

❖ HasRows：取得布林值，用來判斷執行結果是否傳回資料，True 表示 SqlDataReader 物件包含資料。

❖ IsClosed：取得布林值，用來判斷 SqlDataReader 物件是否關閉，True 表示 SqlDataReader 物件已經關閉。

❖ Item(*name|ordinal*)：取得指標所在記錄的特定欄位內容，*name* 為欄位名稱，*ordinal* 為欄位序號，0 表示第 1 欄，1 表示第 2 欄，依此類推，例如 sqlDataReader1.Item(0) 和 sqlDataReader1(0) 可以用來取得第 1 欄的內容 (Item 可以省略)，sqlDataReader1.Item(" 國文 ")、sqlDataReader1(" 國文 ") 可以用來取得 " 國文 " 欄位的內容 (Item 可以省略)。

❖ Close()：關閉 SqlDataReader 物件，以釋放佔用的資源。

❖ GetFieldType(*ordinal*)：取得第 *ordinal* + 1 欄的資料型別。

❖ GetName(*ordinal*)：取得第 *ordinal* + 1 欄的欄位名稱。

❖ GetOrdinal(*name*)：取得欄位名稱為 *name* 的欄位序號。

❖ GetValue(*ordinal*)：取得指標所在記錄第 *ordinal* + 1 欄的欄位內容。

❖ GetValues(*values*)：取得指標所在記錄的所有欄位內容，並將欄位內容存放在 *values* 陣列，*values* 為 object 型別陣列，*values* 陣列的大小最好與欄位數目相等，才能取得所有欄位內容。GetValues() 方法的效率比 GetValue() 方法好。

❖ IsDBNull(*ordinal*)：判斷第 *ordinal* + 1 欄是否為 Null。

❖ Read()：讀取下一筆資料並傳回布林值，True 表示還有下一筆資料，False 表示沒有下一筆資料。

現在，請依照如下步驟建立 SqlDataReader 物件，並透過 ComboBox 控制項
顯示查詢結果中的學生姓名：

1. 在表單上放置一個 Label 控制項和 ComboBox 控制項，將前者的 [Text]
    屬性設定為 " 請選擇學生姓名：" 。

2. 開啟 Form1.vb，匯入 System.Data.SqlClient 命名空間，然後撰寫
    Form1_Load() 事件程序。

\MyProj11-1\Form1.vb

```
Private Sub Form1_Load(sender As Object, e As EventArgs) Handles MyBase.Load
    ' 開啟資料連接
    SqlConnection1.Open()
    ' 建立 SqlDataReader 物件
    Dim sqlDataReader1 As SqlDataReader = SqlCommand1.ExecuteReader()
    ' 顯示查詢結果中的學生姓名
    While (sqlDataReader1.Read())
        ComboBox1.Items.Add(sqlDataReader1.GetString(1))
    End While
    sqlDataReader1.Close()                          ' 關閉 SqlDataReader 物件
    SqlConnection1.Close()                          ' 關閉資料連接
End Sub
```

3. 儲存並執行專案，得到如下結果。

隨堂練習

(1) 在前面的例子中，我們是透過 ComboBox 控制項顯示查詢結果中的學生姓名，請改用 CheckedListBox 控制項顯示學生姓名，如圖 (一)。

(2) 請透過 ComboBox 控制項顯示國文分數大於 90 的學生姓名，如圖 (二)。

圖 (一)

圖 (二)

提示

(1)

```
Private Sub Form1_Load(sender As Object, e As EventArgs) Handles MyBase.Load
    SqlConnection1.Open()
    Dim sqlDataReader1 As SqlDataReader = SqlCommand1.ExecuteReader()
    While (sqlDataReader1.Read())
        checkedListBox1.Items.Add(sqlDataReader1.GetString(1))
    End While
    sqlDataReader1.Close()
    SqlConnection1.Close()
End Sub
```

(2) 將 SqlCommand 物件的 [CommandText] 屬性變更為 "SELECT * FROM 成績單 WHERE 國文 > 90" 即可。

■ 11-4 使用 DataSet 物件存取資料庫

雖然 SqlDataReader 物件搭配 SqlCommand 物件就能存取 SQL Server 資料庫，但每次讀取出來的資料使用完畢後，並不會保留下來，也就是無法再利用，或再進行新增、更新、刪除等動作。舉例來說，假設應用程式中有兩個控制項要顯示資料，就必須重複讀取的動作。

顯然這不是很有效率，最好是有一個機制能夠保留讀取出來的資料，而這個機制就是 DataSet 物件。您可以將 DataSet 物件 (資料集) 想像成位於記憶體的資料庫，架構類似實體資料庫，可以包含一個或以上的 DataTable 物件 (資料表)，而 DataTable 物件可以來自資料庫、XML 資料或文字檔。

DataSet 物件通常搭配 SqlDataAdapter 物件使用，SqlDataAdapter 物件可以執行 SQL 命令，然後使用 Fill() 方法將傳回結果放入 DataSet 物件，就會關閉資料連接，解除資料庫鎖定，所以使用者無須爭奪資料來源。

此外，每個使用者都有專屬的 DataSet 物件，所有操作資料的動作 (例如新增、更新、刪除) 都在 DataSet 物件中進行，與資料來源無關，若要將 DataSet 物件中的資料更新回資料來源，可以使用 SqlDataAdapter 物件的 Update() 方法，如下圖。

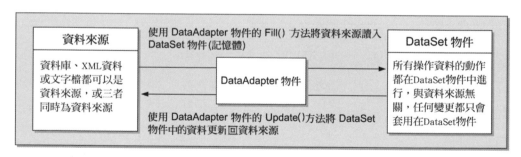

註：SQL Server 7.0 或更新版本資料庫是使用 SqlDataAdapter 物件；OLE DB 相容資料庫、SQL Server 6.5 或以前版本資料庫是使用 OleDbDataAdapter 物件；ODBC 資料來源是使用 OdbcDataAdapter 物件；Oracle 資料庫是使用 OracleDataAdapter 物件。

DataSet 物件的架構如下圖，使用 DataSet 物件的基本要求是必須瞭解如何使用 DataTableCollection、DataColumnCollectoin 和 DataRowCollection 集合存取資料表、欄位及資料列 (記錄)。

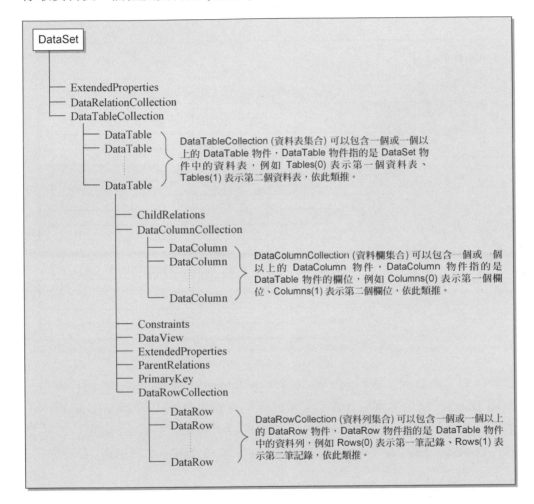

除了 DataTableCollection、DataColumnCollectoin 和 DataRowCollection 集合，還有 ExtendedProperties 可以讓您存放自訂資訊，所有自訂資訊均存放在 Hashtable 中，而 DataRelationCollection 集合則是用來描述資料表之間的關聯。

DataTableCollection 集合可以包含一個或以上的 DataTable 物件，每個
DataTable 物件都是一個資料表。假設 DataSet 物件中有數個資料表，名稱
依序為「留言板」、「討論區」及「通訊錄」，那麼所有資料表均會存放在
DataTableCollection 集合，如下圖。

```
┌─────────────────────────────────────────────────────────┐
│ ┌──────────┐                                             │
│ │ DataSet  │                                             │
│ └──────────┘                                             │
│      │        DataTable 物件，此為 Tables (0) 或 Tables ("留言板") │
│      └─ DataTableCollection  ┌──────┬──────┬──────┬──────┐ │
│              │               │      │      │      │      │ │
│              │               ├──────┼──────┼──────┼──────┤ │
│              │               │      │      │      │      │ │
│              │               └──────┴──────┴──────┴──────┘ │
│              │        DataTable 物件，此為 Tables (1) 或 Tables ("討論區") │
│              │               ┌──────┬──────┬──────┬──────┐ │
│              │               ├──────┼──────┼──────┼──────┤ │
│              │               ├──────┼──────┼──────┼──────┤ │
│              │               └──────┴──────┴──────┴──────┘ │
│                       DataTable 物件，此為 Tables (2) 或 Tables ("通訊錄") │
│                              ┌──────┬──────┬──────┬──────┐ │
│                              ├──────┼──────┼──────┼──────┤ │
│                              ├──────┼──────┼──────┼──────┤ │
│                              └──────┴──────┴──────┴──────┘ │
└─────────────────────────────────────────────────────────┘
```

若要存取「留言板」資料表，可以寫成 ds.Tables(0) 或 ds.Tables(" 留言板 ")，
ds 為 DataSet 物件，索引 0 表示「留言板」資料表為第 1 個 DataTable 物件，
索引的初始值為 0，依照資料表放入 DataSet 物件的順序遞增；同理，若要存
取「討論區」資料表，可以寫成 ds.Tables(1) 或 ds.Tables(" 討論區 ")。

每個資料表可以包含一個或以上的 DataColumn 物件，每個 DataColumn 物
件都是一個欄位，資料表的所有欄位均存放在 DataColumnCollection 集合，
例如「留言板」資料表的第一個欄位為「留言者」，若要存取此欄位，可以
寫成 ds.Tables(" 留言板 ").Columns(0) 或 ds.Tables(" 留言板 ").Columns(" 留
言者 ")，索引 0 表示「留言者」欄位為「留言板」資料表的第 1 個欄位，如
下圖。

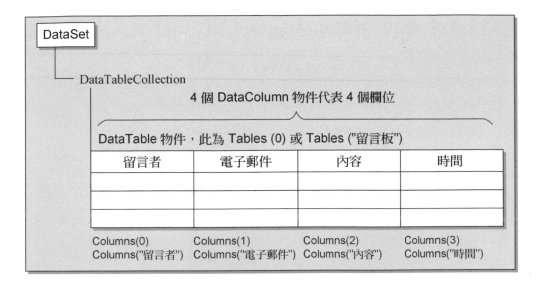

每個資料表可以包含一個或以上的 DataRow 物件，每個 DataRow 物件都是一筆資料 (記錄)，資料表的所有資料列均存放在 DataRowCollection 集合，例如要存取「留言板」資料表的第 1 筆記錄，可以寫成 ds.Tables(" 留言板 ").Rows(0)，索引 0 表示「留言板」資料表的第 1 筆記錄；若要存取「留言板」資料表的第 3 筆記錄的第 2 個欄位的資料，可以寫成 ds.Tables(" 留言板 ").Rows(2)(1)，Rows(2)(1) 表示第 3 筆記錄的第 2 個欄位，也可以寫成 ds.Tables(" 留言板 ").Rows(2)(" 電子郵件 ")，如下圖。

DataSet			
DataTableCollection			
DataTable 物件，此為 Tables (0) 或 Tables ("留言板")			
留言者	電子郵件	內容	時間
Row(0).Item(0)	Row(0).Item(1)	Row(0).Item(2)	Row(0).Item(3)
Row(1).Item(0)	Row(1).Item(1)	Row(1).Item(2)	Row(1).Item(3)
Row(2).Item(0)	Row(2).Item(1)	Row(2).Item(2)	Row(2).Item(3)
DataColumn 物件 Columns(0)	DataColumn 物件 Columns(1)	DataColumn 物件 Columns(2)	DataColumn 物件 Columns(3)

（圖左側標示）
DataRow 物件，Row(0)
DataRow 物件，Row(1)
DataRow 物件，Row(2)

11-4-1 使用 SqlDataAdapter 物件執行 SQL 命令

使用 DataSet 物件存取 SQL Server 資料庫的步驟如下:

1.　使用 SqlDataAdapter 物件執行 SQL 命令並傳回結果。

2.　使用 DataSet 物件存取資料庫。

我們可以使用 SqlDataAdapter (資料配接器) 物件對 SQL Server 資料庫執行 SQL 命令,包括選取 (SelectCommand)、新增 (InsertCommand)、更新 (UpdateCommand) 及刪除 (DeleteCommand),每種 SQL 命令可以使用不同的資料連接或共用相同的資料連接,下面是一個例子:

1.　新增一個名稱為 MyProj11-2 的 Windows Forms 應用程式。

2.　在工具箱的 [資料] 分類中找到 [SqlDataAdapter] 並按兩下。

3.　出現資料配接器組態精靈,請在 [指定資料配接器所要使用的資料連接] 欄位選擇資料連接,此例為 Grades.mdf,然後按 [下一步]。若沒有要使用的資料連接,可以點取 [新增連接] 按鈕來建立新的資料連接。

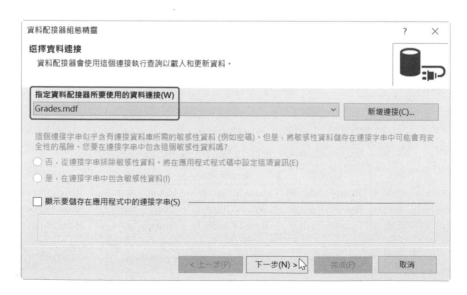

4. 若資料庫檔案不是放在專案中，Visual Studio 會詢問是否要複製到專案中，請按 [否]。

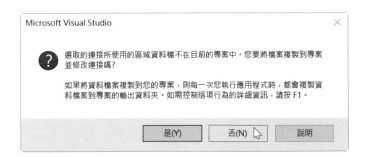

5. 接著會詢問資料配接器存取資料庫的方法，請核取 [使用 SQL 陳述式]，然後按 [下一步]。

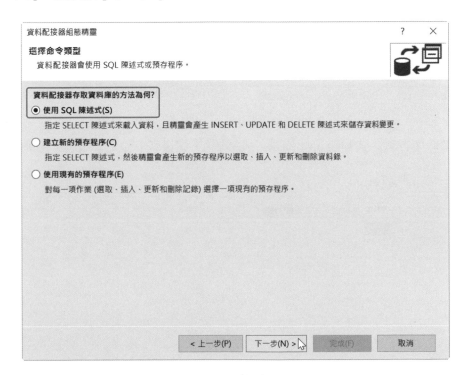

6. 您可以直接在空白欄位輸入 SQL 命令，而不熟悉 SQL 語法的人可以點取 [查詢產生器] 按鈕來協助撰寫 SQL 命令，此例是點取 [查詢產生器] 按鈕。

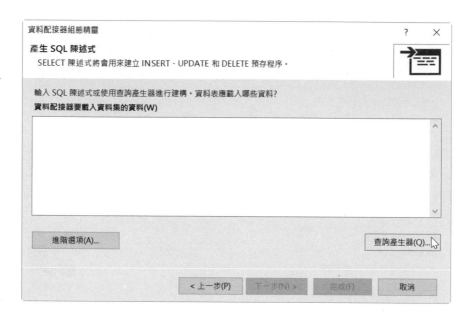

7. 選取要存取的資料表，此例為「成績單」，然後按 [加入]，再按 [關閉]。

8. 出現 [查詢產生器] 對話方塊，裡面有「成績單」資料表，請核取欲顯示的欄位，此例是核取 [* (所有資料行)]，SQL 命令區會自動產生 SQL 命令 (SELECT 成績單 .* FROM 成績單)，請按 [確定]。

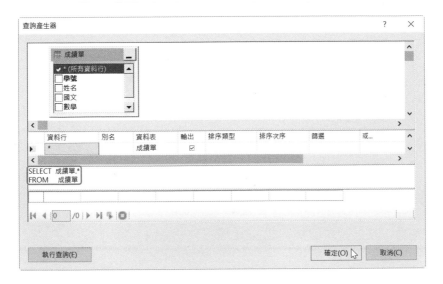

9. 回到 [產生 SQL 陳述式] 對話方塊，空白欄位出現前一步驟產生的 SQL 命令，繼續要設定進階項目，請點取 [進階選項] 按鈕。

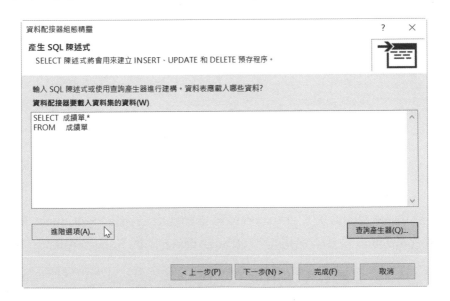

10. 核取對話方塊中的三個選項，然後按 [確定]，這樣 SqlDataAdapter 物件才會自動產生 SQL 命令的 Insert、Upate 及 Delete 陳述式。

11. 回到 [產生 SQL 陳述式] 對話方塊，請按 [下一步]。

12. 已經成功設定資料配接器和 SQL 命令，請按 [完成]。

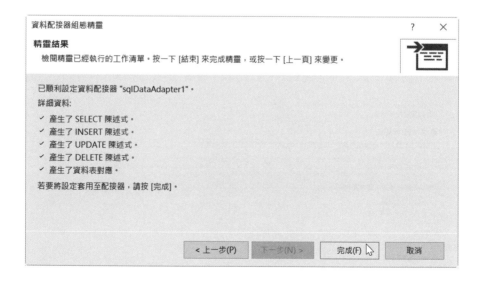

13. 回到 Visual Studio 後，就會看到精靈自動建立名稱為 "SqlConnection1" 的 SqlConnection 物件及名稱為 "SqlDataAdapter1" 的 SqlDataAdapter 物件。

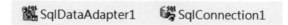

SqlDataAdapter 物件常用的屬性與方法

❖ ContinueUpdateOnError={True|False}：取得或設定在執行 Update() 方法將 DataSet 物件中的資料更新回資料來源時，若發生錯誤是否繼續更新。

❖ DeleteCommand=…：取得或設定用來從資料來源刪除資料的 SQL 命令或預存程序，屬性值為 SqlCommand 物件。

❖ InsertCommand=…：取得或設定將資料新增至資料來源的 SQL 命令或預存程序，屬性值為 SqlCommand 物件。

❖ SelectCommand=…：取得或設定用來從資料來源選取資料的 SQL 命令或預存程序，屬性值為 SqlCommand 物件。

❖ UpdateCommand=…：取得或設定用來將資料更新回資料來源的 SQL 命令或預存程序，屬性值為 SqlCommand 物件。

❖ Fill(*dataSet*)：執行 SelectCommand 屬性指定的 Select 陳述式，並將執行結果傳回的資料 (記錄) 放入參數 *dataSet* 指定的 DataSet 物件，傳回值為放入 DataSet 物件的資料列數目。

  Fill(*table*)：執行 SelectCommand 屬性指定的 Select 陳述式，並將執行結果傳回的資料 (記錄) 放入參數 *table* 指定的 DataTable 物件，傳回值為放入 DataTable 物件的資料列數目。

❖ Update(*dataSet*)：將參數 *dataSet* 指定之 DataSet 物件中的資料更新回資料來源，傳回值為成功更新的資料列數目。

  Update(*table*)：將參數 *table* 指定之 DataTable 物件中的資料更新回資料來源，傳回值為成功更新的資料列數目。

🌐 11-4-2 建立 DataSet 物件

在使用 SqlDataAdapter 物件對 SQL Server 資料庫執行 SQL 命令後,我們必須建立 DataSet 物件,步驟如下:

1. 在資料配接器 SqlDataAdapter1 按一下滑鼠右鍵,然後選取 [產生資料集]。

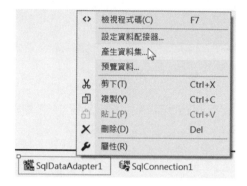

2. 核取 [新增] 並輸入資料集的名稱,例如 "DataSet1",然後按 [確定]。

3. Visual Studio 會建立名稱為 "DataSet11" 的 DataSet 物件,如下圖。

DataSet 物件常用的屬性與方法

❖ CaseSensitive={True|False}：取得或設定在 DataTable 物件中比較字串時，是否分辨英文字母大小寫。

❖ DataSetName="…"：取得或設定 DataSet 物件的名稱。

❖ HasErrors：傳回布林值，用來判斷 DataSet 物件中是否有任何資料表包含錯誤，true 表示有，false 表示沒有。

❖ Tables：取得 DataTableCollection 集合。

❖ AcceptChanges()：將所有異動過的資料更新到 DataSet 物件。

❖ Clear()：清除 DataSet 物件的所有資料。

❖ GetChanges({Added|Deleted|Detached|Modified|Unchanged})：取得自上次呼叫 AcceptChanges() 方法後，指定狀態的資料，傳回值為 DataSet 物件。Added 表示傳回被加入 DataRowCollection 集合，但尚未呼叫 AcceptChanges() 方法的資料列；Deleted 表示傳回已經使用 DataRow 物件的 Delete() 方法所刪除的資料；Detached 表示傳回不屬於任何 DataRowCollection 集合的資料列；Modified 表示傳回被修改過，但沒有呼叫 AcceptChanges() 方法的資料列；Unchanged 表示傳回自上次呼叫 AcceptChanges() 方法後沒有變更過的資料列。

GetChanges()：取得自上次呼叫 AcceptChanges() 方法後有異動過的資料，傳回值為 DataSet 物件。

❖ RejectChanges()：將 DataSet 物件回復到剛載入或最後一次呼叫 AcceptChanges() 方法時的狀態，即取消所有異動。

11-4-3 DataSet 物件與控制項的整合運用

在建立 DataSet 物件後,我們可以將查詢出來的資料放入 DataSet 物件,然後透過一些控制項來顯示 DataSet 物件中的資料,例如透過 ComboBox 控制項來顯示 DataSet 物件中「成績單」資料表的「姓名」欄位,步驟如下:

1. 在表單上放置一個 Label 控制項和 ComboBox 控制項,將前者的 [Text] 屬性設定為 "請選擇學生姓名:",然後將後者的 [DataSource] 屬性設定為 "DataSet11",表示 ComboBox 控制項的項目來自 DataSet11 資料集。

2. DataSet11 資料集包含一個「成績單」資料表,而且資料表有兩個欄位,但我們只能指定一個欄位成為 ComboBox 控制項的項目,此例是將 [DisplayMember] 屬性設定為「成績單」資料表的「姓名」欄位,表示此欄位內容將成為清單項目。

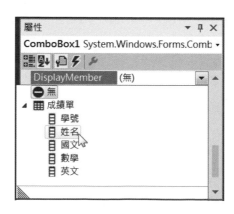

3. 將 [ValueMember] 屬性設定為「成績單」資料表的「學號」欄位,表示此欄位內容將成為清單項目的值。

4. 雖然我們已經在前一節中建立 DataSet 物件,但它目前還是空的,我們必須撰寫如下的 Form1_Load() 事件程序,以呼叫 SqlDataAdapter 物件的 Fill() 方法將查詢出來的資料放入 DataSet 物件。

```
Private Sub Form1_Load(sender As Object, e As EventArgs) Handles MyBase.Load
    SqlDataAdapter1.Fill(DataSet11)
End Sub
```

5. 儲存並執行專案,就會得到如下結果:

 備註

➤ 由於 DataSet 物件會記錄欄位結構,因此,若您修改過 SqlDataAdapter 物件的 SelectCommand 屬性所要執行的 Select 陳述式 (該陳述式決定了要取得哪些欄位),請記得刪除原來的 DataSet 物件,重新產生一個 DataSet 物件。

➤ 任何有 DataSource 屬性的控制項都可以與資料庫整合運用,例如 ComboBox、ListBox、CheckedListBox、DataGridView 等。

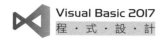

■11-5 使用 DataGridView 控制項操作資料

DataGridView 控制項可以用來顯示與操作資料庫的資料,除了能新增、更新與刪除資料,還能進行資料排序,下面是一個例子:

1. 新增一個名稱為 MyProj11-3 的 Windows Forms 應用程式。

2. 使用 SqlDataAdapter 物件執行 SQL 命令:依照第 11-4-1 節中步驟 2.~ 13. 操作,建立名稱為 "SqlConnection1" 的 SqlConnection 物件及名稱為 "SqlDataAdapter1" 的 SqlDataAdapter 物件。

3. 建立 DataSet 物件:依照第 11-4-2 節中步驟 1.~ 3. 操作,建立名稱為 "DataSet11" 的 DataSet 物件。

4. 在工具箱的 [資料] 分類中找到 [DataGridView] 並按兩下,表單上會出現一個 DataGridView 控制項,請點按其右側的智慧標籤,然後點按 [選擇資料來源] 欄位,並選擇資料來源為 DataSet1 資料集的「成績單」。

5.　將 DataGridView 控制項的 [Dock] 屬性設定為 [Fill]，然後調整表單的
　　大小，使之顯示所有欄位。從下圖可以看到，表單下方有一個名稱
　　為 " 成績單 BindingSource" 的 BindingSource 物件，其 [DataSource] 與
　　[DataMember] 兩個屬性為 DataSet11 和「成績單」，表示資料來源為
　　DataSet11 資料集的「成績單」資料表。

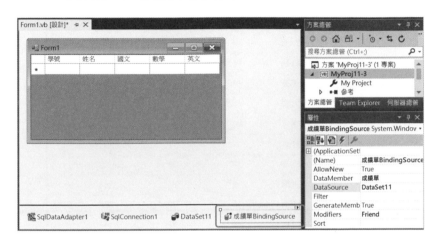

　　事實上，經由步驟 4. 的設定，DataGridView 控制項真正的資料來源是
　　BindingSource 物件，這點可以從 DataGridView 控制項的 [DataSource]
　　屬性得到驗證，也就是說，BindingSource 物件相當於「成績單」資料
　　表與 DataGridView 控制項的中介物件，其 [AllowNew] 屬性可以用來設
　　定是否允許新增資料，預設值為 True；[Filter] 屬性可以用來篩選資料，
　　例如「國文 > 80」表示只顯示國文分數大於 80 的資料；[Sort] 屬性可以
　　用來排序，例如「英文 Desc」表示依照英文分數遞減排序。

6.　撰寫如下的 Form1_Load() 事件程序，以呼叫 SqlDataAdapter 物件的
　　Fill() 方法將資料放入 DataSet 物件。

```
Private Sub Form1_Load(sender As Object, e As EventArgs) Handles MyBase.Load
    SqlDataAdapter1.Fill(DataSet11)
End Sub
```

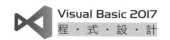

7. 儲存並執行專案，得到如圖 (一) 的結果。若要新增資料，可以直接輸入新的資料列，如圖 (二)；若要更新資料，可以將原來的資料修改成新的資料；若要刪除資料，可以選取資料列，然後按 [Del] 鍵；若要進行資料排序，可以點按欄位名稱。

Form1

	學號	姓名	國文	數學	英文
	A01	王大明	88	96	92
	A02	陳小新	95	89	99
	A03	小紅豆	80	86	89
	A04	章小倩	85	91	93
	A05	李青青	90	96	80
	A06	孫小美	80	77	82
	A07	黃小雅	100	98	95
	A08	張美麗	79	87	86
	A09	林娟娟	75	73	79
▶	A10	林小鳳	78	83	84
*					

圖 (一)

Form1

	學號	姓名	國文	數學	英文
	A01	王大明	88	96	92
	A02	陳小新	95	89	99
	A03	小紅豆	80	86	89
	A04	章小倩	85	91	93
	A05	李青青	90	96	80
	A06	孫小美	80	77	82
	A07	黃小雅	100	98	95
	A08	張美麗	79	87	86
	A09	林娟娟	75	73	79
	A10	林小鳳	78	83	84
▶	A11	小丸子	80	90	100
*					

圖 (二)

11-6 使用 BindingNavigator 控制項巡覽資料

BindingNavigator 控制項可以用來搭配 DataGridView 控制項實作巡覽資料的功能，下面是一個例子：

1. 開啟前一節的專案 <MyProj11-3>，在工具箱的 [資料] 分類中找到 [BindingNavigator] 並按兩下，然後依照下圖操作。

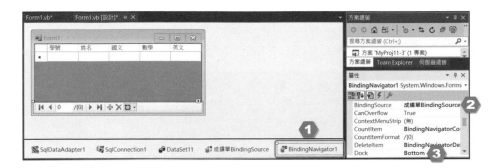

❶ 選取 BindingNavigator 控制項

❷ 將 [BindingSource] 屬性設定為前一節建立的 BindingSource 物件，此為資料來源

❸ 將 [Dock] 屬性設定為「Bottom」，令 BindingNavigator 控制項顯示在表單下方

2. 儲存並執行專案，得到如下結果，巡覽區會顯示在表單下方。

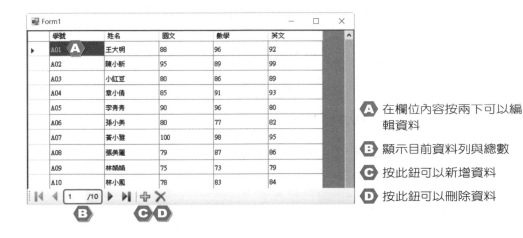

Ⓐ 在欄位內容按兩下可以編輯資料

Ⓑ 顯示目前資料列與總數

Ⓒ 按此鈕可以新增資料

Ⓓ 按此鈕可以刪除資料

請注意,由於 DataSet 物件屬於離線模式,任何新增、更新與刪除資料的動作,都是發生在 DataSet 物件中,與資料來源無關,因此,在我們新增、更新或刪除資料,並離開程式後,資料庫的實際內容並沒有更新,原因就是我們沒有呼叫 SqlDataAdapter 物件的 Update() 方法,將 DataSet 物件中的資料更新回資料庫,此時可以這麼做:

1. 點按 BindingNavigator 控制項的 ⬛▾ [加入 ToolStripButton] 按鈕,然後選取 [Button],表示要加入一個按鈕。

2. BindingNavigator 控制項多出一個 🖼 按鈕,請加以選取,然後將 [DisplayStyle] 屬性設定為「Text」,[Text] 屬性設定為「存檔」,[ToolTipText] 屬性設定為「儲存異動的資料」。

3. 按鈕的外觀隨即變成 存檔 ,請按兩下此鈕,然後在程式碼視窗中撰寫 ToolStripButton1_Click() 事件程序。

```
Private Sub ToolStripButton1_Click(sender As Object, e As EventArgs) _
    Handles ToolStripButton1.Click
    SqlDataAdapter1.Update(DataSet11)
End Sub
```

4. 儲存並執行專案，然後依照下圖操作。

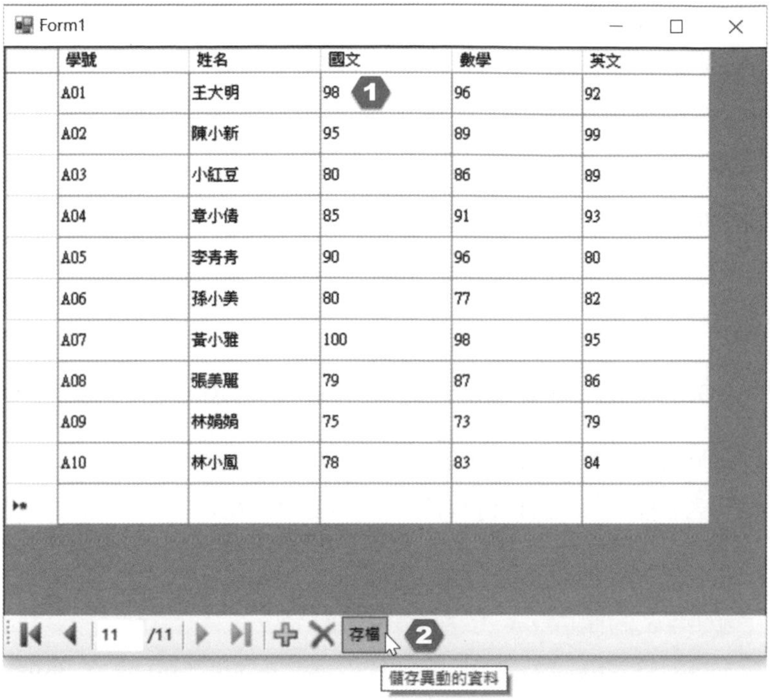

學號	姓名	國文	數學	英文
A01	王大明	98 ❶	96	92
A02	陳小新	95	89	99
A03	小紅豆	80	86	89
A04	章小倩	85	91	93
A05	李青青	90	96	80
A06	孫小美	80	77	82
A07	黃小雅	100	98	95
A08	張美麗	79	87	86
A09	林娟娟	75	73	79
A10	林小鳳	78	83	84

❶ 將此筆分數改成 98 並離開該欄位 (請注意，若沒離開該欄位即按存檔會沒有效果，必須離開欄位才算完成編輯的動作)

❷ 按 [存檔]

5. 離開程式再執行一次，您會發現修改後的分數已經寫回 SQL Server 資料庫。除了修改資料，您也可以試著新增資料或刪除資料，然後按 [存檔]，再去確認這些動作有寫回 SQL Server 資料庫。

選擇題

( ) 1. 下列何者不適合以資料庫系統來處理？

    A. 銀行客戶帳號   B. 銷售記錄

    C. 公司簡報   D. 學生成績單

( ) 2. .NET Framework 資料提供者的哪個物件可以用來執行 SQL 命令，將傳回結果放入 DataSet 物件？

    A. Connection   B. Command   C. DataReader   D. DataAdapter

( ) 3. 下列哪個物件可以用來存取 DataSet 物件中的資料表？

    A. DataTable   B. DataColum   C. DataRow   D. DataReader

( ) 4. 下列何者不能做為 DataSet 物件的資料來源？

    A. 文字檔   B. 資料庫   C. HTML 網頁   D. XML 文件

( ) 5. 假設有一個名稱為 objDS 的 DataSet 物件，若要存取其第 3 個資料表的第 5 個欄位，可以寫成下列何者？

    A. objDS.Tables(3).Column(5)   B. objDS.Tables(2).Column(4)

    C. objDS.Tables(3).Row(5)   D. objDS.Tables(2).Row(4)

( ) 6. 我們可以使用下列哪個物件開啟或關閉資料連接？

    A. DataSet   B. Command   C. Connection   D. DataAdapter

( ) 7. 若要將 DataSet 物件中的資料更新回資料來源，可以使用 SqlDataAdapter 物件的哪個方法？

    A. Fill()   B. Execute()   C. Update()   D. GetChanges()

( ) 8. 下列關於 DataReader 與 DataSet 物件的敘述何者錯誤？

    A. 我們無法隨機讀取 DataReader 物件的資料

    B. 使用 DataSet 物件存取資料來源時，資料連接必須維持連線的狀態

    C. 使用 DataReader 物件存取資料來源時，一次只能讀取一筆資料

    D. 每個使用者都有專屬的 DataSet 物件，無須競爭資料來源

Part 物件導向篇 4

Chapter 12

類別、物件與結構

▌12-1 認識物件導向

物件導向 (OO，Object Oriented) 是軟體發展過程中極具影響性的突破，愈來愈多程式語言強調其物件導向的特性，VB 2017 也不例外。

物件導向的優點是物件可以在不同的應用程式中被重複使用，Windows 本身就是一個物件導向的例子，您在 Windows 環境中所看到的東西，包括視窗、按鈕、對話方塊、表單、控制項、資料庫等，均屬於物件，您可以將這些物件放進自己撰寫的程式，然後視實際情況變更物件的欄位或屬性，例如標題列的文字、按鈕的文字或大小等，而不必再為這些物件撰寫冗長的程式碼，下面是幾個相關的名詞：

❖ 物件 (object) 或案例 (instance) 就像在生活中所看到的各種物品，例如電腦、冰箱、汽車等，而物件可能又是由許多子物件所組成，比方說，電腦是一種物件，而電腦又是由硬碟、CPU、主機板等子物件所組成；又比方說，Windows 環境中的視窗是一種物件，而視窗又是由標題列、功能表列、工具列等子物件所組成。在 VB 2017 中，物件是資料與程式碼的組合，它可以是整個應用程式或整個應用程式的一部分。

❖ 欄位 (field)、屬性 (property) 或成員變數 (member variable) 是用來描述物件的特質，比方說，電腦是一種物件，而電腦的等級、製造廠商等用來描述電腦的特質就是這個物件的欄位；又比方說，Windows 環境中的視窗是一種物件，而它的大小、位置等用來描述視窗的特質就是這個物件的欄位。VB 2017 將欄位視同變數，可以直接存取，而屬性則必須透過 Get 程序或 Set 程序來存取，以限制其存取方式。

❖ 方法 (method) 或成員函式 (member function) 是用來執行物件的動作，比方說，電腦是一種物件，而開機、關機、執行應用程式、掃描磁碟等動作就是這個物件的方法；又比方說，VB 2017 的 System.Drawing. Graphics 類別提供了 DrawLine()、DrawCurve() 等方法，可以讓我們繪製直線、曲線等圖形。

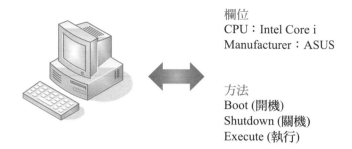

欄位
CPU：Intel Core i
Manufacturer：ASUS

方法
Boot (開機)
Shutdown (關機)
Execute (執行)

❖ 事件 (event) 是在某些情況下發出特定訊號警告您，比方說，假設您有一部汽車，當您發動汽車卻沒有關好車門時，汽車會發出嗶嗶聲警告您，這就是一種事件；又比方說，在 VB 2017 中，當使用者按一下按鈕時，就會產生一個 Click 事件，然後我們可以針對這個事件撰寫處理程序，例如將使用者輸入的資料進行運算、寫入資料庫或檔案。

❖ 類別 (class) 是物件的分類，就像物件的藍圖，隸屬於相同類別的物件具有相同的欄位、屬性、方法及事件，但欄位或屬性的值則不一定相同。比方說，假設汽車是一種類別，它有廠牌、顏色、型號等欄位及開門、關門、發動等方法，那麼一部白色 BMW 520 汽車就是隸屬於汽車類別的一個物件或案例，其廠牌欄位的值為 BMW，顏色欄位的值為白色，型號欄位的值為 520，而且除了這些欄位之外，它還有開門、關門、發動等方法，至於其它車種 (例如 BENZ)，則為汽車類別的其它物件或案例。

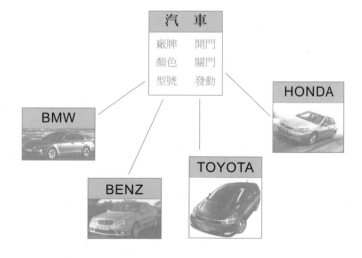

物件導向程式設計 (OOP，Object Oriented Programming) 具有下列特點：

❖ 封裝 (encapsulation)：傳統的程序性程式設計 (procedural programming) 是將資料與用來處理資料的方法分開宣告，但是到了物件導向程式設計，兩者會放在一起成為一個類別，稱為封裝，而且類別內的資料或方法可以設定存取層級，例如 Public、Private、Protected、Friend、Protected Friend。由於封裝允許使用者將類別內的資料或方法隱藏起來，避免一時疏忽存取到不應該存取的資料或方法，故又稱為資料隱藏 (data hiding)。

❖ 繼承 (inheritance)：繼承是從既有的類別建立新的類別，這個既有的類別叫做基底類別 (base class)，由於是用來做為基礎的類別，故又稱為父類別 (parent class) 或超類別 (superclass)，而這個新的類別則叫做衍生類別 (derived class)，由於是繼承自基底類別，故又稱為子類別 (subclass、child class) 或擴充類別 (extended class)。

子類別不僅繼承了父類別內非私有的欄位、屬性、方法或事件等成員，還可以加入新的成員或覆蓋 (override) 繼承自父類別的屬性或方法，也就是將繼承自父類別的屬性或方法重新宣告，只要其名稱及參數沒有改變即可，而且在這個過程中，父類別的屬性或方法並不會受到影響。

繼承的優點是父類別的程式碼只要撰寫與偵錯一次，就可以在其子類別重複使用，如此不僅節省時間與開發成本，也提高了程式的可靠性，有助於原始問題的概念化。

❖ 多型 (polymorphism)：多型指的是當不同的物件收到相同的訊息時，會以各自的方法來做處理，舉例來說，假設飛機是一個父類別，它有起飛與降落兩個方法，另外有熱汽球、直升機及噴射機三個子類別，這三個子類別繼承了父類別的起飛與降落兩個方法，不過，由於熱汽球、直升機及噴射機的起飛方式與降落方式是不同的，因此，我們必須在子類別內覆蓋 (override) 這兩個方法，屆時，只要物件收到起飛或降落的訊息，就會視物件所隸屬的子類別呼叫對應的方法來做處理。

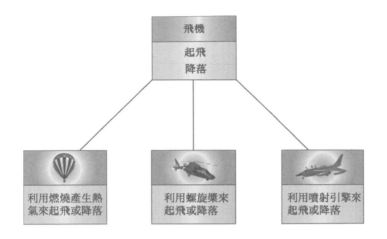

最後，由於 Overloading（重載）、Overriding（覆蓋）、Shadowing（遮蔽）三個名詞容易造成初學者的混淆，所以我們來解釋一下其中的差異：

❖ Overloading（重載）：VB 2017 允許我們將方法或屬性加以重載，使用 Overloads 關鍵字宣告多個同名的方法或屬性，然後藉由不同的參數個數、不同的參數順序或不同的參數型別來區分，第 5-8 節有介紹過。

❖ Overriding（覆蓋）：VB 2017 允許衍生類別透過 Overrides 關鍵字將繼承自基底類別的方法或屬性加以重新宣告，只要名稱及參數沒有改變即可，第 13 章有進一步的說明。

❖ Shadowing（遮蔽）：VB 2017 的遮蔽分為範圍遮蔽和繼承遮蔽兩種類型，前者指的是程式設計人員可以宣告多個不同有效範圍的同名元件，然後在進行存取時，編譯器會以有效範圍較小的同名元件優先使用，舉例來說，假設有個模組變數叫做 MyName，在此同時，程序內亦宣告一個叫做 MyName 的同名變數，那麼當程式設計人員在程序內存取變數 MyName 時，編譯器將會以程序內宣告的變數 MyName 遮蔽同名的模組變數 MyName，第 5-5 節有介紹過；後者指的是子類別能夠透過 Shadows 關鍵字以任何型別的項目遮蔽繼承自父類別的成員，例如以 Integer 變數遮蔽方法，第 13-1-6 節有進一步的說明。

12-2 宣告類別

類別 (class) 就相當於是物件導向程式設計中各個物件或案例的藍圖，若要將類別放在獨立的檔案，可以先開啟專案，然後選取 [專案] \ [加入新項目]，再依照下圖操作，新增的類別檔案會出現在方案總管，而且副檔名為 .vb。

在過去，VB 6.0 規定每個類別都必須是獨立的檔案，而 VB 2017 則允許相同檔案內有多個類別。

1 選取 [類別]　　**3** 按 [新增]

2 輸入類別檔案名稱　　**4** 類別檔案加入專案後，就可以被專案內的其它檔案存取或者，您也可以直接使用 Class 陳述式宣告類別，其語法如下：

```
[accessmodifier] [Shadows] [MustInherit|NotInheritable] [Partial] Class name[(Of typelist)]
    [Inherits baseclassname]
    [Implements interfacenames]
    [statements]
End Class
```

❖ [*accessmodifier*]：我們可以加上存取修飾字宣告類別的存取層級，命名空間層級的類別預設為 Friend，模組層級的類別預設為 Public，比方說，若資料或方法能夠被整個專案或參考該專案的專案所存取，就宣告為 Public；若資料或方法只能被包含其宣告的模組、結構或類別內的敘述所存取，就宣告為 Private；若資料或方法只能被包含其宣告的類別或其衍生類別所存取，就宣告為 Protected；若資料或方法能夠被包含其宣告的程式或相同組件所存取，就宣告為 Friend；若資料或方法能夠被相同組件、包含其宣告的類別或其衍生類別所存取，就宣告為 Protected Friend。

❖ [Shadows]：若要以此類別遮蔽基底類別內的同名元件，可以加上 Shadows 關鍵字，被遮蔽的元件將無法被遮蔽該元件的衍生類別所存取。

❖ [MustInherit|NotInheritable]：若要指定此類別的非共用成員必須在其衍生類別內實作，可以加上 MustInherit 關鍵字，而且使用者不可以建立此類別的物件；相反的，若要指定此類別不得再被其它類別繼承，可以加上 NotInheritable 關鍵字。

❖ [Partial]：若要將類別宣告分割成不同的部分，可以加上 Partial 關鍵字（詳閱第 15-1 節）。

❖ Class、End Class：分別標示類別的開頭與結尾。

❖ *name*：類別的名稱，必須是符合 VB 2017 命名規則的識別字。

❖ [(Of *typelist*)]：若要宣告泛型類別，可以加上此敘述（詳閱第 15 章）。

❖ [Inherits *baseclassname*]：這個敘述用來指定此類別繼承了另一個類別
  baseclassname 的成員，若沒有要繼承任何類別的成員，就省略不寫。

❖ [Implements *interfacenames*]：這個敘述用來指定此類別所要實作的介
  面，若沒有要實作任何介面，就省略不寫 (詳閱第 13 章)。

❖ [*statements*]：這些敘述用來宣告欄位、屬性、方法或事件。

注意 　類別 V.S. 模組

VB 2017 的敘述區塊不能當作獨立的程式單元，必須放在類別或模組內，類別能
夠將敘述區塊放在一起，並在物件導向上扮演著重要的角色，而模組則只能將敘
述區塊放在一起，所以能夠被類別取代。同一個專案內可以有多個模組，而模組
內又可以有多個變數、屬性、事件、程序或其它程式碼。我們可以使用 Module
陳述式宣告模組，其語法如下，預設的存取範圍為 Friend：

```
[Public|Friend] Module name
    [statements]
End Module
```

 備註

模組與類別主要的差異如下：

➤ 儲存資料的方式：模組存放的資料只有一份，而類別存放的資料有幾份取決於
  它有幾個物件，不過，類別的共用成員則是每個物件共用一份。

➤ 生命週期：模組變數的生命週期與應用程式相同，而類別變數的生命週期與所
  隸屬的物件相同，一旦物件被釋放，裡面所存放的資料也會消失。

➤ 存取層級：模組內的 Public 變數可以被任何程式碼存取，而類別內的 Public 成
  員卻不可以被直接存取，除非先建立物件或宣告為共用 (shared)。

➤ 繼承與介面：模組不支援繼承與介面，而類別則有支援。

12-3 宣告類別的成員

VB 2017 的類別可以包含欄位、屬性、方法及事件等成員，其中欄位視同變數，可以直接存取，屬性則必須透過 Get 程序或 Set 程序來存取。

12-3-1 宣告欄位

在類別內宣告欄位 (field) 其實和宣告變數或常數一樣，同時可以加上 Public、Private、Protected、Friend、Protected Friend 等存取修飾字宣告其存取層級，預設為 Private。為了避免混淆，建議您明確宣告欄位的存取層級。下面是一個例子，裡面宣告了 EmpName 和 EmpSalary 兩個欄位。

```
Public Class Employee
    Public EmpName As String
    Public EmpSalary As Integer
End Class
```

12-3-2 宣告方法

在類別內宣告方法 (method) 其實和宣告副程式或函式一樣，同時可以加上 Public、Private、Protected、Friend、Protected Friend 等存取修飾字宣告其存取層級，預設為 Public。下面是一個例子，裡面宣告了 ComputeBonus() 函式。

```
Public Class Employee
    Public EmpName As String
    Public EmpSalary As Integer
    Public Function ComputeBonus() As Integer
        ComputeBonus = EmpSalary * 2
    End Function
End Class
```

12-3-3 宣告屬性

我們已經在第 5-9 節介紹過如何宣告屬性及其 Get、Set 程序，此處就不重複說明。下面是一個例子，AbsentDate 屬性是一個 Date 型別的陣列，用來存放缺席日期，而且這個屬性的參數 Index 是陣列的索引。

\MyProj12 -1\Employee.vb

```
Public Class Employee
    Public EmpName As String
    Public EmpSalary As Integer

    Public Function ComputeBonus() As Integer
        ComputeBonus = EmpSalary * 2
    End Function

    Private PropertyValues As Date()

    Public Property AbsentDate(ByVal Index As Integer) As Date
        Get
            Return PropertyValues(Index)
        End Get

        Set(ByVal Value As Date)
            If PropertyValues Is Nothing Then          '檢查陣列是否第一次被存取
                ReDim PropertyValues(0)
            Else
                ReDim Preserve PropertyValues(UBound(PropertyValues) + 1)
            End If
            PropertyValues(Index) = Value
        End Set
    End Property
End Class
```

12-4 存取類別的成員

由於類別屬於參考類型，無法像整數、布林等實值型別的變數可以被直接存取，必須先使用 New 關鍵字建立類別的物件，然後透過該物件存取類別的成員，我們將建立物件的動作稱為案例化 (instantiation)，除非是使用 Shared 關鍵字所宣告的共用成員，才能直接透過類別的名稱進行存取，無須建立物件，我們會在下一節介紹共用成員。

例如下面的敘述是使用 New 關鍵字建立一個名稱為 Manager、隸屬於 Employee 類別的物件：

```
Dim Manager As New Employee()
```

在建立類別的物件後，就可以透過該物件存取類別的成員，例如：

```
Manager.EmpSalary = 50000              '設定物件的 EmpSalary 欄位
MsgBox(Manager.ComputeBonus())         '呼叫物件的 ComputeBonus() 方法並顯示結果
Manager.AbsentDate(0) = #5/20/2018#    '設定物件的屬性，此屬性為陣列
```

若 Employee 類別的 AbsentDate 屬性被建立為預設的屬性，也就是在前面加上 Default 關鍵字，那麼存取這個屬性的值將可以寫成如下：

```
Manager(0)                             ' 與 Manager.AbsentDate(0) 同義
```

最後要請您留意下面兩個敘述的差異，第一個敘述只是宣告一個指向 Button 物件的變數 MyButton1，在指派任何 Button 型別的物件給這個變數之前，它的值都是 Nothing；相反的，第二個敘述則是建立一個 Button 物件，然後指派給變數 MyButton2，換句話說，變數 MyButton2 已經是一個物件：

```
Dim MyButton1 As System.Windows.Forms.Button()
Dim MyButton2 As New System.Windows.Forms.Button()
```

▎12-5 共用成員

在前一節中，我們介紹過存取類別的成員必須先使用 New 關鍵字建立類別的物件，然後透過該物件進行存取，但事實上，有一種例外的情況，就是共用成員 (shared member)，又稱為靜態成員 (static member)。

在我們使用 Shared 關鍵字將類別的欄位、屬性或方法宣告為共用成員後，就可以直接透過類別的名稱進行存取，無須建立物件，而且共用成員為隸屬於該類別的每個物件所共用，不屬於任何個別的物件。

以下面的程式碼為例，我們在 Class1 類別內宣告一個共用欄位 Counter 和一個共用方法 Multiply()。

\MyProj12-2\Class1.vb

```
Public Class Class1
    Public Shared Counter As Integer
    Public Sub New()          '這是類別的建構函式，在建立物件的同時會自動執行
        Counter += 1
    End Sub

    Public Shared Function Multiply(ByVal X As Integer, ByVal Y As Integer) As Integer
        Multiply = X * Y
    End Function
End Class
```

當要存取共用欄位 Counter 時，可以透過類別的名稱，無須建立物件：

```
Class1.Counter = 10          '將共用欄位的值設定為 10
```

當要存取共用方法 Multiply() 時，可以透過類別的名稱，無須建立物件：

```
Class1.Multiply(10, 20)      '將傳回 200 ( 也就是 10*20)
```

提醒您，由於共用成員為隸屬於該類別的每個物件所共用，因此，若有一個物件改變共用欄位的值，其它物件的這個共用欄位的值也會跟著改變。下面是一個例子，請您猜猜看，對話方塊中將顯示哪種結果呢？

\MyProj12-2\Module1.vb

```
01:Module Module1
02:   Sub Main()
03:     Dim obj1 As New Class1()
04:     Dim obj2 As New Class1()
05:     Dim obj3 As New Class1()
06:     MsgBox(Class1.Counter)
07:   End Sub
08:End Module
```

答案是 3，因為在第 03 行建立一個名稱為 obj1 的物件時，會自動執行類別的建構函式 New()，而此時共用欄位 Counter 的值為 0，加 1 後得到 1；接著，在第 04 行建立一個名稱為 obj2 的物件時，又會自動執行類別的建構函式 New()，而此時共用欄位 Counter 的值為 1，加 1 後得到 2；最後，在第 05 行建立一個名稱為 obj3 的物件時，仍會自動執行類別的建構函式 New()，而此時共用欄位 Counter 的值為 2，加 1 後得到 3；由於共用欄位 Counter 為 obj1、obj2、obj3 三個物件所共用，故第 06 行的執行結果是在對話方塊中顯示 3。

注意

▶ 共用欄位預設的存取層級為 **Private**，而共用方法及共用屬性預設的存取層級為 **Public**。為了避免混淆，徒增除錯的困擾，建議您以適當的存取修飾字明確宣告存取層級。

▶ 除了欄位、方法與屬性，我們也可以在類別中加入事件，由於事件程序的撰寫與繼承、衍生類別等主題有關，所以留待第 14 章再做討論。

▌▌▌隨堂練習

使用第 12-3 節的 Employee 類別撰寫一個程式,令其執行結果如下:

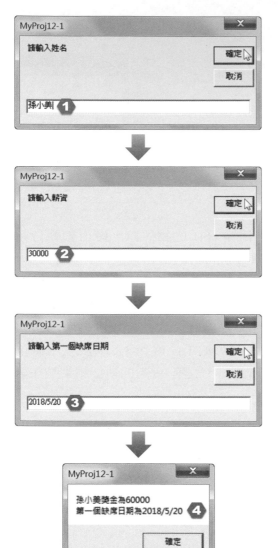

❶ 輸入姓名後按 [確定]

❷ 輸入薪資後按 [確定]

❸ 輸入第一個缺席日期後按 [確定]

❹ 顯示姓名、獎金及第一個缺席日期

提示

1. 新增一個名稱為 MyProj12-1 的主控台應用程式，裡面預設有一個名稱為 Module1.vb 的模組檔案。

2. 選取 [專案] \ [加入新項目]，新增一個名稱為 Employee.vb 的類別檔案，這個檔案將出現在方案總管。

3. 開啟 Emploee.vb 的程式碼視窗並輸入第 12-3 節所宣告的 Employee 類別。

4. 開啟 Module1.vb 的程式碼視窗並輸入下列程式碼。

```
Module Module1
    Dim Manager As New Employee()
    Sub Main()
        Manager.EmpName = InputBox(" 請輸入姓名 ")
        Manager.EmpSalary = CInt(InputBox(" 請輸入薪資 "))
        Manager.AbsentDate(0) = CDate(InputBox(" 請輸入第一個缺席日期 "))
        MsgBox(Manager.EmpName & " 獎金為 " & Manager.ComputeBonus() & Chr(10) & _
            " 第一個缺席日期為 " & Manager.AbsentDate(0))
    End Sub
End Module
```

12-6 物件的生命週期

在討論物件的生命週期之前,我們先來複習一下廣義的生命週期。所謂生命週期 (lifetime) 指的是變數能夠存在於記憶體多久,對 VB 2017 來說,變數是唯一具有生命週期的元件,而函式的傳回值、程序的參數都算是特殊形式的變數,只要變數能夠被用來存放資料,其生命週期就尚未結束。

類型	說明
在模組內宣告的變數 (成員變數)	這種變數的生命週期與應用程式相同,換句話說,只要應用程式仍在執行,變數就一直存在於記憶體。
在結構或類別內宣告的變數 (成員變數)	若在結構或類別內宣告變數時沒有加上 Shared 關鍵字,例如 Dim objVar As Object,表示為「案例變數」(instance variable),生命週期與結構或類別的案例相同,只要結構或類別的案例沒有被釋放,變數就一直存在於記憶體。 這種變數在生命週期一開始會被初始化為預設值 (視其型別而定),除非在宣告變數的同時有指派初始值,在 VB 2017 中, 諸 如 Byte、Short、Integer、Long 等數值型別的預設值為 0,Date 型別的預設值為 1/1/0001 00:00:00,布林型別的預設值為 False,陣列、字串、Object 等參考型別的預設值為 Nothing。
	若在結構或類別內宣告變數時有加上 Shared 關鍵字,例如 Shared objVar As Object,表 示 為「 共 用 變 數 」(shared variable),生命週期與應用程式相同,不會隨著案例被釋放而從記憶體移除。
在程序內宣告的變數 (區域變數)	若在程序內宣告變數時沒有加上 Static 關鍵字,生命週期與程序相同,只要程序仍在執行,變數就一直存在於記憶體。若程序又呼叫其它程序,那麼只要被呼叫的程序仍在執行,變數就不會從記憶體移除。
	若在程序內宣告變數時有加上 Static 關鍵字,例如 Static objVar As Object,表示為「靜態變數」(static variable),生命週期與應用程式相同。這種變數在生命週期一開始會被初始化為預設值 (視其型別而定),除非在宣告變數的同時有指定初始值。

物件的生命週期是從以 New 關鍵字建立案例的那一刻開始，直到物件超出有效範圍或被設定為 Nothing，才算結束。VB 2017 將用來初始化物件的程序稱為建構函式 (constructor)，常見的初始化動作有開啟檔案、建立資料連接、設定初始值等。至於用來釋放物件的程序則稱為解構函式 (destructor)，常見的釋放動作有關閉檔案、關閉資料連接、清除設定值等。

在過去，VB 6.0 是以 Class_Initialize() 和 Class_Terminate() 兩個方法做為建構函式及解構函式，到了 VB 2017 則是以 New() 方法做為建構函式，以 Finalize() 或 Dispose() 方法做為解構函式。

New() 方法在建立物件時會自動執行，而且除了相同類別或其衍生類別內其它建構函式的第一行程式碼之外，不得被任何程式碼呼叫。您可以在類別內明確宣告 New() 方法，而且可以將它重載，若沒有明確宣告，VB 2017 會自動在執行階段產生 New() 方法，只是該方法不會出現在您的程式碼。

Finalize() 方法只能被相同類別或其衍生類別所呼叫，而且由於 Finalize() 方法在釋放物件時會自動執行，因此，除了其衍生類別的解構函式之外，使用者不應該自行呼叫 Finalize() 方法，以免造成重複執行。

不過，請注意，VB 6.0 在物件一被設定為 Nothing 時，會立刻執行 Class_Terminate() 方法，可是 VB 2017 在物件離開有效範圍到自動執行 Finalize() 方法之間卻會有一段延遲，無法確定物件何時真正從記憶體移除，而這主要是因為 VB 2017 負責釋放資源的垃圾收集器與 VB 6.0 不同所致，當物件變數被設定為 Nothing 時，例如 objVar = Nothing，表示此變數沒有指向任何物件，但這並不意味著此變數之前所指向的物件就會從記憶體移除，必須等到 VB 2017 的垃圾收集器確定已經沒有任何變數指向此物件，才會將它從記憶體移除。

若希望允許使用者自行呼叫某個方法立刻釋放物件佔用的資源，而不要像執行 Finalize() 方法一樣有延遲，那麼可以實作 IDisposable 介面所宣告的 Dispose() 方法，該方法不會自動執行，必須明確呼叫才會執行。

為了協助程式設計人員立刻釋放物件佔用的資源，VB 2017 提供了 Using 陳述式，只要將物件放進 Using…End Using 區塊，一旦程式碼離開這個區塊，系統就會自行呼叫 IDisposable 介面所宣告的 Dispose() 方法，立刻釋放物件佔用的資源，下面是一個例子：

```
Imports System.Data.SqlClient
Public Sub AccessSql(ByVal s As String)
    Using sqc As New System.Data.SqlClient.SqlConnection(s)
        MsgBox("Connected with string """ & sqc.ConnectionString & """")
    End Using
End Sub
```

在本節結束之前，我們來簡單介紹垃圾收集法 (garbage collection)。曾經從事過 C/C++ 程式設計的人難免會碰到一種情況，就是忘了在程式碼中釋放不需要的物件，導致資源用盡記憶體不足。為了避免這種情況，新一代的程式語言大都提供了垃圾收集法的機制，可以自動監控程式設計人員撰寫的程式，記錄所使用的物件或變數，一旦發現有不再使用的物件或變數，就從記憶體移除。事實上，此處所謂的「垃圾」指的正是程式中不再使用的物件或變數。

在過去，VB 6.0 所提供的「垃圾收集器」(GC，Garbage Collector) 是採取參考計數 (reference counting) 的方式，而 VB 2017 所提供的「垃圾收集器」則是採取參考追蹤 (reference tracing) 的方式，優點是提升效能及簡化垃圾收集法的困難度，不需要再擔心循環參考 (cyclical reference) 的問題，也就是多個物件互相參考，但實際上卻都已經不再使用。

缺點則是在物件離開有效範圍到自動執行 Finalize() 方法之間會有一段延遲，這段延遲的時間長短會隨著系統的繁忙程度成反比，換句話說，系統資源愈貧乏、程式愈繁忙，垃圾收集器執行的次數就愈頻繁，延遲的時間就愈短，以盡快收回不再使用的資源；相反的，系統資源愈充裕、程式愈閒置，垃圾收集器執行的次數就愈少，延遲的時間就愈長。

12-6-1 建構函式 New()

建構函式 (constructor) 是用來初始化物件的程序，常見的初始化動作有開啟檔案、建立資料連接、建立網路連線、設定初始值等。VB 2017 是以 New() 方法做為建構函式，該方法在建立物件時會自動執行，而且除了相同類別或其衍生類別內其它建構函式的第一行程式碼之外，不得被任何程式碼呼叫。

您可以在類別內明確宣告 New() 方法，而且可以將它重載 (overloading)。若沒有明確宣告，VB 2017 會自動在執行階段產生 New() 方法，只是該方法不會出現在您的程式碼。

以下面的程式碼為例，它不僅宣告了類別的建構函式，而且還加以重載，其中一個有參數，另一個沒有參數：

```
Public Class Employee
    Public EmpName As String
    Public Sub New(ByVal Name As String)
        EmpName = Name
    End Sub

    Public Sub New()
        EmpName = InputBox(" 請輸入姓名 ")
    End Sub
End Class
```

當您要建立隸屬於 Employee 類別的物件時，可以使用下列兩種語法，視有無參數而定，若有參數，就將參數的值指派給 EmpName 變數，否則就出現對話方塊要求使用者輸入員工的姓名以指派給 EmpName 變數：

```
Dim Manager As New Employee()              ' 會自動呼叫沒有參數的 New() 方法
Dim Asistant As New Employee(" 小丸子 ")    ' 會自動呼叫有一個參數的 New() 方法
```

注意

理論上，衍生類別之建構函式的第一行程式碼都必須呼叫其基底類別的建構函式，例如 MyBase.New(*parameterlist*)，除非其基底類別的建構函式沒有參數，例如 MyBase.New()，那麼可以省略不寫，VB 2017 會自動呼叫，MyBase 關鍵字指的是目前物件的基底類別，第 13 章有進一步的說明。

12-6-2 解構函式 Finalize()

解構函式 (destructor) 是用來釋放物件的程序，常見的釋放動作有關閉檔案、關閉資料連接、中斷網路連線、清除設定值等。VB 2017 是以 Finalize() 方法做為解構函式，該方法只能被相同類別或其衍生類別所呼叫，而且由於 Finalize() 方法在釋放物件時會自動執行，因此，除了其衍生類別的解構函式之外，使用者不應該自行呼叫 Finalize() 方法，以免造成重複執行。

以下面的程式碼為例，它除了將物件變數 objVar 設定為 Nothing，還呼叫基底類別的解構函式，其中 MyBase 關鍵字指的是目前物件的基底類別：

```
Protected Overrides Sub Finalize()
    objVar = Nothing
    MyBase.Finalize()           '當您覆蓋 Finalize() 時，記得要呼叫其基底類別的解構函式
End Sub
```

備註

VB 2017 的垃圾收集器在確定已經沒有任何變數指向某個物件時，會先呼叫該物件的解構函式 Finalize()，然後才會將它從記憶體移除。預設的解構函式並不會做任何動作，若要在釋放物件的同時進行關閉檔案、關閉資料連接、中斷網路連線、清除設定值等動作，就必須覆蓋解構函式 Finalize()。要注意的是執行解構函式 Finalize() 會影響程式的效能，除非必要，否則盡量避免使用。

12-6-3 解構函式 Dispose()

若希望允許使用者自行呼叫某個方法立刻釋放物件佔用的資源，而不要像執行 Finalize() 方法一樣有延遲，那麼可以實作 IDisposable 介面所宣告的 Dispose() 方法，該方法不會自動執行，必須明確呼叫才會執行。以下面的程式碼為例，第 02 行是宣告 Class1 類別要實作 IDisposable 介面所宣告的成員，第 04 ~ 06 行則是實作 IDisposable 介面所宣告的 Dispose() 方法：

```
01:Public Class Class1
02:    Implements IDisposable    '宣告這個類別要實作 IDisposable 介面所宣告的成員
03:    '…其它敘述
04:    Public Sub Dispose() Implements IDisposable.Dispose
05:        objVar = Nothing
06:    End Sub
07:End Class
```

日後我們可以呼叫 Dispose() 方法立刻釋放物件佔用的資源，例如：

```
Dim AnObject As New Class1()    '建立一個隸屬於 Class1 類別的物件
'…其它敘述
AnObject.Dispose()              '呼叫 Dispose() 方法立刻釋放物件佔用的資源
```

> **注意**
>
> 事實上，我們也可以自行啟動垃圾收集器，只要呼叫 System.GC.Collect() 方法即可。不過，我們並不鼓勵您這麼做，因為每次啟動垃圾收集器，它都必須檢查應用程式的每個物件，而不只是釋放單一物件，如此會降低應用程式的效能。
>
> 此外，VB 2017 提供了 Using 陳述式，只要將物件放進 Using…End Using 區塊，一旦程式碼離開這個區塊，系統就會自行呼叫 IDisposable 介面所宣告的 Dispose() 方法，立刻釋放物件佔用的資源。

12-7 物件與集合

有時我們所要處理的並不是單獨一個物件，而是很多個物件，對此，VB 2017 提供了下列處理方式：

❖ 陣列 (array)：我們在第 4 章介紹過陣列，要提醒您的是陣列可以存放多個元素，然後透過索引進行存取，這些元素可以是數值、字串或其它資料，也可以是物件，但有一個限制是陣列所存放的元素必須為相同型別，包括物件在內。

此外，陣列的大小是固定的，若要重新配置大小，必須使用 ReDim 陳述式，若要在重新配置大小的同時保留原來的元素，還必須再加上 Reserve 關鍵字。原則上，陣列適合用來存放固定大小的強型別物件。

❖ 集合 (collection)：集合比陣列有彈性，不限制所存放的物件必須屬於相同型別，而且可以動態改變大小，進行新增、刪除等動作，或指派不同的鍵值 (key) 給集合內的物件，然後透過鍵值或預設的索引進行存取。

12-7-1 以陣列存放物件

我們直接來示範如何以陣列存放物件，首先，新增一個名稱為 MyProj12-3 的主控台應用程式，裡面預設有一個名稱為 Module1.vb 的模組檔案；接著，新增一個名稱為 Student.vb 的類別檔案，然後在該檔案內宣告 Student 類別。

\MyProj12-3\Student.vb

```
Public Class Student
    Public StudentName As String
    Public Sub New(ByVal Name As String)
        StudentName = Name          '將參數值指派給 StudentName 欄位
    End Sub
End Class
```

最後，開啟 Module1.vb 的程式碼視窗並輸入下列程式碼。

\MyProj12-3\Module1.vb

```
01:Module Module1
02:    Sub Main()
03:        Dim StudentList(1) As Student
04:        StudentList(0) = New Student(" 小丸子 ")
05:        StudentList(1) = New Student(" 花輪 ")
06:        ReDim Preserve StudentList(2)
07:        StudentList(2) = New Student(" 小玉 ")
08:        For Each Element As Student In StudentList
09:            MsgBox(Element.StudentName)
10:        Next
11:    End Sub
12:End Module
```

- ❖ 03：宣告一個型別為 Student 類別、大小為 2 的陣列。

- ❖ 04、05：建立兩個隸屬於 Student 類別的物件並存放在陣列內。

- ❖ 06：使用 ReDim 陳述式及 Reserve 關鍵字將陣列的大小重新配置為 3 並保留原來的元素值。

- ❖ 07：建立第三個隸屬於 Student 類別的物件並存放在陣列內。

- ❖ 08 ～ 10：使用 For Each…Next 迴圈讀取陣列內各個物件的 StudentName 欄位並顯示出來。

12-7-2 以集合存放物件

VB 2017 提供了下列幾種類型的集合：

❖ Type-Unsafe 集合：這種集合隸屬於 Microsoft.VisualBasic.Collection 類別，可以用來存放任何型別的物件，因為它是以 Object 型別存放物件。

❖ 特殊化集合：System.Collections 命名空間和 System.Collections.Specialized 命名空間提供了許多類別可以用來建立特殊化集合，例如前者提供了 Stack、Queue、SortedList、ArrayList、Hashtable 等類別，而後者提供了 HybridDictionary、ListDictionary、OrderedDictionary 等類別。

❖ Type-Safe 集合：System.Collections.Generic 命名空間提供了許多泛型類別可以用來建立型別安全集合，將所存放的物件限制為唯一的指定型別，這些泛型類別包括 Dictionary、SortedDictionary、LinkedList、Queue、Dictionary.KeyCollection、Stack、SortedList、List 等。

Type-Unsafe 集合

Microsoft.VisualBasic.Collection 類別提供了數個方法與屬性，比較重要的有 Count、Item 兩個屬性和 Add()、Remove()、Clear() 三個方法，其中 Count 屬性可以傳回集合內的項目個數，Item 屬性可以根據鍵值或索引傳回集合內的項目 (預設屬性)，Add() 方法可以在集合內加入項目，Remove() 方法可以在集合內移除項目，Clear() 方法可以清除集合內的所有項目。

現在，我們就以前一節的 Student 類別為例，說明如何在集合內新增、移除或存取項目。

❖ 建立 Collection 物件：在使用集合存放物件之前，必須先建立隸屬於 Collection 類別的物件，例如：

```
Dim MyCollection As New Collection()
```

❖ 在集合內加入項目：您可以使用 Collection 類別的 Add() 方法在集合內加入項目，其語法如下，參數 *Item* 是要加入集合的物件，選擇性參數 *Key* 是鍵值 (必須唯一)，選擇性參數 *Before* 用來指定將物件插入集合內第 *Before* 個物件的前面，選擇性參數 *After* 用來指定將物件插入集合內第 *After* 個物件的後面：

Add(*Item* As Object[, *Key* As String[, {*Before*|*After*} As Object = Nothing]])

以下面的程式碼為例，我們在 MyCollection 集合內放入 5 個物件，由於第 4 行敘述指定將「小紅豆」放入集合內第 3 個項目的前面，第 5 行敘述指定將「孫小美」放入集合內第 4 個項目的後面，所以集合內的物件依序為「小丸子」、「小綿羊」、「小紅豆」、「王大明」、「孫小美」。請注意，集合的索引是從 1 開始，所以這五個物件的索引為 1 ~ 5。

```
MyCollection.Add(New Student(" 小丸子 "), "A1")        ' 將物件放入集合內，鍵值為 "A1"
MyCollection.Add(New Student(" 小綿羊 "), "A2")        ' 將物件放入集合內，鍵值為 "A2"
MyCollection.Add(New Student(" 王大明 "), "A4")        ' 將物件放入集合內，鍵值為 "A4"
MyCollection.Add(New Student(" 小紅豆 "), "A3", 3)     ' 將物件放入集合內第三個項目的
                                                        前面，鍵值為 "A3"
MyCollection.Add(New Student(" 孫小美 "), "A5", , 4)   ' 將物件放入集合內第四個項目的
                                                        後面，鍵值為 "A5"
```

❖ 在集合內移除項目：您可以使用 Collection 類別的 Remove() 方法在集合內移除項目，其語法如下：

Remove({*Key* As String|*Index* As Integer})

以上面的程式碼為例，若要移除第 4 個項目「王大明」，那麼可以使用其鍵值 "A4" 或其索引 4 來進行移除：

MyCollection.Remove(4) 或 MyCollection.Remove("A4")

❖ 清除集合內的所有項目：您可以使用 Collection 類別的 Clear() 方法清除集合內的所有項目，例如下面的敘述會清除集合內的所有項目：

```
MyCollection.Clear()
```

❖ 判斷集合是否包含指定的鍵值：您可以使用 Collection 類別的 Contains() 方法判斷集合是否包含指定的鍵值，例如下面的敘述會傳回 True，因為集合內包含鍵值 "A1"：

```
MyCollection.Contains("A1")
```

❖ 取得集合內的項目個數：您可以使用 Collection 類別的 Count 唯讀屬性取得集合內的項目個數，例如下面的敘述會顯示 MyCollection 集合內的項目個數：

```
MsgBox(MyCollection.Count)
```

❖ 取得集合內的項目：您可以使用 Collection 類別的 Item 屬性取得集合內的項目，例如下面的敘述可以取得 MyCollection 集合內索引為 4 或鍵值為 "A4" 的項目：

```
MyCollection.Item(4) 或 MyCollection.Item("A4")
```

由於 Item 屬性為預設屬性，因此，上面的敘述也可以簡寫成如下：

```
MyCollection(4) 或 MyCollection("A4")
```

❖ 取得集合內的所有項目：您可以使用 For Each…Next 迴圈取得集合內的所有項目，例如下面的敘述會顯示集合內各個物件的 StudentName 欄位：

```
For Each Element As Student In MyCollection
    MsgBox(Element.StudentName)
Next
```

Type-Safe 集合

System.Collections.Generic 命名空間提供了許多泛型類別可以用來建立型別安全集合，將所存放的物件限制為唯一的指定型別，這些泛型類別包括 List、Dictionary、LinkedList、Queue、Stack、SortedList 等。

現在，我們就以 System.Collections.Generic.List 泛型類別為例，示範如何建立型別安全集合，將所存放的物件限制為唯一的指定型別，有關泛型類別的進一步說明，留待第 15 章再做討論。

\MyProj12-4\Module1.vb

```
Module Module1
    Sub Main()
        Dim MyCollection As New System.Collections.Generic.List(Of Student)
        MyCollection.Add(New Student(" 小丸子 "))
        MyCollection.Add(New Student(" 王大明 "))
        MyCollection.Add(New Student(" 小紅豆 "))
        MyCollection.Add(New Student(" 孫小美 "))
        For Each Element As Student In MyCollection
            MsgBox(Element.StudentName)
        Next
    End Sub
End Module
```

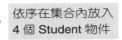

使用泛型類別建立一個型別安全集合，並指定集合內的物件必須為 Student 型別。

依序在集合內放入 4 個 Student 物件

使用迴圈顯示集合內各個物件的 StudentName 欄位

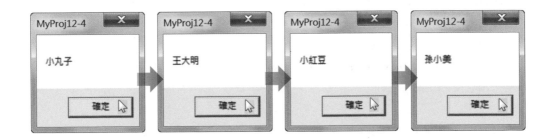

隨堂練習

根據第 12-7-1 節的 Student 類別撰寫完成如下要求的程式碼：

(1) 建立一個名稱為 MyCollection 的 Collection 物件。

(2) 在集合內加入兩個 Student 物件，學生姓名分別為「小玉」、「花輪」，鍵值分別為 "A1"、"A4"。

(3) 在集合內第一個項目的後面加入一個 Student 物件，學生姓名為「丸尾」、鍵值為 "A2"。

(4) 在集合內加入一個 Student 物件，學生姓名為「永澤」、鍵值為 "A5"。

(5) 在集合內第三個項目的前面加入一個 Student 物件，學生姓名為「藤木」、鍵值為 "A3"。

(6) 移除集合內第一個項目，然後將集合內各個物件的 StudentName 欄位顯示在對話方塊中，正確的答案依序為「丸尾」、「藤木」、「花輪」、「永澤」。

提示

```
Dim MyCollection As New Collection()

MyCollection.Add(New Student(" 小玉 "), "A1")
MyCollection.Add(New Student(" 花輪 "), "A4")
MyCollection.Add(New Student(" 丸尾 "), "A2", , 1)
MyCollection.Add(New Student(" 永澤 "), "A5")
MyCollection.Add(New Student(" 藤木 "), "A3", 3)
MyCollection.Remove("A1")

For Each Element As Student In MyCollection
    MsgBox(Element.StudentName)
Next
```

備註　早期繫結 V.S. 晚期繫結

所謂「繫結」(binding) 指的是將物件指派給物件變數的過程，VB 2017 同時支援「早期繫結」(early binding) 與「晚期繫結」(late binding)，前者是將已知為特定型別的物件指派給物件變數，後者是將未知型別的物件指派給物件變數，也就是將型別為 Object 的物件指派給物件變數。

早期繫結的優點是編譯器知道物件的型別，所以能夠在程式執行之前完成最佳化及記憶體配置，同時 IDE 能夠提供 IntelliSense 功能；晚期繫結的優點是較有彈性，不會因為型別不合，而產生編譯錯誤，缺點則是編譯器不知道物件的型別，所以無法在程式執行之前完成最佳化及記憶體配置，執行效能自然沒有早期繫結佳，同時 IDE 也無法提供 IntelliSense 功能。

若要強迫 IDE 與編譯器採取早期繫結，可以在程式的最前面加上 Option Strict On 陳述式，另外還有一種方式可以避免晚期繫結，就是在將型別為 Object 的物件指派給物件變數之前，使用 CType(*expression*, *typename*) 函式將物件的型別轉換為已知的型別，參數 *expression* 為有效的運算式，參數 *typename* 為已知的型別，例如數值型別、Char、String 等型別、結構、類別的名稱等。

注意

若要取得物件的型別，可以透過下列兩種方式：

➤ TypeName() 函式：這個函式可以用來取得參數的型別，舉例來說，假設 Student 類別有一個名稱為 Element 的物件，那麼 TypeName(Element) 的傳回值將為 "Student"，即此物件所隸屬的類別名稱。

➤ Typeof…Is 運算子：當物件隸屬於某個類別或衍生自該類別，那麼這個運算子會傳回 True，其效能比 TypeName() 函式佳，下面是一個例子。

```
If TypeOf (Element) Is Student Then
    MsgBox("Element 物件隸屬於 Student 類別或其子類別 ")
Else
    MsgBox("Element 物件不隸屬於 Student 類別或其子類別 ")
EndIf
```

12-8 類別與命名空間

命名空間 (namespace) 是一種命名方式，用來組織各個列舉、結構、類別、委派、介面、子命名空間等，它和這些元素的關係就像檔案系統中資料夾與檔案的關係，例如 ListBox 控制項隸屬於 System.Windows.Forms 命名空間，當您要宣告一個 ListBox 控制項變數時，可以寫成如下，其中小數點用來連接命名空間內所包含的列舉、結構、類別、委派、介面、子命名空間等：

```
Dim LBC As System.Windows.Forms.ListBox
```

由於子命名空間的名稱可能不是唯一，必須寫出完整的父命名空間，才不會混淆，例如 System.Text、System.Drawing.Text。此外，不同的命名空間可能包含許多類別，而且所有類別都是繼承自 System.Object 類別，但子命名空間與其父命名空間之間並不一定存在著繼承的關係，例如 Text 命名空間雖然是 System 命名空間的子命名空間，但卻沒有繼承自 System 命名空間。

命名空間的命名方式及分類是依照類別的性質而定，同時 .NET 應用程式的程式碼均包含在命名空間內，若沒有指定命名空間，那麼預設的命名空間就是專案的名稱。您可以使用 Namespace 陳述式自訂命名空間，其語法如下：

```
Namespace {name|name.name}
  [componenttypes]
End Namespace
```

❖ Namespace、End Namespace：分別標示命名空間的開頭與結尾。

❖ {name|name.name}：命名空間的名稱，必須是符合 VB 2017 命名規則的識別字，有需要的話，可以加上小數點連接子命名空間。

❖ [componenttypes]：組成命名空間的元素，包括列舉、結構、類別、委派、介面、子命名空間等，若沒有的話，可以省略不寫。

由於命名空間的存取層級恆為 Public，所以在宣告時無須加上存取修飾字，至於命名空間內之元素的存取層級則為 Public 或 Friend，省略不寫的話，表示為 Friend。VB 2017 允許我們宣告巢狀命名空間，以下面的程式碼為例，N1 命名空間內包含了 N2 命名空間，而 N2 命名空間內又包含了 XYZ 類別，若要存取 XYZ 類別，可以寫成 N1.N2.XYZ：

```
Namespace N1              '宣告一個名稱為 N1 的命名空間
  Namespace N2            '宣告一個名稱為 N2 的命名空間
    Class XYZ            '在 N1.N2 命名空間內宣告一個名稱為 XYZ 的類別
      '在此宣告類別的成員
    End Class
  End Namespace
End Namespace
```

事實上，我們也可以將上面的程式碼改寫成如下：

```
Namespace N1.N2          '宣告一個名稱為 N1.N2 的命名空間
  Class XYZ             '在 N1.N2 命名空間內宣告一個名稱為 XYZ 的類別
    '在此宣告類別的成員
  End Class
End Namespace
```

雖然命名空間可以避免名稱衝突，但命名空間往往相當冗長，於是 VB 2017 提供了 Imports 陳述式，讓使用者針對特定的命名空間設定別名 (alias)，而且 Imports 陳述式必須放在程式的最前面。以下面的程式碼為例，第 1 行敘述是將 System.Windows.Forms.ListBox 命名空間的別名設定為 LBControl，所以第 2 行敘述的意義就相當於 Dim LBC As System.Windows.Forms.ListBox：

```
Imports LBControl = System.Windows.Forms.ListBox
Dim LBC As LBControl
```

▌12-9 關鍵字 My

我們可以透過 VB 2017 的關鍵字 My 存取 .NET Framework 的常用功能及電腦的時鐘、鍵盤、滑鼠、連接埠、登錄資料庫等資源，下圖為最上層的 My 物件。

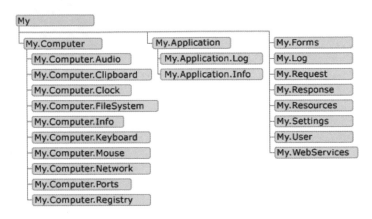

(圖片來源：MSDN 文件)

My 物件	說明
My.Application	這個物件可以用來存取目前的應用程式及其命令列參數，或在應用程式開始或結束時執行程式碼，它包含數個屬性、方法與事件，例如 CommandLineArgs 屬性可以用來存取命令列參數。
My.Computer	這個物件可以用來存取安裝應用程式的電腦，其 Audio、Clipboard、Clock、FileSystem、Info、Keyboard、Mouse、Name、Network、Ports、Registry、Screen 等屬性可以用來存取電腦的音效系統、剪貼簿、系統時鐘、檔案系統、記憶體 / 載入組件 / 作業系統相關資訊、鍵盤 (例如目前按下哪些按鍵、將按鍵傳送至使用中視窗)、滑鼠、電腦名稱、網路類型與事件、連接埠、登錄資料庫、電腦的顯示畫面，例如 My.Computer.Info.OSFullName 屬性可以用來取得完整的作業系統名稱。
My.User	這個物件可以用來存取目前的使用者，它包含數個屬性與方法，例如 Name 屬性可以用來取得使用者名稱、IsAuthenticated 屬性可以用來判斷使用者是否通過認證。

My 物件	說明
My.Resources	這個物件可以用來存取音效、圖示、影像、當地語系等資源。
My.Forms	這個物件會針對專案內存在的每個 Form 類別，傳回預設的執行案例集合。
My.WebServices	這個物件會針對在應用程式內建立參考的每個 Web 服務，提供 Proxy 類別的預設執行案例。
My.Settings	這個物件可以用來動態儲存及擷取應用程式的屬性設定。
My.Log	這個物件可以用來將事件與例外寫入應用程式的記錄檔。
My.Request	這個物件可以用來存取 ASP.NET 網頁的 HttpRequest 物件。
My.Response	這個物件可以用來存取 ASP.NET 網頁的 HttpResponse 物件。

由於篇幅有限，此處不再一一列舉上述物件的屬性、方法或事件，有需要的讀者可以自行參考 MSDN 文件。Visual Studio 的 IntelliSense 功能只會公開目前專案類型中可用的 My 物件，其它不相關的物件則會被隱藏起來，各個範本所支援的 My 物件如下。

My 物件	Windows Forms 應用程式	類別庫	主控台應用程式
My.Application	是	是	是
My.Computer	是	是	是
My.User	是	是	是
My.Resources	是	是	是
My.Forms	是	否	否
My.WebServices	是	是	是
My.Settings	是	是	是
My.Log	否	否	否
My.Request	否	否	否
My.Response	否	否	否

12-10 結構

結構 (structure) 是程式設計人員根據 VB 2017 內建型別所建立的型別，它可能是由數種內建型別所組成，當您需要以一個變數存放數個相關資訊時，就可以使用結構。我們可以使用 Structure 陳述式宣告結構，其語法如下：

```
[accessmodifier] [Shadows] [Partial] Structure name[(Of typelist)]
    [Implements interfacenames]
    變數宣告
    [ 程序宣告 ]
End Structure
```

❖ [accessmodifier] [Shadows]：我們可以加上存取修飾字宣告結構的存取層級或加上 Shadows 關鍵字遮蔽基底類別內的同名元件，命名空間層級的結構預設為 Friend，模組層級的結構預設為 Public。

❖ [Partial]：若要將結構宣告分割成不同的部分，可以加上 Partial 關鍵字 (詳閱第 15-1 節)。

❖ Structure、End Structure：分別標示結構的開頭與結尾。

❖ name：結構的名稱，必須是符合 VB 2017 命名規則的識別字。

❖ [(Of typelist)]：若要宣告泛型結構，可以加上此敘述 (詳閱第 15 章)。

❖ [Implements interfacenames]：指定此結構所要實作的介面，若沒有要實作任何介面，就省略不寫 (詳閱第 13 章)。

❖ 變數宣告：使用一個或多個 Const、Dim、Enum、Event 等陳述式宣告結構的「資料成員」，而且必須至少包含一個非共用的「資料成員」。

❖ [程序宣告]：使用零個或多個 Function、Operator、Property、Sub 等陳述式宣告「方法成員」。每個結構均有無參數的隱含公用建構函式 New()，可以將所有資料成員初始化為其預設值，我們無法重新定義其行為。

結構的成員預設為 Public 且不能宣告為 Protected，對於宣告為 Private 的成員，其存取層級僅限於該結構。此外，您必須在模組或類別的宣告區塊內宣告結構，且不能在宣告成員時指派初始值。除了基本型別，結構的成員也可以是陣列、物件或其它結構，例如下面的敘述是宣告一個名稱為 Customer 的結構，裡面有 Name 和 Age 兩個成員，用來存放客戶的姓名與年齡：

```
Structure Customer
    Dim Name As String
    Dim Age As Integer
End Structure
```

有了結構後，您可以宣告型別為這種結構的變數，例如：

```
Dim MyCustomer As Customer        ' 宣告型別為 Customer 的變數
```

之後您可以透過小數點存取它的成員，例如將 Name 成員設定為 " 大明 "：

```
MyCustomer.Name = " 大明 "
```

 備註　結構 V.S. 類別

➤ 結構是實值型別且使用堆疊配置，而類別是參考型別且使用堆積配置。

➤ 結構的成員預設為 Public，而類別的欄位與常數預設為 Private，其它諸如屬性、方法或事件則預設為 Public。

➤ 結構的成員無法宣告為 Protected、無法處理事件或繼承、只能宣告有參數的非共用建構函式，類別則反之。

➤ 結構必須至少包含一個非共用的「資料成員」，類別則可以是空的。

➤ 當我們將一個結構變數指派給另一個時，成員的值均會複製到新的結構；相反的，當我們將一個物件變數指派給另一個時，則只會複製參考指標。

12-11 物件初始設定式

為了方便指派物件各個成員的初始值，VB 2017 提供物件初始設定式 (object initializer) 功能，只要在宣告物件的同時，透過 With 關鍵字和大括號內一連串以逗號分隔的成員清單，就能快速指派物件各個成員的初始值。舉例來說，假設 Point 類別內有三個成員 XPos、YPos、Color：

```
Public Class Point
    Public Xpos As Integer
    Public Ypos As Integer
    Public Color As String
End Class
```

在過去，若要宣告一個隸屬於 Point 類別的物件 P1，然後將其三個成員 XPos、YPos、Color 的初始值設定為 5、8、"red"，必須撰寫如下敘述：

```
Dim P1 As New Point()
P1.Xpos = 5
P1.Ypos = 8
P1.Color = "red"
```

然到了 VB 2017，我們只要透過 With 關鍵字和大括號內一連串以逗號分隔的成員清單，就可以設定物件 P1 各個成員的初始值：

```
Dim P1 As New Point With {.Xpos = 5, .Ypos = 8, .Color = "red"}
```

由於 VB 2017 還提供「隱含型別」功能，可以根據區域變數的初始值，推斷區域變數的型別，因此，上面的敘述亦可改寫成如下，省略 As 子句，編譯器會根據其初始值，推斷其型別為 Point：

```
Dim P1 = New Point With {.Xpos = 5, .Ypos = 8, .Color = "red"}
```

12-12 匿名型別

VB 2017 的匿名型別 (anonymous type) 功能可以直接建立物件，無須事先撰寫類別定義，改由編譯器自動產生類別定義。舉例來說，假設要宣告一個名稱為 User 的變數做為匿名型別的物件，而且該物件有 Name 和 Age 兩個欄位，其值分別為 "Jean" 和 20，那麼可以撰寫如下敘述：

```
Dim User = New With {.Name = "Jean", .Age = 20}          '建立匿名型別的物件
```

成功建立匿名型別的物件後，還可以變更其欄位的值，例如下面的敘述是將 Name 欄位的值變更為 "Mary"：

```
User.Name = "Mary"                                       '變更欄位的值
```

匿名型別的名稱是由編譯器決定的，每次編譯都可能會產生不同的名稱，所以程式碼不能使用或參考匿名型別的名稱。此外，所有匿名型別均繼承自 System.Object 類別，也因而繼承了 System.Object 類別的成員，例如 GetHashCode()、Equals()、GetType() 等方法。

若要比較兩個匿名型別的物件是否相等，那麼必須在宣告匿名型別時將某些欄位指定為索引鍵，例如下面的敘述是將 Name 欄位指定為索引鍵：

```
Dim User1 = New With {Key .Name = "Jean", .Age = 20}   '將 Name 欄位指定為索引鍵
Dim User2 = New With {Key .Name = "Jean", .Age = 25}   '將 Name 欄位指定為索引鍵
```

雖然 User1 和 User2 兩個物件的 Age 欄位並不相等，但由於其索引鍵欄位相等，故下面的敘述會傳回 True，表示這兩個物件相等：

```
User1.Equals(User2)                                      '比較 User1 是否等於 User2
```

最後要提醒您，當您宣告匿名型別時，只能指定欄位，不能指定方法、事件或屬性等類別成員，而且索引鍵欄位為唯讀欄位，無法變更其值。

一、選擇題

(　　) 1. 下列何者可以存取宣告為 Private 的變數？
　　　　A. 整個專案　　　　　　　　B. 衍生類別
　　　　C. 包含其宣告的類別　　　　D. 同一個組件

(　　) 2. 我們可以使用下列哪個關鍵字建立類別的物件？
　　　　A. Dim　　　　　　　　　　B. Inherits
　　　　C. New　　　　　　　　　　D. ReDim

(　　) 3. 下列何者為 VB 2017 的建構函式？
　　　　A. Initialize()　　　　　　　B. Finalize()
　　　　C. Dispose()　　　　　　　　D. New()

(　　) 4. 程式設計人員可以呼叫下列哪個方法立刻釋放物件佔用的資源？
　　　　A. Initialize()　　　　　　　B. Finalize()
　　　　C. Dispose()　　　　　　　　D. Terminate()

(　　) 5. 同一個類別可以擁有多個建構函式，對不對？
　　　　A. 對　　　　　　B. 不對

(　　) 6. 我們可以呼叫 Collection 類別提供的哪個方法在集合內新增物件？
　　　　A. Clear()　　　　B. Count()　　　　C. Remove()　　　　D. Add()

(　　) 7. 我們可以使用下列哪個陳述式以針對特定的命名空間設定別名？
　　　　A. Dim　　　　B. New　　　　C. Imports　　　　D. Alias

(　　) 8. 我們可以使用下列哪個字元連接子命名空間？
　　　　A. &　　　　B. -　　　　C. .　　　　D. *

(　　) 9. 集合和陣列一樣只能存放型別相同的資料，對不對？
　　　　A. 對　　　　　　B. 不對

(　　)10.若建立三個相同類別的物件，那麼記憶體內會有幾份成員資料？
　　　　A. 1　　　　B. 2　　　　C. 3　　　　D. 4

二、練習題

1. 宣告一個模仿整數型別的類別 MyInt，裡面有一個整數型別的私有變數 intValue，用來代表隸屬於該類別之物件的值；建構函式有兩個，分別可以將隸屬於該類別之物件的初始值設定為 0 及任意整數；另外還有兩個方法，其中 Add() 方法可以將隸屬於該類別之物件的值設定為兩個 MyInt 物件相加的結果、Display() 方法可以在對話方塊中顯示隸屬於該類別之物件的值。

   最後請撰寫一個主程式建立三個隸屬於該類別的物件，初始值分別為 10、100、未指派，接著將第三個物件的值設定為第一、二個物件的值相加，再呼叫 Display() 方法在對話方塊中顯示第三個物件的值。

2. 宣告一個名稱為 Employee 的類別，裡面有三個私有變數，分別用來記錄員工的姓名、編號 (從 1、2、3…開始遞增) 及總人數；建構函式可以設定員工的姓名、編號及計算總人數；另外還有一個 DisplayInfo() 方法可以顯示員工的總人數、編號為 xxx 的員工姓名。

   最後請撰寫一個主程式建立五個隸屬於該類別的物件，員工編號依序為 1～5，姓名依序為「陳大明」、「孫小美」、「王大偉」、「小丸子」、「小紅豆」，下面的執行結果供您參考 (提示：用來計算員工總人數的私有變數必須宣告為 Shared)。

3. 宣告一個如前一題的 Employee 類別，然後另外撰寫一個主程式完成下列任務：

    (1) 建立一個名稱為 MyCollection 的 Collection 物件。

    (2) 在集合內加入兩個 Employee 物件，員工姓名分別為「藤木」、「永澤」，鍵值分別為 "A1"、"A4"。

    (3) 在集合內第二個項目前面加入一個 Employee 物件，員工姓名為「小玉」、鍵值為 "A3"。

    (4) 在集合內第一個項目後面加入一個 Employee 物件，員工姓名為「丸尾」、鍵值為 "A2"。

    (5) 在集合內加入一個 Employee 物件，員工姓名為「小紅豆」、鍵值為 "A5"。

    (6) 最後，使用 For Each…Next 迴圈顯示集合內各個員工的相關資訊，下面的執行結果供您參考。

4. 簡單說明類別和模組有何不同？而類別和結構又有何不同？

5. 名詞解釋：

    (1) 封裝　　　　　　　　　(5) 覆蓋

    (2) 繼承　　　　　　　　　(6) 建構函式

    (3) 多型　　　　　　　　　(7) 解構函式

    (4) 遮蔽　　　　　　　　　(8) 命名空間

Chapter 13

繼承、介面與多型

▌**13-1** 繼承

繼承 (inheritance) 是物件導向程式設計中非常重要的一環，所謂繼承是從既有的類別建立新的類別，這個既有的類別叫做基底類別 (base class)，由於是用來做為基礎的類別，故又稱為父類別 (parent class) 或超類別 (superclass)，而這個新的類別則叫做衍生類別 (derived class)，由於是繼承自基底類別，故又稱為子類別 (subclass、child class) 或擴充類別 (extended class)。

子類別不僅繼承了父類別內非私有的欄位、屬性、方法或事件等成員，還可以加入新的成員或「覆蓋」(override) 繼承自父類別的屬性或方法，也就是將繼承自父類別的屬性或方法重新宣告，只要其名稱及參數沒有改變即可，而且在這個過程中，父類別的屬性或方法並不會受到影響。

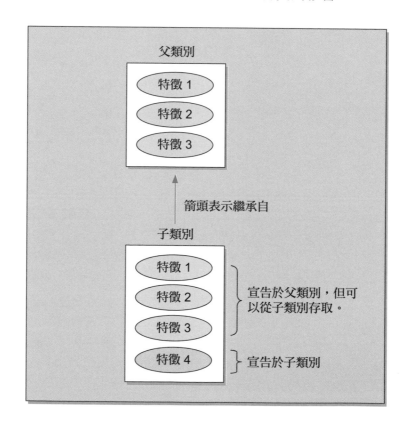

繼承的優點是父類別的程式碼只要撰寫與偵錯一次，就可以在其子類別重複使用，如此不僅節省時間與開發成本，也提高了程式的可靠性，有助於原始問題的概念化。

.NET Framework 內建豐富的類別庫 (class library)，慢慢的，您也會接觸到其它人所撰寫的類別庫，只要善用繼承的觀念，就可以根據自己的需求，從既有的類別庫衍生出適用的新類別，而不必什麼功能都要重新撰寫與偵錯。

事實上，除了提高重複使用性與可靠性，繼承還允許您在程式內加入多型 (polymorphism) 的觀念，所謂多型指的是當不同的物件收到相同的訊息時，會以各自的方法來做處理，舉例來說，假設飛機是一個父類別，它有起飛與降落兩個方法，另外有熱汽球、直升機及噴射機三個子類別，這三個子類別繼承了父類別的起飛與降落兩個方法，不過，由於熱汽球、直升機及噴射機的起飛方式與降落方式是不同的，因此，我們必須在子類別內「覆蓋」 (override) 這兩個方法，屆時，只要物件收到起飛或降落的訊息，就會視物件所隸屬的子類別呼叫對應的方法來做處理。

在示範如何進行繼承之前，我們來說明幾個注意事項：

❖ 理論上，VB 2017 的類別都是可以被繼承的，除非在宣告時有加上 NotInheritable 關鍵字，而且父類別可以是同一個專案內的其它類別或該專案所參考之專案內的類別。

❖ 子類別的存取層級必須比父類別嚴格，比方說，假設父類別的存取層級為 Friend，那麼子類別的存取層級就不能指定為 Public，因為 Public 的存取層級比 Friend 寬鬆。

❖ VB 2017 的類別不支援多重繼承 (multiple inheritance)，子類別不能繼承自多個父類別，但介面支援多重繼承，子介面能夠繼承自多個父介面。

❖ VB 2017 支援鏈狀繼承 (chained inheritance)，例如類別 B 繼承自類別 A，而類別 C 又繼承自類別 B，同時一個父類別可以有多個子類別。

13-1-1 宣告子類別

宣告子類別其實和宣告一般類別差不多,不同的是要加上 Inherits 陳述式指定父類別的名稱,其語法如下:

[*accessmodifier*] [Shadows] [MustInherit|NotInheritable] [Partial] Class *name*[(Of *typelist*)]
    Inherits *baseclassname*
   '宣告欄位、屬性、方法、建構函式、解構函式、事件等敘述
End Class

子類別的特色是繼承了父類別的非私有成員,同時可以加入新成員,或「覆蓋」(override) 繼承自父類別的屬性或方法。下面是一個例子,它所呈現的是如下的鏈狀繼承,即類別 B 繼承自類別 A,而類別 C 又繼承自類別 B。

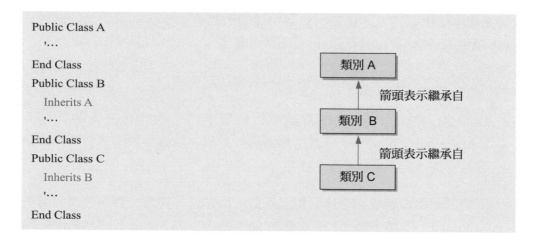

```
Public Class A
  '...
End Class
Public Class B
  Inherits A
  '...
End Class
Public Class C
  Inherits B
  '...
End Class
```

類別 A
箭頭表示繼承自
類別 B
箭頭表示繼承自
類別 C

> **注意**
>
> 若在宣告類別時加上繼承修飾字 MustInherit,表示類別的非共用成員必須在其子類別內實作,而且不可以建立類別的物件,我們將這種類別稱為「抽象類別」(abstract class);相反的,若在宣告類別時加上繼承修飾字 NotInheritable,表示類別不得再被其它類別繼承,也就是不可以當作父類別。

🌑 13-1-2 設定類別成員的存取層級

類別成員的存取層級 (access level) 指的是哪些程式碼區塊擁有存取類別成員的權限，基本上，類別成員的存取權限取決於 Public、Private、Protected、Friend、Protected Friend 等存取修飾字。

我們在第 2-4-5 節介紹過存取層級，此處僅針對繼承的部分做說明，其它的部分就不再重複講解，有需要的讀者可以自行參考第 2-4-5 節。

❖ Public：子類別會繼承父類別內所有宣告為 Public 的成員，任何類別均能存取宣告為 Public 的成員。

❖ Private：子類別不會繼承父類別內所有宣告為 Private 的成員，只有相同類別才能存取宣告為 Private 的成員。

❖ Protected：子類別會繼承父類別內所有宣告為 Protected 的成員，相同類別或其子類別才能存取宣告為 Protected 的成員。

❖ Friend：子類別會繼承父類別內所有宣告為 Friend 的成員，相同組件內的類別均能存取宣告為 Friend 的成員。

❖ Protected Friend：子類別會繼承父類別內所有宣告為 Protected Friend 的成員，相同組件內的類別或其子類別均能存取宣告為 Protected Friend 的成員。

能否存取	Public	Private	Protected	Friend	Protected Friend
從相同類別	Yes	Yes	Yes	Yes	Yes
從相同組件內的類別	Yes	No	No	Yes	Yes
從相同組件外的類別	Yes	No	No	No	No
從相同組件內的子類別	Yes	No	Yes	Yes	Yes
從相同組件外的子類別	Yes	No	Yes	No	Yes

現在，我們將使用 VB 2017 表示如下的繼承關係。

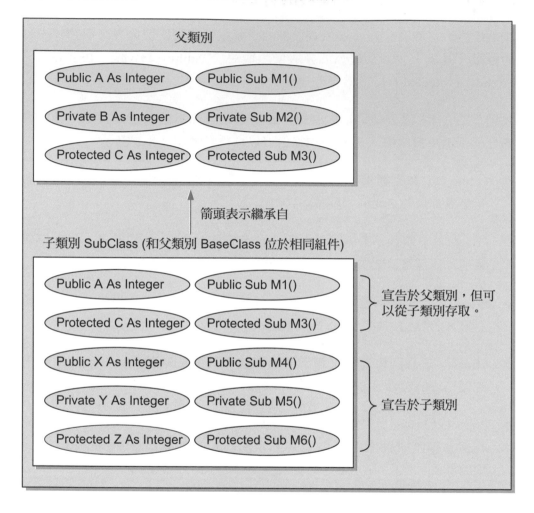

在這個例子中，BaseClass 類別有 A、B、C 三個欄位和 M1()、M2()、M3() 三個方法，其中 A、C 欄位和 M1()、M3() 方法能被任何子類別繼承。至於 SubClass 類別繼承自 BaseClass 類別，因此，它的成員除了自己所宣告的 X、Y、Z 三個欄位和 M4()、M5()、M6() 三個方法之外，還繼承了 BaseClass 類別的非私有成員，即 A、C 欄位和 M1()、M3() 方法，總共 10 個成員。

\MyProj13-1\Class1.vb

```
Class BaseClass
    Public A As Integer              ' 宣告 Public 欄位 ( 能被子類別繼承 )
    Private B As Integer             ' 宣告 Private 欄位 ( 不能被子類別繼承 )
    Protected C As Integer           ' 宣告 Protected 欄位 ( 能被子類別繼承 )
    Public Sub M1()                  ' 宣告 Public 方法 ( 能被子類別繼承 )
        '...
    End Sub
    Private Sub M2()                 ' 宣告 Private 方法 ( 不能被子類別繼承 )
        '...
    End Sub
    Protected Sub M3()               ' 宣告 Protected 方法 ( 能被子類別繼承 )
        '...
    End Sub
End Class


Class SubClass
    Inherits BaseClass
    Public X As Integer              ' 宣告 Public 欄位 ( 能被子類別繼承 )
    Private Y As Integer             ' 宣告 Private 欄位 ( 不能被子類別繼承 )
    Protected Z As Integer           ' 宣告 Protected 欄位 ( 能被子類別繼承 )
    Public Sub M4()                  ' 宣告 Public 方法 ( 能被子類別繼承 )
        '...
    End Sub
    Private Sub M5()                 ' 宣告 Private 方法 ( 不能被子類別繼承 )
        '...
    End Sub
    Protected Sub M6()               ' 宣告 Protected 方法 ( 能被子類別繼承 )
        '...
    End Sub
End Class
```

> **注意** | Private V.S. Protected
>
> 父類別內宣告為 Private 的成員只能被父類別內的程式碼存取,其它在父類別外的程式碼(包括子類別)均不得存取,對於某些安全性較高、不允許父類別外的程式碼存取的成員就必須宣告為 Private,以達到「資料隱藏」的目的。
>
> 相反的,父類別內宣告為 Protected 的成員則能被父類別及其子類別內的程式碼存取,所以在使用繼承的同時,必須考慮清楚是否允許程式設計人員透過繼承的方式存取某些成員,是的話,才要將這些成員宣告為 Protected。
>
> 雖然 Protected 宣告賦予了子類別存取某些成員的彈性,同時也適度保護了這些成員,畢竟子類別外的程式碼無法加以存取,但這中間其實還是存在著潛伏的危險,因為有心人士可能會藉由繼承的方式隨意竄改父類別的 Protected 成員,影響程式的運作,所以在宣告父類別的成員存取層級時應該要仔細思考。

13-1-3 覆蓋父類別的屬性或方法

覆蓋 (override) 指的是子類別透過 Overrides 關鍵字將繼承自父類別的屬性或方法加以重新宣告,只要名稱及參數沒有改變,同時父類別在宣告該屬性或方法時有加上 Overridable 關鍵字即可,在這個過程中,父類別的屬性或方法並不會受到任何影響。

❖ Overridable:若要允許父類別內的屬性或方法能被其子類別所覆蓋,那麼在父類別內宣告該屬性或方法時必須加上 Overridable 關鍵字。

❖ Overrides:若要在子類別內覆蓋父類別的屬性或方法,那麼在子類別內宣告該屬性或方法時必須加上 Overrides 關鍵字。

以下面的程式碼為例,父類別 Payroll 的 Payment() 方法宣告為 Overridable,表示可以被覆蓋,它會根據時數與鐘點費計算薪資,而子類別 BonusPayroll 會覆蓋繼承自父類別的 Payment() 方法(名稱及參數維持不變),令它除了根據時數與鐘點費計算薪資,還會加上獎金 1000。

\MyProj13-2\Class1.vb

```
Public Class Payroll
    Public Overridable Function Payment(ByVal Hours As Integer, ByVal PayRate As Integer) As Integer
        Payment = Hours * PayRate
    End Function
End Class
Public Class BonusPayroll
    Inherits Payroll
    Public Overrides Function Payment(ByVal Hours As Integer, ByVal PayRate As Integer) As Integer
        Payment = Hours * PayRate + 1000
    End Function
End Class
```

覆蓋繼承自父類別的方法
（名稱及參數維持不變）

\MyProj13-2\Module1.vb

```
Module Module1
    Sub Main()
        Dim obj1 As New Payroll()
        Dim obj2 As New BonusPayroll()
        MsgBox(" 尚未加上獎金的薪資為 " & obj1.Payment(100, 80))
        MsgBox(" 已經加上獎金的薪資為 " & obj2.Payment(100, 80))
    End Sub
End Module
```

呼叫父類別的方法

呼叫子類別的方法

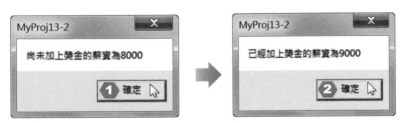

❶ 顯示尚未加上獎金的薪資，請按 [確定]
❷ 顯示已經加上獎金的薪資，請按 [確定]

🌐 13-1-4 呼叫父類別內被覆蓋的屬性或方法

在這一節中,我們將示範一個實用的小技巧,也就是子類別如何呼叫父類別內被覆蓋的屬性或方法,以前一節的 <MyProj13-2> 為例,由於子類別在重新宣告 Payment() 方法時其實有部分敘述和父類別的 Payment() 方法相同,因此,我們可以呼叫父類別的 Payment() 方法來取代,如下,這麼一來,不僅能夠節省撰寫時間,還可以避免不小心寫錯。

```
Public Overrides Function Payment(ByVal Hours As Integer, ByVal PayRate As Integer) As Integer
    Payment = Hours * PayRate + 1000
End Function
```
這些敘述和父類別的 Payment() 方法相同

```
Public Overrides Function Payment(ByVal Hours As Integer, ByVal PayRate As Integer) As Integer
    Payment = MyBase.Payment(Hours, PayRate) + 1000
End Function
```

MyBase 關鍵字代表目前所在之子類別的父類別,透過這個關鍵字,就可以呼叫父類別內被覆蓋的屬性或方法,相關的注意事項如下:

❖ 不能藉由 MyBase 關鍵字存取父類別的 Private 成員或宣告為 MustOverride 的屬性及方法。若父類別位於其它組件,那麼也不能藉由 MyBase 關鍵字存取其 Friend 成員。

❖ 由於 MyBase 是一個關鍵字不是物件,所以不能指派給變數、傳遞給任何程序或透過 Is 運算子來做比較。

❖ MyBase 關鍵字不能使用於模組。

❖ MyBase 關鍵字不能用來識別自己,例如 MyBase.MyBase 是不合法的。

13-1-5 MyBase、MyClass 與 Me 關鍵字

VB 2017 另外提供兩個和 MyBase 相似的關鍵字－MyClass 和 Me，其中 MyClass 關鍵字的用途是確保程式設計人員所呼叫的是父類別內宣告為 Overridable 的屬性或方法，而不會呼叫到子類別內宣告為 Overrides 的同名屬性或方法，相關的注意事項如下：

❖ 由於 MyClass 是一個關鍵字不是物件，所以不能指派給變數、傳遞給任何程序或透過 Is 運算子來做比較。

❖ MyClass 關鍵字不能使用於模組。

❖ MyClass 關鍵字不能使用於共用方法，但可以用來存取類別的共用成員。

至於 Me 關鍵字則是代表目前的物件，若同一個類別擁有多個物件，那麼 Me 關鍵字指的是目前正在執行的物件，也正因此緣故，所以 Me 關鍵字能夠指派給變數、傳遞給任何程序或透過 Is 運算子來做比較，這個特點和 MyBase、MyClass 關鍵字是不同的。

備註 **NotOverridable V.S. MustOverride**

➤ NotOverridable：若不允許父類別內的屬性或方法被其子類別所覆蓋，那麼在父類別內宣告該屬性或方法時必須加上 NotOverridable 關鍵字，所有 Public 方法皆預設為 NotOverridable。

➤ MustOverride：若父類別內的屬性或方法一定要被其子類別所覆蓋，那麼在父類別內宣告該屬性或方法時必須加上 MustOverride 關鍵字，而且這個宣告敘述只能包含 Sub、Function 或 Property 陳述式，不能包含主體或 End Sub、End Function、End Property 等結尾，我們將這種方法稱為「抽象方法」(abstract method)。請注意，抽象方法只能在抽象類別內宣告，換句話說，在宣告父類別時必須加上 MustInherit 關鍵字，將它宣告為「抽象類別」，第 13-1-7 節有進一步的說明。

13-1-6 遮蔽父類別的成員

在 VB 2017 中，遮蔽 (shadowing) 分為下列兩種類型：

❖ 範圍遮蔽：這指的是程式設計人員可以宣告多個不同有效範圍的同名元件，然後在進行存取時，編譯器會以有效範圍較小的同名元件優先使用，舉例來說，假設有個模組變數叫做 MyName，在此同時，程序內亦宣告一個叫做 MyName 的同名變數，那麼當程式設計人員在程序內存取變數 MyName 時，編譯器將會以程序內宣告的變數 MyName 遮蔽同名的模組變數 MyName，我們在第 5-5 節介紹過。

❖ 繼承遮蔽：這指的是子類別能夠透過 Shadows 關鍵字以任何型別的項目遮蔽繼承自父類別的成員，例如以 Integer 變數遮蔽方法、以 Integer 變數遮蔽字串欄位、以字串變數遮蔽屬性、以方法遮蔽另一個方法等。

或許您會奇怪，既然 VB 2017 已經提供覆蓋 (overriding)，為何還要提供遮蔽？原因在於子類別只能透過 Overrides 關鍵字覆蓋父類別中宣告為 Overridable 的方法或屬性，我們將這種方法或屬性稱為虛擬方法 (virtual method)，其它沒有宣告為 Overridable 的方法或屬性則稱為非虛擬方法 (nonvirtual method)，若要重新宣告非虛擬方法，就必須改用遮蔽。

至於子類別為何需要遮蔽非虛擬方法呢？原因在於有時子類別繼承自父類別的非虛擬方法可能不符合子類別的需求或有錯誤，此時，子類別就可以將它遮蔽，然後根據實際情況進行修改。此外，若子類別要呼叫父類別內被遮蔽的屬性或方法，可以透過 MyBase 關鍵字，這點和呼叫父類別內被覆蓋的屬性或方法相同。

以 <\MyProj13-3\Class1.vb> 為例，Class2 類別繼承自 Class1 類別，同時透過 Shadows 關鍵字遮蔽繼承自 Class1 類別的 Show() 方法，並將其存取層級由 Public 改為 Friend；而 Class3 類別繼承自 Class2 類別，同時透過 Shadows 關鍵字遮蔽繼承自 Class2 類別的 Show() 方法，並將其存取層級由 Friend 改為 Public。

\MyProj13-3\Class1.vb

```vb
Public Class Class1
    Public Sub Show()
        MsgBox(" 呼叫 Class1 的 Show() 方法 ")
    End Sub
End Class


Public Class Class2
    Inherits Class1
    Friend Shadows Sub Show()
        MsgBox(" 呼叫 Class2 的 Show() 方法 ")
    End Sub
End Class


Public Class Class3
    Inherits Class2
    Public Shadows Sub Show()
        MsgBox(" 呼叫 Class3 的 Show() 方法 ")
    End Sub
End Class
```

使用 Shadows 關鍵字
遮蔽父類別的方法

使用 Shadows 關鍵字
遮蔽父類別的方法

\MyProj13-3\Module1.vb

```vb
Module Module1
    Sub Main()
        Dim obj1 As New Class1()
        Dim obj2 As New Class2()
        Dim obj3 As New Class3()
        obj1.Show()
        obj2.Show()
        obj3.Show()
    End Sub
End Module
```

MyProj13-3
呼叫Class1的Show()方法
確定

MyProj13-3
呼叫Class2的Show()方法
確定

MyProj13-3
呼叫Class3的Show()方法
確定

🏴 13-1-7 抽象類別與抽象方法

抽象類別 (abstract class) 是一種特殊的類別，只有類別的宣告和部分實作，必須藉由子類別來實作或擴充其功能，同時程式設計人員不可以建立抽象類別的物件，即抽象類別只能被繼承，不能被「案例化」(instantiation)。至於抽象方法 (abstract method) 則是一種特殊的方法，它必須放在抽象類別內，只有宣告的部分，沒有實作的部分，而且實作的部分必須由子類別提供。

以下面的程式碼為例，我們使用 MustInherit 關鍵字將父類別 Shape 宣告為抽象類別，然後使用 MustOverride 關鍵字將父類別內的 Area() 宣告為抽象方法，該抽象方法的實作部分是由子類別 Circle 和子類別 Square 分別提供。

```
Public MustInherit Class Shape ── 使用 MustInherit 關鍵字宣告抽象類別
    Public AcrossLine As Double
    Public MustOverride Function Area() As Double
End Class        └──── 使用 MustOverride 關鍵字宣告抽象方法
                        ( 沒有包含主體和 End Function)

Public Class Circle
    Inherits Shape      ── 使用 Overrides 關鍵字覆蓋父類別的抽象方法
    Public Overrides Function Area() As Double
        Return Math.PI * (AcrossLine ^ 2)      在子類別內提供抽象
    End Function                                方法的實作部分
End Class

Public Class Square
    Inherits Shape      ── 使用 Overrides 關鍵字覆蓋父類別的抽象方法
    Public Overrides Function Area() As Double
        Return AcrossLine * AcrossLine          在子類別內提供抽象
    End Function                                方法的實作部分
End Class
```

請注意，抽象方法沒有包含主體或 End Sub、End Function、End Property 等結尾，同時抽象方法與抽象類別和介面有點相似，我們會在第 13-2 節做說明。

🌐 13-1-8 子類別的建構函式與解構函式

若一個類別有宣告建構函式，那麼在一建立類別的物件時，就會先執行其建構函式；同理，若一個子類別有宣告建構函式，那麼在一建立子類別的物件時，就會先執行其建構函式，但要注意，子類別的建構函式應該要透過 MyBase.New() 呼叫父類別的建構函式，而且這行敘述必須放在第一行。

以下圖為例，此處有三個類別，Class1 為父類別，Class2 繼承自 Class1，而 Class3 又繼承自 Class2，那麼其建構函式的呼叫過程如下圖，這表示 Class3 的建構函式會先呼叫其父類別 Class2 的建構函式，而 Class2 的建構函式又會先呼叫其父類別 Class1 的建構函式，而 Class1 的建構函式又會先呼叫其父類別 System.Object 的建構函式，待 System.Object 的建構函式執行完畢才會去執行 Class1 的建構函式，繼續待 Class1 的建構函式執行完畢才會去執行 Class2 的建構函式，最後待 Class2 的建構函式執行完畢才會去執行 Class3 的建構函式。

Public Class Class1

```
Sub New()  ◄-------
    MyBase.New()        '呼叫父類別 (System.Object) 的建構函式
    '撰寫這個建構函式的主體以進行初始化動作
End Sub
```

Public Class Class2 Inherits Class1

```
Sub New()  ◄-------
    MyBase.New()        '呼叫父類別 (Class1) 的建構函式 ◄----
    '撰寫這個建構函式的主體以進行初始化動作
End Sub
```

Public Class Class3 Inherits Class2

```
Sub New()
    MyBase.New()        '呼叫父類別 (Class2) 的建構函式 ◄----
    '撰寫這個建構函式的主體以進行初始化動作
End Sub
```

當物件超出有效範圍或被設定為 Nothing 時，會自動呼叫物件的解構函式 Finalize()，這個方法只能被相同類別或其衍生類別所呼叫，而且由於 Finalize() 方法在釋放物件時會自動執行，因此，除了其衍生類別的解構函式之外，使用者不應該自行呼叫 Finalize() 方法，以免造成重複執行。

以下圖為例，此處有三個類別，Class1 為父類別，Class2 繼承自 Class1，而 Class3 又繼承自 Class2，那麼其解構函式的呼叫過程如下圖，這表示 Class3 的解構函式執行完畢後會呼叫其父類別 Class2 的解構函式，而 Class2 的解構函式執行完畢後又會呼叫其父類別 Class1 的解構函式，而 Class1 的解構函式執行完畢後又會呼叫其父類別 System.Object 的解構函式。

註：新的類別均隱含繼承自 System.Object 類別，無須加上 Inherits 陳述式指定其父類別為 System.Object，這個類別提供了數個方法，比較實用的是 GetType() 方法，它可以傳回目前物件的型別。

Public Class Class1

```
Sub Finalize()  ◄------------------------------
   ' 撰寫這個解構函式的主體以進行釋放動作
   MyBase.Finalize()      ' 呼叫父類別 (System.Object) 的解構函式
End Sub
```

Public Class Class2 Inherits Class1

```
Sub Finalize()  ◄------------------------------
   ' 撰寫這個解構函式的主體以進行釋放動作
   MyBase.Finalize()      ' 呼叫父類別 (Class1) 的解構函式  •----
End Sub
```

Public Class Class3 Inherits Class2

```
Sub Finalize()
   ' 撰寫這個解構函式的主體以進行釋放動作
   MyBase.Finalize()      ' 呼叫父類別 (Class2) 的解構函式  •----
End Sub
```

假設我們宣告如下的類別階層與建構函式：

\MyProj13-4\Class1.vb

```
Public Class Class1                          '宣告父類別
    Public Field1 As Boolean = False
    Public Field2 As Boolean = False
    Public Field3 As Boolean = False

    Public Sub New()                         '宣告父類別的建構函式
        MyBase.New()
        Field1 = True
    End Sub
End Class


Public Class Class2                          '宣告繼承自 Class1 的子類別
    Inherits Class1
    Public Sub New()                         '宣告子類別的建構函式
        MyBase.New()
        Field2 = True
    End Sub
End Class


Public Class Class3                          '宣告繼承自 Class2 的子類別
    Inherits Class2
    Public Sub New()                         '宣告子類別的建構函式
        MyBase.New()
        Field3 = True
    End Sub
End Class
```

根據前面的宣告回答下列問題：

(1) 下面的程式碼會顯示何種結果？

```
Dim obj As New Class1()
MsgBox(obj.Field1 & obj.Field2 & obj.Field3)
```

(2) 下面的程式碼會顯示何種結果？

```
Dim obj As New Class2()
MsgBox(obj.Field1 & obj.Field2 & obj.Field3)
```

(3) 下面的程式碼會顯示何種結果？

```
Dim obj As New Class3()
MsgBox(obj1.Field & obj.Field2 & obj.Field3)
```

解答

(1) TrueFalseFalse。當宣告 obj 為 Class1 類別的物件時，會呼叫 Class1 的建構函式，而 Class1 的建構函式又會先呼叫其父類別 System.Object 的建構函式，待 System.Object 的建構函式執行完畢後才會執行 Class1 的建構函式，將 Field1 設定為 True，至於 Field2、Field3 則維持原值為 False。

(2) TrueTrueFalse。當宣告 obj 為 Class2 類別的物件時，會呼叫 Class2 的建構函式，而 Class2 的建構函式又會先呼叫其父類別 Class1 的建構函式，而 Class1 的建構函式又會先呼叫其父類別 System.Object 的建構函式，待 System.Object 的建構函式執行完畢後才會執行 Class1 的建構函式，將 Field1 設定為 True，繼續待 Class1 的建構函式執行完畢後才會執行 Class2 的建構函式，將 Field2 設定為 True，至於 Field3 則維持原值為 False。

(3) TrueTrueTrue。

🌐 13-1-9 類別階層

父類別與子類別構成了所謂的類別階層 (class hierarchy)，以下圖為例，父類別 Employee 有兩個子類別 Managers 和 Asistants。

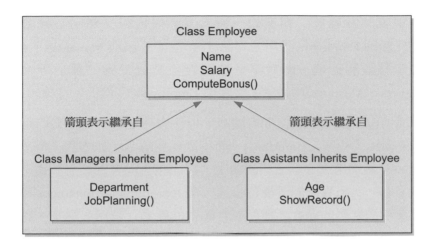

事實上，類別階層的實作相當簡單，困難的是如何設計類別階層，此處提供一些設計類別階層的注意事項給您參考：

❖ 類別階層由上到下的定義應該是由廣義進入狹義，例如父類別 Employee 泛指公司員工，而其子類別 Managers、Asistants 則表示經理和助理。

❖ 在宣告型別時最好保留彈性，例如員工的薪資通常使用整數型別即可，但為了保險起見，不妨使用浮點數型別，防止出現小數的情況。

❖ 審慎設定成員的存取層級，對於允許任何類別存取的成員，可以設定為 Public；對於只允許相同類別存取的成員，可以設定為 Private；對於允許相同類別或其子類別存取的成員，可以設定為 Protected；例如姓名無須保密，故可將用來表示姓名的欄位 Name 設定為 Public，而薪資必須保密，故可將用來表示薪資的欄位 Salary 設定為 Private 或 Protected。

🔲 13-1-10 使用繼承的時機

繼承的實作方式雖然簡單，不過，沒有經驗的人可能無法妥善掌握使用繼承的時機，對於這個問題，我們的建議如下：

❖ 子類別應該隸屬於父類別的一種，而不只是和父類別有關聯，比方說，父類別 Employee 泛指公司員工，而其子類別 Managers、Asistants 則表示經理和助理，兩者都是隸屬於公司員工的一種，所以子類別 Managers、Asistants 均繼承了父類別 Employee 的非私有成員。

另一種情況是兩個類別之間有關聯，但沒有哪個類別隸屬於哪個類別，此時要使用「介面」(interface)，而不要使用繼承。比方說，假設有一個 Customer 類別用來表示公司的顧客，裡面包含顧客的姓名、電話、訂貨金額、上一次出貨時間等欄位，另一個 RecommandCoustomer 類別則是用來表示被推薦的顧客，裡面包含顧客的姓名、電話、職業、與推薦人關係等欄位，由於這兩個類別之間有某些欄位存在著關聯性，但被推薦的顧客卻又不隸屬於顧客的一種，所以此種情況就不適用於繼承，我們會在第 13-2 節討論介面。

❖ 繼承可以提高程式的重複使用性，當我們已經花費許多時間完成父類別的撰寫與偵錯時，若有某些情況超過父類別所能處理的範圍，可以使用繼承的方式建立子類別，然後針對這些無法處理的情況做修改，而不要直接修改父類別，以免又要花費同樣或更多時間去偵錯。

另外還有一個充分的理由是某些類別隸屬於類別庫的一部分，根本無法直接存取，只能透過繼承的方式建立其子類別，然後存取父類別的非私有成員。

❖ 繼承適用於類別階層少的情況 (建議在六層以內)，以免程式太複雜。

❖ 繼承可以用來實作「多型」(polymorphism)，也就是各個子類別可以視其實際情況覆蓋父類別的屬性或方法，我們會在第 13-3 節討論多型。

█ 13-2 介面

介面 (interface) 和類別有點相似，但介面只能宣告屬性、方法或事件，而且不提供實作方式，介面所宣告的成員必須在類別內實作，它就像一紙合約，而類別必須依照合約實作各個成員，同時其參數及傳回值型別也必須符合。

使用介面的好處是在介面所宣告的方法沒有改變的前提下，程式設計人員可以在類別內任意改變各個方法的實作部分，而不會影響到呼叫這些方法的程式碼，如此不僅能減輕維護上的負擔，更能提高程式的擴充性。

▦ 13-2-1 宣告介面的成員

我們可以使用 Interface 陳述式宣告介面及其成員，其語法如下：

```
[accessmodifier] [Shadows] Interface name[(Of typelist)]
    [Inherits interfacename1[, interfacename2…]]
    [[Shadows] [Overloads] [Default] [ReadOnly|WriteOnly] Property propname]
    [[Shadows] [Overloads] Function funcname]
    [[Shadows] [Overloads] Sub subname]
    [[Shadows] Event eventname]
    [[Shadows] Interface interfacename]
    [[Shadows] Class classname]
    [[Shadows] Structure structurename]
End Interface
```

❖ [accessmodifier]：我們可以加上 Public、Private、Protected、Friend、Protected Friend 等存取修飾字宣告介面的存取層級，命名空間層級的介面預設為 Friend，模組層級 (類別、模組、介面、結構) 的介面預設為 Public。

❖ [Shadows]：若要以此介面遮蔽父類別內的同名元件，可以加上 Shadows 關鍵字，被遮蔽的元件將無法被遮蔽該元件的子類別所存取。

❖ Interface、End Interface：分別標示介面的開頭與結尾。

❖ *name*：介面的名稱，必須是符合 VB 2017 命名規則的識別字。

❖ [Inherits *interfacename1*[, *interfacename2*…]]：指定此介面繼承了另一個介面 *interfacename1* 的成員，沒有的話，可以省略。請注意，類別不允許多重繼承，但介面允許多重繼承，即一個介面可以繼承自多個介面，只要將這些介面的名稱寫在 Inherits 後面，中間以逗號隔開即可。

❖ [Property *propname*]、[Function *funcname*]、[Sub *subname*]、[Event *eventname*]、[Interface *interfacename*]、[Class *classname*]、[Structure *structurename*]：在介面內宣告屬性、函式、副程式、事件、介面、類別或結構。

下面是一個例子：

```
Public Interface MyInterface1
    Property Prop1() As Integer          '不可以加上 End Property
End Interface
Public Interface MyInterface2
    Default Property Prop2(ByVal Paraneter As Integer) As Integer
    Sub Method1(ByVal Parameter As Integer)    '不可以加上 End Sub
End Interface
Public Interface MyInterface3
    Inherits MyInterface1, MyInterface2      '多重繼承
    Sub Method2()                        '不可以加上 End Sub
    Function Method3() As Integer        '不可以加上 End Function
End Interface
```

或許您會覺得介面和抽象類別有點相似，的確，但兩者之間還是有所差異，例如介面完全不包含實作部分，但抽象類別可能包含部分的一般方法或屬性，而且類別只能繼承自一個抽象類別，卻可以用來實作多個介面。

🌐 13-2-2 實作介面的成員

我們可以在類別或結構中使用 Implements 陳述式實作一個或多個介面或介面成員，其語法如下：

Implements *interfacename* [, …] 或 Implements *interfacename.interfacemember* [, …]

❖ *interfacename* [, …]：指定要實作 *interfacename* 介面的所有成員，若要實作的介面不只一個，中間以逗號隔開。

❖ *interfacename.interfacemember* [, …]：指定要實作 *interfacename* 介面的 *interfacemember* 成員，若要實作的介面成員不只一個，中間以逗號隔開。

下面是一個例子：

```
Public Interface MyInterface1
    Sub Method1()
End Interface
Public Interface MyInterface2
    Inherits MyInterface1
    Function Method2() As Integer
End Interface
Public Class Class1
    Implements MyInterface2          ' 宣告要實作 MyInterface2 介面的所有成員
    Private Value As Integer = 100   ' 除了介面的成員，類別內亦可加入其它成員
    Sub Method1() Implements MyInterface2.Method1
        MsgBox(" 這是 MyInterface2 繼承自 MyInterface1 的 Method1() 方法 ")
    End Sub
    Function Method2() As Integer Implements MyInterface2.Method2
        Method2 = Value
    End Function
End Class
```

注意

➤ VB 2017 支援巢狀介面，即一個介面內可以包含其它介面。

➤ 假設介面 2 繼承自介面 1，那麼介面 2 的存取層級不能比介面 1 寬鬆。

➤ 一個介面最多只能宣告一個預設的屬性，所以在進行多重繼承時，它所繼承的這些介面中最多只能有一個包含預設的屬性。

➤ 若在類別內的第一行寫上 Implements *interfacename* 陳述式，表示該類別必須實作 *interfacename* 介面的所有成員，而且成員的參數、傳回值型別必須符合，若遺漏任何成員，將產生語法錯誤。

➤ 您可以在用來實作介面的類別內加入其它成員，包括欄位、屬性、方法或事件，而且可以視實際情況設定存取層級。

隨堂練習

根據如下指示撰寫介面：

1. 新增一個名稱為 MyProj13-5 的主控台應用程式，裡面預設有一個名稱為 Module1.vb 的模組檔案。

2. 在模組檔案中撰寫一個名稱為 MyInterface1 的介面，裡面只有一個名稱為 Method1 的方法，此方法沒有參數，也沒有傳回值。

3. 在模組檔案中撰寫一個名稱為 MyInterface2 的介面，裡面只有一個名稱為 Method2 的方法，此方法沒有參數，但有一個型別為 Integer 的傳回值。

4. 在模組檔案中撰寫一個繼承自 MyInterface1 和 MyInterface2、名稱為 MyInterface3 的介面，裡面有一個型別為 Integer、名稱為 Prop1 的屬性及一個名稱為 Method2 的方法，此方法有一個型別為 Double、名稱為 Param 的參數，而且有一個型別為 Double 的傳回值。

提示

```
Module Module1
    Public Interface MyInterface1
        Sub Method1()
    End Interface

    Public Interface MyInterface2
        Function Method2() As Integer
    End Interface

    Public Interface MyInterface3
        Inherits MyInterface1, MyInterface2
        Overloads Function Method2(ByVal Param As Double) As Double
        Property Prop1() As Integer
    End Interface
End Module
```

由於 **MyInterface2** 介面有個同名的方法，所以要加上 **Overloads** 關鍵字。

隨堂練習

撰寫一個類別 Class1 來實作前一個隨堂練習的 MyInterface3 介面：

1. 宣告一個型別為 Integer、名稱為 Answer、初始值為 100 的私有欄位。

2. 實作 MyInterface3 介面的 Method1() 方法，令它在對話方塊顯示「這是 MyInterface3 繼承自 MyInterface1 的 Method1() 方法」。

3. 實作 MyInterface3 介面的 Method2() 方法，令它的傳回值為其參數。

4. 實作 MyInterface3 介面的 Prop1 屬性，令它的 Get 程序傳回前面宣告的私有欄位 Answer，Set 程序則將 Answer 的值設定為其參數。

5. 實作 MyInterface2 介面的 Method2() 方法，令它的傳回值為 Answer，之所以要實作這個方法，主要是因為 MyInterface3 介面重載 MyInterface2 介面的 Method2() 方法，若遺漏的話，會產生語法錯誤。

提示

```
Public Class Class1
    Implements MyInterface3
    Private Answer As Integer = 100
    Sub Method1() Implements MyInterface3.Method1
        MsgBox(" 這是 MyInterface3 繼承自 MyInterface1 的 Method1() 方法 ")
    End Sub


    Function Method2(ByVal Param As Double) As Double Implements MyInterface3.Method2
        Method2 = Param
    End Function


    Property Prop1() As Integer Implements MyInterface3.Prop1
        Get
            Return Answer
        End Get
        Set(ByVal Value As Integer)
            Answer = Value
        End Set
    End Property


    Function Method2() As Integer Implements MyInterface2.Method2
        Method2 = Answer
    End Function
End Class
```

之後若要存取 MyInterface3 介面的成員，可以先建立 Class1 類別的物件，
再透過和存取類別成員相同的方式來存取介面的成員，例如：

```
Dim obj As New Class1()              ' 建立 Class1 類別的物件
obj.Method1()                        ' 透過 Class1 類別的物件存取介面的成員
```

🔳 13-2-3 使用介面的時機

介面和繼承各有其使用時機,有經驗的人往往會交互使用,第 13-1-10 節說明過使用繼承的時機,現在,我們也將使用介面的時機歸納如下:

❖ 若兩個類別之間存在著其中一個類別隸屬於另一個類別的一種,那麼要使用繼承。比方說,父類別 Animal 泛指動物,而其子類別 Dog、Cat 則表示狗和貓,兩者都是隸屬於動物的一種,所以子類別 Dog、Cat 均繼承了父類別 Animal 的非私有成員。

若兩個類別之間只存在著某些關聯,但不是其中一個類別隸屬於另一個類別的一種,那麼要使用介面。比方說,假設有一個類別 Customer 用來表示公司的顧客,裡面包含顧客的姓名、電話、訂貨金額、上一次出貨時間等欄位,另一個類別 RecommandCoustomer 則是用來表示被推薦的顧客,裡面包含顧客的姓名、電話、職業、與推薦人關係等欄位,由於這兩個類別之間有某些欄位存在著關聯性,但被推薦的顧客卻又不隸屬於顧客的一種,所以此種情況就比較適用於介面。

❖ 在使用繼承時,若修改父類別的程式碼,可能會導致其子類別的程式碼發生錯誤,而必須為其子類別進行偵錯;相反的,介面最大的優點是將宣告與實作的部分區隔開來,在介面所宣告的成員沒有改變的前提下,程式設計人員可以在類別內任意改變各個成員的實作部分,而不會影響到呼叫這些成員的程式碼。

❖ 當您不想繼承父類別的實作部分或需要多重繼承時,可以使用介面。

❖ 介面比繼承有彈性,一個實作方式可以用來實作多個介面。

❖ 對於有些不能使用繼承的情況可以使用介面,例如結構不能繼承自類別,但卻可以用來實作介面。

❖ 介面和繼承一樣可以用來實作「多型」(polymorphism),原則上,若要在子類別內擴充父類別的功能,可以使用繼承實作多型;若要藉由多重的實作部分提供相似的功能,可以使用介面實作多型。

13-3 多型

多型 (polymorphism) 指的是當不同的物件收到相同的訊息時,會以各自的方法來做處理,舉例來說,假設交通工具是一個父類別,它有發動與停止兩個方法,另外有腳踏車、摩托車及汽車三個子類別,這三個子類別繼承了父類別的發動與停止兩個方法。不過,由於不同交通工具的發動方式與停止方式各異,所以我們必須在子類別內覆蓋 (override) 這兩個方法,屆時,只要物件收到發動或停止的訊息,就會視物件所屬的子類別呼叫對應的方法。

VB 2017 允許我們使用繼承與介面實作多型,原則上,若要在子類別內擴充父類別的功能,可以使用繼承實作多型;若要藉由多重的實作部分提供相似的功能,可以使用介面實作多型。

13-3-1 使用繼承實作多型

以前面所舉的交通工具為例,我們可以使用繼承實作多型,如下:

\MyProj13-6\Class1.vb (下頁續 1/2)

```
01:Public MustInherit Class Transport
02:    MustOverride Sub Launch()
03:    MustOverride Sub Park()
04:End Class
05:
06:Public Class Bicycle
07:    Inherits Transport
08:    Overrides Sub Launch()
09:        ' 在此寫上發動腳踏車的程式碼
10:    End Sub
11:    Overrides Sub Park()
12:        ' 在此寫上停止腳踏車的程式碼
13:    End Sub
14:End Class
```

將 Transport 類別宣告為抽象類別,將 Launch()、Park() 宣告為抽象方法。

令 Bicycle 類別繼承自 Transport 類別並提供 Launch()、Park() 的實作部分。

\MyProj13-6\Class1.vb (接上頁 2/2)

```
15:Public Class Motorcycle
16:    Inherits Transport
17:    Overrides Sub Launch()
18:        ' 在此寫上發動摩托車的程式碼
19:    End Sub
20:    Overrides Sub Park()
21:        ' 在此寫上停止摩托車的程式碼
22:    End Sub
23:End Class
24:
25:Public Class Car
26:    Inherits Transport
27:    Overrides Sub Launch()
28:        ' 在此寫上發動汽車的程式碼
29:    End Sub
30:    Overrides Sub Park()
31:        ' 在此寫上停止汽車的程式碼
32:    End Sub
33:End Class
```

令 Motorcycle 類別繼承自 Transport 類別並提供 Launch()、Park() 的實作部分。

令 Car 類別繼承自 Transport 類別並提供 Launch()、Park() 的實作部分。

❖ 01 ~ 04：宣告一個父類別 Transport，用來表示交通工具，由於它沒有提供非共用成員的實作方式，所以加上 MustInherit 關鍵字將它宣告為抽象類別，並加上 MustOverride 關鍵字將非共用成員宣告為抽象方法。若您有在父類別內提供非共用成員的實作方式，同時允許子類別覆蓋該成員，那麼就不要加上 MustInherit 和 MustOverride 兩個關鍵字，而是改在宣告該成員時加上 Overridable 關鍵字。

❖ 06 ~ 14：宣告子類別 Bicycle，用來表示腳踏車。

❖ 15 ~ 23：宣告子類別 Motorcycle，用來表示摩托車。

❖ 25 ~ 33：宣告子類別 Car，用來表示汽車。

13-3-2 使用介面實作多型

我們換個例子來示範如何使用介面實作多型。首先，宣告一個名稱為 Shape 的介面，裡面只有一個 Area() 方法，它的兩個參數及傳回值型別均為 Double；接著，宣告兩個用來實作這個介面的類別 RightTriangle 和 Rectangle，前者提供給 Area() 方法的實作方式是根據參數傳回三角形的面積，後者提供給 Area() 函式的實作方式是根據參數傳回長方形的面積。

\MyProj13-7\Module1.vb

```
Module Module1
    Public Interface Shape                    ' 宣告 Shape 介面，裡面有一個 Area() 方法
        Function Area(ByVal X As Double, ByVal Y As Double) As Double
    End Interface


    Public Class RightTriangle                ' 令 RightTriangle 類別提供 Shape 介面的實作部分
        Implements Shape
        Function Area(ByVal X As Double, ByVal Y As Double) As Double Implements Shape.Area
            Area = (X * Y) / 2                 ' 計算三角形的面積 ( 底乘以高除以 2)
        End Function
    End Class


    Public Class Rectangle                    ' 令 Rectangle 類別提供 Shape 介面的實作部分
        Implements Shape
        Function Area(ByVal X As Double, ByVal Y As Double) As Double Implements Shape.Area
            Area = (X * Y)                    ' 計算矩形的面積 ( 長乘以寬 )
        End Function
    End Class

    Sub Main()
        Dim obj1 As New RightTriangle()
        Dim obj2 As New Rectangle()

        MsgBox(" 底為 20 高為 10 的三角形面積為 " & obj1.Area(20, 10))
        MsgBox(" 長為 20 寬為 10 的長方形面積為 " & obj2.Area(20, 10))
    End Sub
End Module
```

這個例子的執行結果如下：

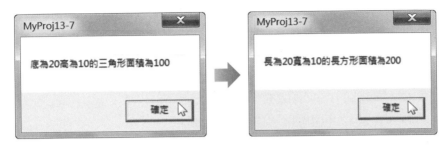

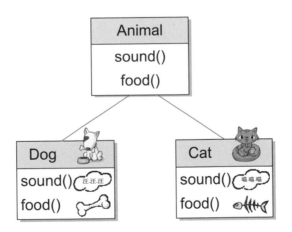

假設 Animal 是一個父類別，它有 sound()（叫聲）與 food()（喜愛的食物）兩個方法，另外有 Dog 和 Cat 兩個子類別，這兩個子類別繼承了父類別的 sound() 與 food() 兩個方法。不過，由於狗和貓的叫聲與喜愛的食物不同，因此，我們必須在子類別內覆蓋這兩個方法，屆時，只要物件收到叫聲或喜愛的食物的訊息，就會視物件所隸屬的子類別呼叫對應的方法來做處理。

(1) 根據題意使用繼承實作多型。

(2) 根據題意使用介面實作多型。

一、選擇題

(　　) 1. 下列關於 VB 2017 支援繼承的敘述何者錯誤？

    A. 子類別會繼承父類別內非私有的欄位、屬性、方法或事件

    B. 可以提高重複使用性與可靠性

    C. 子類別的存取層級必須比父類別寬鬆

    D. VB 2017 的類別不支援「多重繼承」

(　　) 2. 宣告子類別時必須使用下列哪個陳述式指定父類別的名稱？

    A. Inherits   B. NotInheritable

    C. MustInherit   D. Implements

(　　) 3. 宣告時加上下列哪個關鍵字的類別不得做為父類別？

    A. Inherits   B. NotInheritable

    C. MustInherit   D. Implements

(　　) 4. 子類別可以存取父類別內宣告為 Public 和下列何者的成員？

    A. ReadOnly   B. Private

    C. Shadows   D. Protected

(　　) 5. 下列哪個關鍵字代表目前所在之子類別的父類別？

    A. Me   B. Base

    C. MyBase   D. MyClass

二、練習題

首先，宣告一個名稱為 Tax 的介面，裡面只有一個 CalculateTax() 方法，它的兩個參數 (總金額 Total、稅率 Rate) 及傳回值型別均為 Double；接著，建立兩個用來實作這個介面的類別 GoodsTax 和 PublicationTax，前者提供給 CalculateTax() 方法的實作方式是根據第一個參數 (總金額)、第二個參數 (稅率) 傳回發票稅的金額 (發票稅＝總金額 × 稅率)，後者提供給 CalculateTax() 方法的實作方式是根據第一個參數 (總金額)、第二個參數 (稅率) 傳回稿費所得稅的金額 (稿費所得稅＝ (總金額－ 180000) × 稅率)。

Chapter 14

委派、事件與運算子重載

▌14-1 委派

委派 (delegate) 的觀念和「函式指標」(function pointer) 相似，它允許使用者將函式或副程式當作參數傳遞給另一個方法。現在，我們就直接以典型的排序實例示範委派的用法：

1. 使用Delegate陳述式宣告一個即將被當作參數傳遞給其它副程式的函式。

```
Delegate Function IsLarger(ByVal X As Integer, ByVal Y As Integer) As Boolean
```

Delegate 陳述式的語法如下，您可以視實際情況加上適當的關鍵字，命名空間層級的委派預設為 Friend，模組層級的委派預設為 Public。

```
[accessmodifier] [Shadows] Delegate _
    [Sub|Function] name[(Of typelist)] [(parameterlist)] [As type]
```

2. 撰寫排序的副程式，這段程式碼的關鍵有兩處，其一是在第 1 行宣告變數 LargerThan 是指向 IsLarger() 函式的指標，其二是在第 5 行使用 Invoke() 方法呼叫步驟 1. 所宣告的委派。

```
Public Sub DoSort(ByRef Data() As Integer, ByVal LargerThan As IsLarger)
    Dim I, J, Temp As Integer
    For I = 0 To UBound(Data)
        For J = I + 1 To UBound(Data)
            If LargerThan.Invoke(Data(I), Data(J)) Then
                Temp = Data(I)
                Data(I) = Data(J)
                Data(J) = Temp
            End If
        Next
    Next
End Sub
```

3. 撰寫這個委派如下。

```
Public Function MyIsLarger(ByVal X As Integer, ByVal Y As Integer) As Boolean
    If X > Y Then
        Return True
    Else
        Return False
    End If
End Function
```

4. 在 Main() 程序宣告要進行排序的陣列，然後呼叫排序程式進行排序，再將結果顯示出來即可。請注意，第 3 行必須使用 AddressOf 運算子，才能將函式當作參數傳遞給副程式。<\MyProj14-1\Module1.vb>

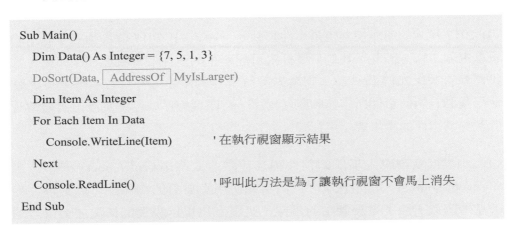

```
Sub Main()
    Dim Data() As Integer = {7, 5, 1, 3}
    DoSort(Data, AddressOf MyIsLarger)
    Dim Item As Integer
    For Each Item In Data
        Console.WriteLine(Item)           ' 在執行視窗顯示結果
    Next
    Console.ReadLine()                    ' 呼叫此方法是為了讓執行視窗不會馬上消失
End Sub
```

5. 執行結果如下。

▌14-2 事件驅動

事件 (event) 是在某些情況下發出特定訊號警告您,比方說,假設您有一部汽車,當您發動汽車卻沒有關好車門時,汽車會發出嗶嗶聲警告您,這就是一種事件;又比方說,在 VB 2017 中,當我們按一下按鈕時,就會產生一個 Click 事件,然後我們可以針對這個事件撰寫處理程序,例如將使用者輸入的資料進行運算、寫入資料庫或檔案等。

在 Windows 環境中,每個視窗都有一個唯一的代碼,而且作業系統會持續監視每個視窗的事件,一旦有事件產生,例如使用者點取按鈕、改變視窗的大小、移動視窗等,該視窗就會傳送訊息給作業系統,然後作業系統會將訊息傳送給應該知道的程式,該程式再根據訊息做出適當的處理,這種運作模式就叫做事件驅動 (event driven)。

VB 2017 程式的運作模式也是事件驅動,不過,VB 2017 會自動處理低階的訊息處理工作,因此,我們只要針對可能產生的事件撰寫處理程序即可。當我們執行 VB 2017 程式時,它會先等待事件的產生,一旦有事件產生,就執行我們針對該事件所撰寫的處理程序,待處理程序執行完畢後,再繼續等待下一個事件的產生或結束程式。

VB 2017 將能夠產生事件的物件稱為事件發送者 (event sender) 或事件來源 (event source),諸如表單、控制項或使用者自訂的物件都可以是事件發送者,因此,除了系統產生的事件,使用者也可以視實際情況加入自訂的事件。

至於我們撰寫來處理事件的程式則稱為事件程序 (event handler),它必須是副程式 (subroutine),不能是函式 (function),因為事件程序不能有傳回值。此外,事件程序也不能使用選擇性參數、指名參數或 ParamArray 參數。

註:傳統的「程序性程式」(procedural program) 並不屬於事件驅動模式,其執行流程取決於程式設計人員事前的規劃,而不是作業系統或程式設計人員所產生的事件。

14-3 事件的宣告、觸發與處理

14-3-1 宣告事件

我們可以使用 Event 陳述式在類別內宣告事件，其語法如下：

[*accessmodifier*] [Shared] [Shadows] Event *name*[(*parameterlist*)] _
　　[Implements *interfacename.interfaceeventname*]

❖ [*accessmodifier*]：我 們 可 以 加 上 Public、Private、Protected、Friend、Protected Friend 等存取修飾字宣告事件的存取層級，預設為 Public。

❖ Shared：若要宣告共用事件，可以加上 Shared 關鍵字。

❖ Event：表示要宣告事件。

❖ [Shadows]：若要以此事件遮蔽基底類別內的同名元件，可以加上 Shadows 關鍵字，被遮蔽的元件將無法被遮蔽該元件的衍生類別所存取。

❖ *name*：事件的名稱，必須是符合 VB 2017 命名規則的識別字。

❖ ([*parameterlist*])：事件的參數，宣告方式大致上和副程式相同，但不能使用選擇性參數、指名參數或 ParamArray 參數，而且沒有傳回值。

❖ [Implements *interfacename.interfaceeventname*]：若要指定此事件是要實作某個介面所宣告的事件，可以加上 Implements 陳述式。

例如下面的敘述是在 Class1 類別內宣告一個名稱為 MyEvent、沒有參數的事件：

```
Public Class Class1
    Public Event MyEvent()
End Class
```

⊞ 14-3-2 觸發事件

在類別內宣告事件後,為了讓隸屬於此類別的物件具有觸發該事件的能力,我們可以在類別內撰寫一個程序使用 RaiseEvent 陳述式觸發該事件,其語法如下,*name* 是欲觸發的事件名稱,*parameterlist* 是欲觸發的事件參數:

```
RaiseEvent name[(parameterlist)]
```

例如下面的敘述是宣告一個用來觸發 MyEvent 事件的 RaiseMyEvent() 方法:

```
Public Sub RaiseMyEvent()
    RaiseEvent MyEvent()
End Sub
```

⊞ 14-3-3 撰寫事件程序

VB 2017 提供兩種撰寫事件程序的方式,其一是使用 WithEvents 關鍵字搭配 Handles 子句,其二是使用 AddHandler 陳述式動態連結事件程序及使用 RemoveHandler 陳述式動態移除事件程序,要注意的是這兩種方式不可以同時使用於相同事件。我們先來介紹第一種方式,其使用步驟如下:

1. 在模組的宣告區塊內使用 WithEvents 關鍵字宣告一個事件來源,也就是宣告一個物件,而且此物件隸屬於能夠觸發事件的類別,例如:

```
Public WithEvents obj As New Class1()                    '宣告一個事件來源
```

2. 撰寫用來處理事件的程序,後面要加上 Handles 子句指定欲處理的事件名稱 (若要處理多個事件,中間以逗號隔開即可),例如:

```
Private Sub HandleMyEvent() Handles obj.MyEvent         ' 事件名稱寫在 Handles 後面
    MsgBox(" 這是 MyEvent 事件的處理程序 ")
End Sub
```

現在,請您依照如下步驟操作,將前幾節示範的例子整合在一起:

1. 新增一個名稱為 MyProj14-2 的主控台應用程式。

2. 新增一個名稱為 Class1.vb 的類別檔案,然後撰寫下列程式碼。

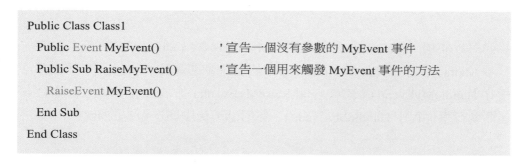

```
Public Class Class1
    Public Event MyEvent()              '宣告一個沒有參數的 MyEvent 事件
    Public Sub RaiseMyEvent()           '宣告一個用來觸發 MyEvent 事件的方法
        RaiseEvent MyEvent()
    End Sub
End Class
```

3. 開啟模組檔案 Module1.vb 並撰寫下列程式碼,其中 Main() 程序會呼叫 RaiseMyEvent() 方法觸發 MyEvent 事件,進而執行事件程序 HandleMyEvent(),在對話方塊中顯示指定的訊息。

```
Module Module1
    Public WithEvents obj As New Class1()  ──── 宣告一個事件來源
    Sub Main()
        obj.RaiseMyEvent()                 在 Main() 程序中呼叫 RaiseMyEvent()
    End Sub                                 方法觸發 MyEvent 事件
    Private Sub HandleMyEvent() Handles obj.MyEvent   宣告 MyEvent 事件的處
        MsgBox(" 這是 MyEvent 事件的處理程序 ")          理程序,它會在對話方
    End Sub                                           塊中顯示指定的訊息。
End Module
```

MyEvent 事件的處理程序會在對話方塊中顯示此訊息

MyProj14-2
這是MyEvent事件的處理程序
確定

我們接著來介紹撰寫事件程序的第二種方式，也就是使用 AddHandler 陳述式動態連結事件程序，其語法如下，*event* 是欲處理的事件名稱，*eventhandler* 是事件程序 (AddressOf 運算子可以將程序當作參數傳遞給 AddHandler 陳述式)：

AddHandler *event*, AddressOf *eventhandler*

我們可以使用 AddHandler 陳述式將 <MyProj14-2\Module1.vb> 改寫成如下，其中 Main() 程序會先使用 AddHandler 陳述式動態連結 MyEvent 事件和事件程序 HandleMyEvent()，然後呼叫 RaiseMyEvent() 方法觸發 MyEvent 事件，進而執行事件程序 HandleMyEvent()，在對話方塊中顯示指定的訊息。

```
Module Module1
    Dim obj As New Class1()
    Sub Main()
        AddHandler obj.MyEvent, AddressOf HandleMyEvent
        obj.RaiseMyEvent()
    End Sub

    Private Sub HandleMyEvent()
        MsgBox(" 這是 MyEvent 事件的處理程序 ")
    End Sub
End Module
```

動態連結事件程序 HandleMyEvent()，然後呼叫 RaiseMyEvent() 方法觸發 MyEvent 事件。

宣告 MyEvent 事件的處理程序，它會在對話方塊中顯示指定的訊息。

MyEvent 事件的處理程序會在對話方塊中顯示此訊息

相對於 AddHandler 陳述式可以動態連結事件程序，相反的，RemoveHandler 陳述式則可以動態移除事件程序，其語法如下：

RemoveHandler *event*, AddressOf *eventhandler*

下面是一個例子，它在第 11 ~ 13 行、第 15 ~ 17 行宣告兩個事件程序 HandleMyEvent1() 和 HandleMyEvent2()，然後第 04 行先使用 AddHandler 陳述式動態連結 MyEvent 事件和 HandleMyEvent1()，接著於第 05 行觸發 MyEvent 事件以執行 HandleMyEvent1()，繼續於第 06 行動態移除 HandleMyEvent1() 並於第 07 行動態連結 HandleMyEvent2()，最後於第 08 行再次觸發 MyEvent 事件，這次會改成執行 HandleMyEvent2()。

\MyProj14-3\Module1.vb

```
01:Module Module1
02:    Dim obj As New Class1()
03:    Sub Main()
04:        AddHandler obj.MyEvent, AddressOf HandleMyEvent1
05:        obj.RaiseMyEvent()
06:        RemoveHandler obj.MyEvent, AddressOf HandleMyEvent1
07:        AddHandler obj.MyEvent, AddressOf HandleMyEvent2
08:        obj.RaiseMyEvent()
09:    End Sub
10:
11:    Private Sub HandleMyEvent1()
12:        MsgBox(" 這是 MyEvent 事件的第一個處理程序 ")
13:    End Sub
14:
15:    Private Sub HandleMyEvent2()
16:        MsgBox(" 這是 MyEvent 事件的第二個處理程序 ")
17:    End Sub
18:End Module
```

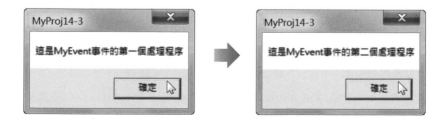

14-4 運算子重載

運算子重載 (operator overloading) 可以將 VB 2017 原有的運算子 (例如 +、-、*、/、=、!=、>=、<=、And、Or、CType…) 賦予新的意義,以針對類別或結構進行運算,這是物件導向程式設計的特色之一,可以將複雜的程式轉換成比較直覺的方式,以下面的敘述為例:

```
Obj3 = Obj1.AddObject(Obj2)
```

Obj3 是 Obj1 和 Obj2 兩個物件透過 AddObject() 方法進行相加的結果,假設我們將加法運算子 (+) 予以重載,令它不僅可以用來進行數值型別、字串型別或委派型別的相加,也可以用來進行 Obj1 和 Obj2 兩個物件的相加,上面的敘述就能簡化成如下,可讀性也因此提高了:

```
Obj3 = Obj1 + Obj2
```

下面是一些運算子重載的應用:

❖ 數學運算,例如複數、矩陣、向量、座標、函數等。

❖ 圖形運算,例如計算圖形的位置、平移、旋轉等。

❖ 金融運算,例如計算稅率、所得、支出、損益等。

VB 2017 允許重載的運算子如下:

分類	運算子
單元運算子	+, -, IsFalse, IsTrue, Not
二元運算子	+, -, *, /, \, &, ^, >>, <<, =, <>, >, >=, <, <=, And, Like, Mod, Or, Xor
轉換運算子	CType
註 [1]: 有些運算子必須成對重載,包括 = 和 <>、> 和 <、>= 和 <=、IsTrue 和 IsFalse,也就是當您重載 = (等於) 運算子時,必須連同 <> 運算子一起重載。	
註 [2]: 重載 AndAlso 運算子的先決條件是必須先重載 And 和 IsFalse 兩個運算子;重載 OrElse 運算子的先決條件是必須先重載 Or 和 IsTrue 兩個運算子。	

我們可以在類別或結構內使用 Operator 陳述式重載運算子，其語法如下：

```
Public [Overloads] Shared [Shadows] [Widening|Narrowing] _
    Operator operatorsymbol (operand1 [, operand2]) [As type]
    [statements]
    [statements]
    Return value
    [statements]
End Operator
```

❖ Public [Overloads] Shared [Shadows]：重載運算子一定要宣告為 Public Shared；若相同運算子要重載多次，可以加上 Overloads 關鍵字；若要以此運算子遮蔽基底類別內的同名元件，可以加上 Shadows 關鍵字。

❖ [Widening|Narrowing]：若欲重載的運算子為型別轉換運算子 CType，那麼必須加上 Widening 或 Narrowing 關鍵字，表示廣義或狹義型別轉換。

❖ Operator、End Operator：標示運算子重載的開頭與結尾。

❖ operatorsymbol：欲進行重載的運算子。

❖ (operand1 [, operand2])：運算子的運算元，單元運算子有一個運算元，二元運算子有兩個運算子。

❖ [As type]：運算子的傳回值型別。

❖ Return value：運算子的傳回值。

注意

➤ 相同運算子可以重載多次，以針對不同類別或結構進行運算，編譯器會自動根據傳入的參數型別判斷應該呼叫哪個運算子。

➤ 重載運算子一定要宣告為 Public Shared，而且不能指定 ByRef、Optional、ParamArray 等關鍵字給任何運算元。

下面是一個例子，第 03 ~ 26 行是宣告一個名稱為 Complex 的類別以存放複數，第 11 ~ 14 行是使用 Operator 關鍵字重載加法運算子 (+)，以針對兩個複數物件進行相加，成功重載加法運算子後，就可以像平常的加法一樣使用這個運算子進行複數相加，例如第 30 行的 Dim C3 As Complex = C1 + C2。

\MyProj14-4\Module1.vb (下頁續 1/2)

```
01:Module Module1
02:    ' 宣告 Complex 類別以存放複數
03:    Public Class Complex
04:        Private A, B As Double
05:        Public Sub New(ByVal D1 As Double, ByVal D2 As Double)
06:            A = D1
07:            B = D2
08:        End Sub
09:
10:        ' 重載加法運算子 (+) 以針對兩個複數物件進行相加
11:        Public Shared Operator +(ByVal C1 As Complex, ByVal C2 As Complex) As Complex
12:            Dim C3 As Complex = New Complex((C1.A + C2.A), (C1.B + C2.B))
13:            Return C3
14:        End Operator
15:
16:        ' 覆蓋 ToString() 方法以顯示複數物件的值
17:        Public Overrides Function ToString() As String
18:            Dim Str As String = ""
19:            If (B >= 0) Then
20:                Str = A & " + " & B & "i"
21:            Else
22:                Str = A & " - " & (-B) & "i"
23:            End If
24:            Return Str
25:        End Function
26: End Class
```

\MyProj14-4\Module1.vb (接上頁 2/2)

```
27:    Sub Main()
28:        Dim C1 As Complex = New Complex(1, 2)      ' 建立第一個複數物件
29:        Dim C2 As Complex = New Complex(5, -8)     ' 建立第二個複數物件
30:        Dim C3 As Complex = C1 + C2                ' 建立第三個複數物件
31:        MsgBox(" 第一個複數的值為 " & C1.ToString())
32:        MsgBox(" 第二個複數的值為 " & C2.ToString())
33:        MsgBox(" 第三個複數的值為 " & C3.ToString())
34:    End Sub
35:End Module
```

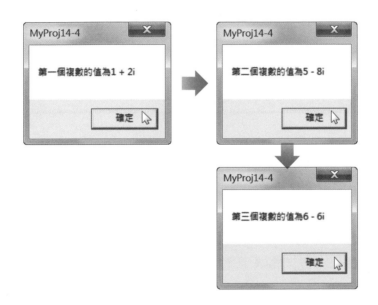

重載型別轉換運算子

最後，我們要來示範如何在類別或結構內重載型別轉換運算子 CType，
原則上，這和重載其它運算子大致相同，差別在於必須加上 Widening 或
Narrowing 關鍵字，表示廣義或狹義型別轉換，無論 Option Strict 設定為
On 或 Off，廣義型別轉換都會自動產生，而狹義型別轉換則必須在 Option
Strict 設定為 Off 的情況下才會自動產生。

以 <MyProj14-4> 的 Complex 類別為例，我們可以為它宣告如下的型別轉換運算子，將 Double 型別狹義轉換成 Complex 型別：

```
Public Shared Narrowing Operator CType(ByVal D1 As Double) As Complex

    Dim C1 As Complex = New Complex(D1, 0)

    Return C1

End Operator
```

同理，我們也可以為 <MyProj14-4> 的 Complex 類別宣告如下的型別轉換運算子，將 Complex 型別廣義轉換成 String 型別：

```
Public Shared Widening Operator CType(ByVal C1 As Complex) As String

    Dim Str As String = ""

    If (C1.B >= 0) Then

        Str = C1.A & " + " & C1.B & "i"

    Else

        Str = C1.A & " - " & (-C1.B) & "i"

    End If

    Return Str

End Operator
```

有了前述兩種型別轉換運算子後，我們可以撰寫如下敘述，它會將浮點數 -3.0 轉換成 Complex 型別，且值為 -3 + 0i：

```
Dim C4 As Complex = CType(-3.0, Complex)
```

同理，我們也可以撰寫如下敘述，第一個敘述是先建立一個值為 1 + 2i 的複數物件，第二個敘述是將這個複數物件轉換成字串型別，且值為 "1 + 2i"：

```
Dim C5 As Complex = New Complex(1, 2)

Dim Str As String = CType(C5, String)
```

根據下列指示完成這個題目：

(1) 新增一個名稱為 MyProj14-5 的主控台應用程式，然後在模組檔案 Module1.vb 內宣告一個名稱為 Vector 的結構以存放三維向量 (X, Y, Z)，其成員如下：

```
Public Structure Vector
    Private X, Y, Z As Double

    '宣告建構函式以根據參數的值設定三維向量的 X、Y、Z
    Public Sub New(ByVal A As Double, ByVal B As Double, ByVal C As Double)
        Me.X = A
        Me.Y = B
        Me.Z = C
    End Sub

    ' 覆蓋 ToString() 方法以顯示三維向量的值
    Public Overrides Function ToString() As String
        Return "(" & X & ", " & Y & ", " & Z & ")"
    End Function
End Structure
```

(2) 重載加法運算子，以針對兩個型別為 Vector 結構的物件進行相加 (提示：(X1, Y1, Z1) + (X2, Y2, Z2) = (X1 + X2, Y1 + Y2, Z1 + Z2))。

(3) 重載乘法運算子，其左右邊的運算元分別為 Double 型別的數值及 Vector 型別的三維向量 (提示：A * (X1, Y1, Z1) = (A * X1, A * Y1, A * Z1))。

(4) 再次重載乘法運算子，其左右邊的運算元分別為 Vector 型別的三維向量及 Double 型別的數值 (提示：(Z1, Y1, Z1) * A = (X1 * A, Y1 * A, Z1 * A))。

(5) 撰寫一個主程式,建立兩個三維向量 V1 = (1, 2, 2)、V2 = (5, -8, -4),
然後令三維向量 V3 為 V1、V2 相加的結果,三維向量 V4 為 10 乘以
V1 的結果,三維向量 V5 為 V1 乘以 5 的結果,再於執行視窗中顯示
V1 ~ V5 的值,下面的執行結果供您參考。

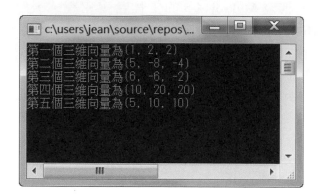

```
c:\users\jean\source\repos\...
第一個三維向量為(1, 2, 2)
第二個三維向量為(5, -8, -4)
第三個三維向量為(6, -6, -2)
第四個三維向量為(10, 20, 20)
第五個三維向量為(5, 10, 10)
```

提示

```vbnet
Public Shared Operator +(ByVal V1 As Vector, ByVal V2 As Vector) As Vector
    Dim V3 As Vector = New Vector((V1.X + V2.X), (V1.Y + V2.Y), (V1.Z + V2.Z))
    Return V3
End Operator


Public Shared Operator *(ByVal A As Double, ByVal V1 As Vector) As Vector
    Dim V2 As Vector = New Vector(A * V1.X, A * V1.Y, A * V1.Z)
    Return V2
End Operator


Public Shared Operator *(ByVal V1 As Vector, ByVal A As Double) As Vector
    Dim V2 As Vector = New Vector(V1.X * A, V1.Y * A, V1.Z * A)
    Return V2
End Operator
```

一、選擇題

( ) 1. 下列關於 VB 2017 事件的敘述何者正確？

  A. 程式設計人員可以加入自訂的事件

  B. 事件程序可以使用選擇性參數

  C. 表單可以是事件發送者但控制項不可以

  D. 事件程序可以是副程式或函式

( ) 2. 我們可以使用下列哪個陳述式觸發事件？

  A. Event   B. RaiseEvent

  C. CauseEvent   D. WithEvents

( ) 3. 我們可以使用下列哪個陳述式動態連結事件程序？

  A. AddHandler   B. Invoke

  C. RemoveHandler   D. AddressOf

( ) 4. 我們可以使用下列哪個陳述式達到函式指標的目的？

  A. Event   B. RaiseEvent

  C. AddHandler   D. Delegate

( ) 5. 我們可以使用下列哪個關鍵字宣告事件來源？

  A. Event   B. RaiseEvent

  C. CauseEvent   D. WithEvents

( ) 6. 下列哪種運算子不可以重載？

  A. AndAlso   B. IsTrue

  C. ()   D. CType

( ) 7. 下列哪種運算子必須成對重載？

  A. *, /   B. =, <>

  C. +, -   D. And, Or

(　) 8. 重載 OrElse 運算子的先決條件是必須先重載哪些運算子？(複選)

    A. Or   B. IsTrue

    C. And   D. IsFalse

(　) 9. 相同運算子只能重載一次以避免混淆，對不對？

    A. 對   B. 不對

(　) 10. 若要重載廣義型別轉換運算子，必須加上下列哪個關鍵字？

    A. Narrowing   B. Explicit

    C. Implicit   D. Widening

二、練習題

1. 根據下列指示完成這個題目：

   (1) 首先，新增一個名稱為 MyProj14-6 的主控台應用程式。

   (2) 接著，新增一個名稱為 Class1.vb 的類別檔案，在裡面宣告兩個名稱為 Event2、Event2 的事件，以及用來觸發這些事件的程序 RaiseEvent1()、RaiseEvent2()。

   (3) 繼續，在模組檔案 Module1.vb 裡面宣告一個事件來源，並撰寫一個主程式呼叫事件來源的 RaiseEvent1()、RaiseEvent2() 程序。

   (4) 最後，撰寫用來處理 Event1、Event2 事件的程序，假設程序的名稱為 HandleEvent1()、HandleEvent2()，其作用是在對話方塊中顯示「Event1 事件被觸發」、「Event2 事件被觸發」。

2. 以 AddHandler 陳述式改寫練習題 1.。

3. 承第 14-4 節的隨堂練習，重載 = (等於) 和 <> (不等於) 兩個運算子，以針對兩個 Vector 型別的物件進行等於或不等於的比較；完畢後再重載型別轉換運算子 CType，將 Double 型別的數值轉換為 Vector 型別的物件 (提示：假設 V1 為 (X1, Y1, Z1)，V2 為 (X2, Y2, Z2)，若 ((X1 = X2) 且 (Y1 = Y2) 且 (Z1 = Z3))，那麼 V1 和 V2 相等，否則不相等)。

Chapter 15

部分類別與泛型

15-1 部分類別

部分類別 (partial class) 指的是在宣告類別或結構時加上 Partial 關鍵字，如下，就可以將類別或結構的宣告分割成數個部分，而且這些部分可以位於相同或不同的原始檔，但必須位於相同的組件 (assembly)：

```
[accessmodifier] [Shadows] [MustInherit|NotInheritable] _
    Partial {Class|Structure} name[(Of typelist)]
    [Inherits classname]
    [Implements interfacenames]
    [ 資料成員宣告 ]
    [ 方法成員宣告 ]
{End Class|End Structure}
```

下面是一個例子，它將 Class1 類別的宣告分割成兩個部分，各有一個 M1() 方法和 M2() 方法。雖然編譯器允許您最多漏掉一個部分類別的 Partial 關鍵字 (超過一個的話會產生錯誤)，但我們建議您在宣告每個部分類別時均加上 Partial 關鍵字，以提高可讀性並避免錯誤。

```
Partial Public Class Class1
    Public Sub M1()
    End Sub
End Class


Partial Public Class Class1
    Public Sub M2()
    End Sub
End Class
```

部分類別的好處是允許 IDE 分隔程式設計人員撰寫的程式碼和 Visual Studio 自動產生的程式碼，以專注於處理自己撰寫的程式碼。

15-2 泛型

泛型 (generic) 允許程式設計人員以未定型別參數宣告類別、結構、介面、方法和委派，待之後在使用類別、結構、介面、方法和委派時，再指定實際型別。泛型就像樣板，可以針對不同型別執行相同功能，有了它，您就不必為不同型別重複撰寫具有相同功能的程式碼。

泛型又分為泛型型別 (generic type) 和泛型方法 (generic method) 兩種形式，.NET Framework 內建許多泛型型別，大部分可以在 System.Collections. Generic 命名空間內找到，例如 Dictionary、LinkedList、List、Queue、SortedList、Stack 等泛型類別；ICollection、IDictionary、IEnumerator、IList 等泛型介面；List.Enumerator、Queue.Enumerator、Stack.Enumerator 等泛型結構。

泛型型別通常表示成諸如 List(Of T) 的形式，其中 List 為型別名稱，Of 為關鍵字，T 為型別參數 (type parameter)，也就是在宣告泛型型別時所提供之型別的替代符號，下面是一個例子。

\MyProj15-1\Module1.vb

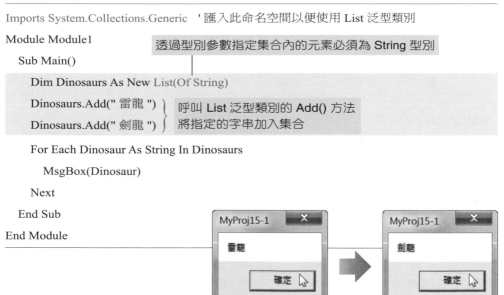

```
Imports System.Collections.Generic   '匯入此命名空間以便使用 List 泛型類別
Module Module1
    Sub Main()
        Dim Dinosaurs As New List(Of String)
        Dinosaurs.Add(" 雷龍 ")
        Dinosaurs.Add(" 劍龍 ")
        For Each Dinosaur As String In Dinosaurs
            MsgBox(Dinosaur)
        Next
    End Sub
End Module
```

透過型別參數指定集合內的元素必須為 String 型別

呼叫 List 泛型類別的 Add() 方法將指定的字串加入集合

在這個例子中，我們是在宣告 Dinosaurs 變數的時候，透過型別參數指定集合內的元素必須為 String 型別，若要指定集合內的元素必須為其它型別，例如 Integer，那麼可以改寫為 Dim Dinosaurs As New List(Of Integer)。

除了使用泛型型別建立物件，您也可以將泛型型別當作參數或傳回值，例如在下面的敘述中，CreateDinosaurs() 函式的傳回值就是泛型型別，而 ShowDinosaurs() 副程式的參數也是泛型型別：

```
Function CreateDinosaurs() As List(Of String) ——— 傳回值為泛型型別，您可以
    Dim Dinosaurs As New List(Of String)         視實際情況指定型別參數，
                                                 此處為 String。
    Dinosaurs.Add(" 雷龍 ")

    Dinosaurs.Add(" 劍龍 ")

    Return Dinosaurs

End Function


Sub ShowDinosaurs(ByVal Dinosaurs As List(Of String)) ——— 參數為泛型型別，您可以視
    For Each Dinosaur As String In Dinosaurs               實際情況指定型別參數，此
                                                          處為 String。
        MsgBox(Dinosaur)

    Next

End Sub
```

或者，您也可以宣告繼承自泛型型別的類別，例如：

```
Class CustomList
    Inherits System.Collections.Generic.List(Of Integer) ——— 繼承自泛型型別，您可以視
                                                            實際情況指定型別參數，此
    '...                                                    處為 Integer。
End Class
```

乍看之下，泛型型別和 Object 型別一樣可以接受任何型別，但實際上是有差別的，泛型型別屬於強型別，它會強制進行編譯時期型別檢查，在執行階段之前攔截不符的型別，而且它不像 Object 型別採取晚期繫結，故效能較佳。

15-3 宣告泛型

在前一節中，我們示範了如何使用既有的泛型，而在本節中，我們將告訴您如何宣告自己的泛型。原則上，當您想要使用 Object 型別或針對不同型別執行相同功能時，就可以考慮使用泛型，因為比起 Object 型別，泛型具有型別安全及效能較佳的優點。

泛型又分為「泛型型別」和「泛型方法」兩種形式，前者包括泛型類別、泛型結構和泛型介面，而後者包括泛型方法和泛型委派。

15-3-1 宣告泛型類別

泛型類別 (generic class) 的宣告方式和一般類別大致相同，差別在於類別名稱後面必須有 Of 關鍵字和型別參數。泛型類別的優點是只要宣告一次，就可以據此建立使用不同型別的物件，而且效能比使用 Objcct 型別所宣告的一般類別更佳。

例如下面的敘述是宣告一個名稱為 CustomList 的泛型類別，它有一個型別參數 T，T 能夠接受任何型別，我們可以在這個泛型類別內將型別參數 T 當作一般型別使用：

```
Public Class CustomList(Of T)
    '…
End Class
```

之後我們可以在建立泛型類別的物件時指派型別參數 T 的型別，例如下面的敘述是建立兩個隸屬於 CustomList 泛型類別、名稱為 strList 和 intList、用來存放 String 和 Integer 資料的物件：

```
Dim strList As New CustomList(Of String)
Dim intList As New CustomList(Of Integer)
```

泛型類別的型別參數可以不只一個，此時以逗號隔開即可，例如下面的泛型
類別有兩個型別參數 T、V，它們能夠接受任何型別：

```
Public Class CustomList(Of T, V) ── 即使有多個型別參數，Of 關鍵字亦不要重複。
End Class
```

諸如繼承、重載、覆蓋、欄位、方法、屬性、事件等特性，均適用於泛型類
別，要注意的是當您重載使用型別參數的方法時，必須小心別造成混淆，導
致編譯器在執行階段無法判斷該呼叫哪個重載方法。

舉例來說，若您在泛型類別內加入下列兩個同名方法 M1()，此舉雖然不會
建置錯誤，卻可能會造成混淆，一旦型別參數 T 也被指定為 Integer，編譯
器在執行階段將無法判斷該呼叫哪個版本的 M1()：

```
Public Sub M1(ByVal Item As T)
  '...
End Sub


Public Sub M1(ByVal Item As Integer)
  '...
End Sub
```

同理，若您在泛型類別內加入下列兩個同名方法 M1()，一旦型別參數 T、V
被指定為相同型別，編譯器在執行階段將無法判斷該呼叫哪個版本的 M1()：

```
Public Sub M1(ByVal Item As T)
  '...
End Sub


Public Sub M1(ByVal Item As V)
  '...
End Sub
```

此外，泛型類別可以繼承自一般類別，一般類別也可以繼承自泛型類別，或者，泛型類別亦可以繼承自泛型類別，例如：

```
Public Class GenericSubClass(Of T)
    Inherits BaseClass
End Class


Public Class SubClass
    Inherits GenericBaseClass(Of T)
End Class


Public Class GenericBaseClass(Of T)
    Inherits GenericSubClass(Of T)
End Class


Public Class GenericBaseClass(Of T)
    Inherits GenericSubClass(Of Integer)
End Class
```

下面是一個例子，裡面宣告一個泛型類別 CustomList，可以用來存放型別參數 T 所指定之型別的資料。

\MyProj15-2\CustomList.vb（下頁續 1/2）

```
Public Class CustomList(Of T)
    Private Items() As T              '宣告一個型別為 T 的陣列以存放資料
    Private Top As Intger            '變數 Top 為陣列最大索引
    Private Ptr As Integer           '變數 Ptr 為陣列目前索引
    Public Sub New(ByVal N As Integer)
        MyBase.New()
        Items = New T(N) {}
        Top = N
        Ptr = 0
    End Sub
```

建構函式（根據使用者指定的大小配置記憶體空間給陣列，並設定最大索引及目前索引的值）

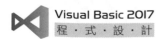

\MyProj15-2\CustomList.vb (接上頁 2/2)

```vb
Public Sub Add(ByVal Item As T)
    Insert(Item, Ptr)
End Sub
```

呼叫 Insert() 方法將資料 Item 插入
陣列內目前索引所在的位置

```vb
Public Sub Insert(ByVal Item As T, ByVal P As Integer)
    If P > Ptr OrElse P < 0 Then
        Throw New System.ArgumentOutOfRangeException("P", " 不合理的範圍 ")
    ElseIf Ptr > Top Then
        Throw New System.ArgumentException(" 空間用完了 ", "P")
    ElseIf P < Ptr Then
        For I As Integer = Ptr To P + 1 Step -1
            Items(I) = Items(I - 1)
        Next I
    End If
    Items(P) = Item
    Ptr += 1
End Sub
```

將資料 Item 插入陣列內
索引為 P 的位置

```vb
Public ReadOnly Property ListLength() As Integer
    Get
        Return Ptr
    End Get
End Property
```

宣告用來取得目前資料
個數的唯讀屬性

```vb
Public ReadOnly Property ListItem(ByVal P As Integer) As T
    Get
        If P >= Ptr OrElse P < 0 Then
            Throw New System.ArgumentOutOfRangeException("P", " 不合理的範圍 ")
        End If
        Return Items(P)
    End Get
End Property
End Class
```

宣告用來取得目前資料
值的唯讀屬性

泛型類別宣告完畢後,我們可以撰寫如下的主程式來做測試。

\MyProj15-2\Module1.vb

```
Module Module1
    Sub Main()
        Dim dblList As New CustomList(Of Double)(10)
        dblList.Add(1.23)
        dblList.Add(4.567)
        For I As Integer = 0 To dblList.ListLength - 1
            Console.WriteLine(dblList.ListItem(I))
        Next
```

建立隸屬於 CustomList 泛型類別、名稱為 dblList、能夠存放 11 個 Double 資料的物件,然後呼叫其 Add() 方法加入 2 個資料,再使用 For 迴圈讀取並顯示物件所存放的資料。

```
        Dim dtList As New CustomList(Of Date)(5)
        dtList.Add(#2/14/2020#)
        dtList.Add(#5/20/2020#)
        For I As Integer = 0 To dtList.ListLength - 1
            Console.WriteLine(dtList.ListItem(I))
        Next
        Console.ReadLine()
    End Sub
End Module
```

建立隸屬於 CustomList 泛型類別、名稱為 dtList、能夠存放 6 個 Date 資料的物件,然後呼叫其 Add() 方法加入 2 個資料,再使用 For 迴圈讀取並顯示物件所存放的資料。

15-3-2 宣告泛型結構

泛型結構 (generic structure) 的宣告方式和一般結構大致相同，差別在於結構名稱後面必須有 Of 關鍵字和型別參數。泛型結構的優點是只要宣告一次，就可以據此宣告使用不同型別的結構變數，而且它的效能比使用 Object 型別所宣告的一般結構更佳。

例如下面的敘述是宣告一個名稱為 Customer 的泛型結構，它有一個型別參數 T，T 能夠接受任何型別，我們可以在這個泛型結構內將型別參數 T 當作一般型別使用：

```
Public Structure Customer(Of T)
   '...
End Structure
```

之後我們可以在宣告泛型結構的變數時指派型別參數 T 的型別，例如下面的敘述是宣告兩個型別為 Customer 泛型結構、名稱為 strCustomer 和 intCustomer、用來存放 String 和 Integer 資料的結構變數：

```
Dim strCustomer As Customer(Of String)
Dim intCustomer As Customer(Of Integer)
```

同樣的，泛型結構的型別參數也可以不只一個，此時以逗號隔開即可，例如下面的泛型結構有兩個型別參數 T、V，它們能夠接受任何型別：

```
Public Structure Customer(Of T, V)
   '...
End Structure
```

🔷 15-3-3 宣告泛型介面

泛型介面 (generic interface) 的宣告方式和一般介面大致相同，差別在於介面名稱後面必須有 Of 關鍵字和型別參數，例如下面的敘述是宣告一個名稱為 Interface1 的泛型介面，它有一個型別參數 T，T 能夠接受任何型別，我們可以在這個泛型介面內將型別參數 T 當作一般型別使用：

```
Public Interface Interface1(Of T)
    Sub M1(ByVal Arg As T)
    Function M2() As T
End Interface
```

泛型介面和泛型類別、泛型結構有一點比較不同，就是我們還必須在類別或結構內實作介面的成員，比方說，我們可以撰寫如下的 Class1 類別來實作 Interface1 泛型介面的成員，而且此處是將型別參數 T 的型別指定為 String 型別，有需要的話，也可以指定為其它型別：

```
Public Class Class1
    Implements Interface1(Of String)
    Sub M1(ByVal Arg As String) Implements Interface1(Of String).M1
        Console.WriteLine(Arg)
    End Sub

    Function M2() As String Implements Interface1(Of String).M2
        Return " 這是 M2() 方法 "
    End Function
End Class
```

同樣的，泛型介面的型別參數也可以不只一個，此時以逗號隔開即可（記得 Of 關鍵字不要重複）。

15-3-4 宣告泛型方法

泛型方法 (generic method) 指的是至少使用一個型別參數所宣告的程序,又稱為「泛型程序」,而且泛型方法可以在其一般參數、傳回值 (若有的話) 和程式碼中使用自己的型別參數。程式設計人員每次呼叫泛型方法,都可以根據實際需求指定型別。

例如下面的敘述是宣告一個名稱為 M1 的泛型方法,它有兩組參數,第一組參數為型別參數 T,T 能夠接受任何型別,我們可以在這個泛型方法內將型別參數 T 當作一般型別使用;第二組參數是一般參數,其中第一個參數 Arg1 的型別為 String,第二個參數 Arg2 的型別為 T:

```
Sub M1(Of T)(ByVal Arg1 As String, ByVal Arg2 As T)
  '...
End Sub
```

之後我們可以在程式碼中呼叫這個泛型方法,例如下面第一個敘述會令編譯器自動將型別參數 T 推斷為 String 型別,而第二個敘述會令編譯器自動將型別參數 T 推斷為 Double 型別:

```
M1(" 生日快樂 ", " 新年快樂 ")
M1(" 生日快樂 ", 1.23)
```

同樣的,泛型方法的型別參數也可以不只一個,此時以逗號隔開即可 (記得 Of 關鍵字不要重複)。

此外,若某個方法只是在泛型類別或泛型結構內宣告,那麼它不一定是泛型方法。想要成為泛型方法,除了可能使用一般參數之外,還必須至少使用一個型別參數。泛型類別或泛型結構內可能包含非泛型方法,而非泛型類別或非泛型結構內也可能包含泛型方法。

▌15-4 條件約束

討論至此，相信您已經知道如何使用及宣告泛型，但不曉得您有沒有發現，泛型型別及泛型方法受到的限制其實很多，因為編譯器是將型別參數當作 System.Object 型別看待，所以您只能透過型別參數呼叫 System.Object 型別所提供的方法，如下。若要讓泛型型別或泛型方法擁有更多功能，可以使用條件約束 (constraint)。

System.Object 型別的方法	說明
Equals(*obj*) Equals(*obj1*, *obj2*)	若參數 *obj* 和目前物件相同，就傳回 True，否則傳回 False；若參數 *obj1* 和參數 *obj2* 是相同的物件，就傳回 True，否則傳回 False。
GetHashCode()	取得目前物件的雜湊碼。
GetType()	取得目前物件的執行階段型別。
ReferenceEquals(*obj1*, *obj2*)	若參數 *obj1* 和參數 *obj2* 是相同的物件，就傳回 True，否則傳回 False。
ToString()	取得表示目前物件的字串。

條件約束可以讓您指定套用至型別參數的規則，並提供相關資訊給編譯器，比方說，若編譯器從條件約束得知型別參數必須實作指定的介面，那麼它就會允許您在泛型型別或泛型方法中呼叫該介面所宣告的方法。

● 15-4-1 型別條件約束

型別條件約束 (type constraints) 指的是將型別參數約束為指定的類別（或其子類別）或必須實作指定的介面，例如下面的敘述是宣告泛型方法必須實作 IComparable 介面，此時，我們不僅能夠在這個泛型方法內呼叫 System.Object 型別所提供的方法，也可以呼叫 IComparable 介面所宣告的方法：

```
Function Find(Of T As IComparable)(ByVal Array As T(), ByVal Value As T) As Integer
```

下面是一個例子，裡面宣告一個必須實作 IComparable 介面的泛型方法 Find()，它會在參數 Array 所指定的陣列內尋找參數 Value 所指定的資料，找到的話，就傳回該資料位於陣列的索引 (第 04 ~ 06 行)，找不到的話，就傳回 -1 (第 08 行)。

這個泛型方法之所以實作 IComparable 介面 (第 02 行)，目的是要呼叫 IComparable 介面所宣告的 CompareTo() 方法進行資料比對 (第 05 行)，因為我們無法保證使用者指定給型別參數 T 的型別是否支援 = (等於) 運算子。

\MyProj15-3\Module1.vb

```
01:Module Module1
02:    Function Find(Of T As IComparable)(ByVal Array As T(), ByVal Value As T) As Integer
03:        If Array.GetLength(0) > 0 Then
04:            For I As Integer = 0 To Array.GetUpperBound(0)
05:                If Array(I).CompareTo(Value) = 0 Then Return I      找到的話，就傳回該值
                                                                      位於陣列的索引。
06:            Next I          呼叫 IComparable 介面所宣告的
07:        End If              CompareTo() 方法進行資料比對。
08:        Return -1 ── 找不到的話，就傳回 -1。
09:    End Function
10:
11:    Sub Main()
12:        Dim A() As String = {"Mon", "Tue", "Wed", "Thu", "Fri"}
13:        MsgBox(Find(A, "Wed"))        ' 傳回 2，表示 "Wed" 位於陣列內索引為 2 處
14:        MsgBox(Find(A, "abc"))        ' 傳回 -1，表示 "abc" 不位於陣列
15:    End Sub
16:End Module
```

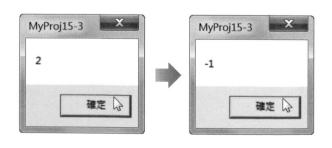

型別條件約束除了可以將型別參數約束為必須實作指定的介面，也可以將型別參數約束為指定的類別（或其子類別），例如下面的敘述是將泛型方法的型別參數約束為 Windows.Forms.TextBox 類別，這樣就能在該泛型方法內存取 Windows.Forms.TextBox 類別的成員，例如將 Text 欄位設定為 " 快樂 "：

```
Sub M1(Of T As Windows.Forms.TextBox)(ByVal Arg As T)
    Arg.Text = " 快樂 "
End Sub
```

型別條件約束還可以將型別參數約束為指定的泛型型別，例如下面的敘述是將泛型類別的第二個型別參數約束為另一個泛型型別 Generic.List(Of T)：

```
Class CustomList(Of T, V As Generic.List(Of T))
End Class
```

15-4-2 Class/Structure 條件約束

Class/Structure 條件約束是更廣義的條件約束，用來將型別參數約束為實值型別或參考型別，比方說，假設我們希望將泛型類別的型別參數約束為參考型別 (reference type)，可以寫成如下，也就是加上 Class 條件約束：

```
Class CustomList(Of T As Class)
End Class
```

相反的，假設我們希望將泛型類別的型別參數約束為實值型別 (value type)，可以寫成如下，也就是加上 Structure 條件約束：

```
Class CustomList(Of T As Structure)
End Class
```

一、選擇題

（　　）1. 即使只有遺漏一個部分類別的 Partial 關鍵字，編譯器仍會產生錯誤，對不對？

     A. 對　　　　　　　　　　　　B. 不對

（　　）2. 部分類別的宣告不一定要位於相同原始檔或相同組件，對不對？

     A. 對　　　　　　　　　　　　B. 不對

（　　）3. 在宣告泛型型別時，型別參數的前面必須加上下列哪個關鍵字？

     A. Partial　　　　　　　　　　B. Generic

     C. MustInherit　　　　　　　　D. Of

（　　）4. 想要成為泛型方法，除了可能使用一般參數之外，還必須至少使用一個型別參數，對不對？

     A. 對　　　　　　　　　　　　B. 不對

（　　）5. 若要將型別參數約束為參考型別，必須加上下列哪個條件約束？

     A. As New　　　　　　　　　　B. As Structure

     C. As Class　　　　　　　　　　D. As IComparable

二、練習題

1. 使用 System.Collections.Generic 命名空間的 Stack 泛型類別存放 10、20、30、40、50 等五個 Integer 資料，然後將這些資料顯示出來。

2. 宣告一個有三個型別參數 T、V、X 的泛型類別 Class1，然後在這個泛型類別內宣告一個方法 M1()，其第一個參數的型別為型別參數 T，第二個參數的型別為型別參數 V，傳回值的型別為型別參數 X。

3. 宣告一個泛型類別 MyQueue，令它繼承自 System.Collections.Generic 命名空間的 Queue 泛型類別。

4. 簡單說明泛型型別優於 Object 型別之處。

5. 簡單說明何謂條件約束。

Visual Basic 2017 程式設計 (適用 2017/2015)

作　　　者：陳惠貞
企劃編輯：江佳慧
文字編輯：江雅鈴
設計裝幀：張寶莉
發　行　人：廖文良

發　行　所：碁峰資訊股份有限公司
地　　　址：台北市南港區三重路 66 號 7 樓之 6
電　　　話：(02)2788-2408
傳　　　真：(02)8192-4433
網　　　站：www.gotop.com.tw
書　　　號：AEL021200
版　　　次：2018 年 06 月初版
建議售價：NT$560

國家圖書館出版品預行編目資料

Visual Basic 2017 程式設計 / 陳惠貞著. -- 初版. -- 臺北市：
　　碁峰資訊, 2018.06
　　　面；　　公分
　　ISBN 978-986-476-839-4(平裝)
　　1.BASIC(電腦程式語言)
312.32B3　　　　　　　　　　　　　　107009372

讀者服務

● 感謝您購買碁峰圖書，如果您對本書的內容或表達上有不清楚的地方或其他建議，請至碁峰網站：「聯絡我們」\「圖書問題」留下您所購買之書籍及問題。(請註明購買書籍之書號及書名，以及問題頁數，以便能儘快為您處理)
http://www.gotop.com.tw

● 售後服務僅限書籍本身內容，若是軟、硬體問題，請您直接與軟體廠商聯絡。

● 若於購買書籍後發現有破損、缺頁、裝訂錯誤之問題，請直接將書寄回更換，並註明您的姓名、連絡電話及地址，將有專人與您連絡補寄商品。

● 歡迎至碁峰購物網
http://shopping.gotop.com.tw
選購所需產品。